부모가 불안하면
아이는 불행하다

불안을 잠재우는 육아 솔루션

부모가 불안하면 아이는 불행하다

데브라 키센·미카 요페·한나 로맹 지음
성수지 옮김

타라

"이 책은 모든 부모가 꼭 보아야 하는 책입니다! 양육 불안이 왜 그렇게도 자주 일어나는지 이해하려고 할 때 꼭 필요한 정보를 제공하거든요. 더 중요한 건, 당신을 불안에서 벗어나게끔 하는 것은 물론, 내가 '완벽하지 않은 부모'라는 현실을 받아들일 수 있도록 실질적으로 도움이 되는 방법들을 제공한다는 것입니다. 이 책을 통해 양육을 다시 즐길 수 있게 될 겁니다."

킴벌리 모로우(Kimberly Morrow) **임상사회복지사**

정신건강 전문가 및 관련 기관 온라인 교육 제공 기관 '불안훈련(Anxiety Training)' 공동 소유주 겸
『불안을 위한 인지행동치료(CBT for Anxiety)』 공동 저자

"오늘날 양육하는 것은 정말 모험적인 일일 수 있습니다. 하지만 불안에 시달릴 필요는 없습니다. 양육 불안 개선을 도와주는 이 책이 현재의 증거를 기초로 한 실질적 지침을 제공하니까요. 양육 불안을 겪고 있는 부모님들에게 꼭 필요한 책이죠."

데이비드 H. 로스마린(David H. Rosmarin) **박사**

미국전문심리학이사회(American Board of Professional Psychology, ABPP) 소속 임상 관리 서비스 기업
'불안을 위한 센터(Center for Anxiety LLC)' 창립자 겸 하버드 의학전문대학원(Harvard Medical School) 조교수

"지금 딱 필요한 실용적인 이 책은 진정 모든 부모에게 필수적인 책입니다. 이 책에서는 양육에서 흔히 나타나는 불안을 어떻게 길들일 수 있는지, 어떻게 하면 양육에서 불안 대신 즐거움, 연민, 아이와 연결되었다는 느낌을 발견할 수 있는지를 보여 줍니다. 잘 쓰인 글과 유용한 도구, 저자들은 두뇌 기반 접근법을 활용하여 두뇌 신경망을 다시 연결할 수 있는 방법을 알려 줍니다. 당신이 현재에 집중하여, 더 차분하고 유능한 부모가 될 수 있도록 말이죠. 적극 추천합니다!"

케빈 L. 기외르코(Kevin L. Gyoerkoe) **심리학 박사**

노스캐롤라이나주 샬럿 소재 불안 및 강박 장애 치료센터(The Anxiety and OCD Treatment Center) 책임
『걱정에 발목 잡힌 사람들을 위한 10가지 조언(10 Simple Solutions to Worry)』,
『임신과 산후 불안 워크북(The Pregnancy and Postpartum Anxiety Workbook)』 공동 저자

"지금 불안을 겪는 가족이 있다면, 그들에게 딱 맞는 완벽한 책입니다. 부모는 아이들이 자신의 불안에 대처할 수 있도록 도와주면서 스스로의 불안 대처법도 배우기 시작합니다. 이 책은 당신의 걱정거리를 줄여 줄 수 있는 다양한 도구와 전략, 그리고 불안을 느끼는 자녀를 도와줄 수 있는 방법에 대한 실용적인 조언을 제공합니다. 이 지침서는 최고의 불안 치료 연구 결과를 기반으로 하며, 손쉽게 따라 할 수 있습니다."

켄 굿맨(Ken Goodman) 임상사회복지사

미국 비영리 단체 '미국 불안 및 우울증 협회(Anxiety and Depression Association of America, ADAA)' 이사회 구성원 겸 『불안 솔루션 시리즈(The Anxiety Solution Series)』, 『구토공포증 매뉴얼(The Emetophobia Manual)』 저자

"이 책에서는 부모가 자녀의 불안에 대처할 수 있는 실용적인 도구를 제공합니다. 부모의 불안 대처를 도와준다는 중요한 문제도 다루고 있죠. 부모들은 이 책의 도움을 받아 비현실적인 기대를 줄이고, 파국적이고 완벽주의적인 사고가 비생산적이라는 사실을 확인할 수 있습니다. 결국, 이 책은 더욱 유연하고 탄력적이며 너그러운 양육의 길로 부모들을 안내합니다. 그리하여 가정의 정서적 분위기 개선을 열망하는 부모들에게 아주 귀중한 자원이 될 것입니다."

주디스 데이비스(Judith Davis) 박사

임상심리학자로 40년간의 가족 치료 경험 이후 은퇴

"오늘날 스트레스를 받는 부모들이 스스로를, 그리고 가족을 변화시키기 위해 꼭 필요한 가이드북입니다. 인지행동치료에서 출발하여 여러 가지 연구 자료를 근거로 한 이 책은 두뇌 신경망 재배선법을 단계별로 안내합니다. 이에 자신감 있는 부모가 되어 자녀와 본인의 삶을 즐길 수 있도록 해 줄 것입니다."

엘리자베스 듀폰 스펜서(Elizabeth DuPont Spencer) 임상사회복지사 자격취득자(LCSW-C)

임상사회복지사 겸 『불안을 위한 인지행동치료(CBT for Anxiety)』 공동 저자

추천사

▼

불안한 아이를 양육하는 것은 너무나 벅찬 일입니다. 아동의 불안은 아이를 불안하게 만들기도 하지만, 많은 것을 요구하고, 짜증을 잘 내며, 관심과 애정을 갈구하는 아이로 만들기도 하죠. 어쩌면 아이는 당신이 무언가를 통해 그 불안감을 빨리 없애 줬으면 하고 바라고 있을지도 모릅니다. 그래서 과감하게 아동 불안에 대한 정보들을 찾아보면, 과잉육아와 과순응이 불안을 악화시키는 과정이라는 우려스러운 정보들을 마주하게 될 것입니다. 그 속에서 서로 모순되는 정보들을 발견하게 될 수도 있습니다. 어떤 글에서는 건강한 정서적 애착 관계 수립에 실패하면 불안으로 이어질 수 있다며 아이의 정서적 애착을 우선으로 생각하라고 일러 주죠. 또 다른 글에서는 아이가 불안해서 짜증 부리는 것을 무시하고, 아이가 두려워하는 것을 연습하도록 압박하라고 알려 줍니다. 대부분의 부모라면 혼란스러울 것이고, 올바르게 이해해야겠다는 생각도 들 것이고, 내 아이에 대한 걱정도 되겠지요. 그러면 결국, 뜻하지 않게 당신도 아이가 경험하고 있는 걱정과 불안의 쳇바퀴를 달리게 됩니다. 아이들이 그 상황을 헤쳐 나갈 수 있도록 노련하게 이끌어 줄 수 있는 어른이 되어야겠다고 생각하면, 결국 당신 자신도 아이만큼이나 괴로움을 겪게 되는 것이죠.

이 책은 불안 아동을 둔 모든 부모가 마주한 문제들에 대처하는 법을 알려 주는 실용적이고 과학적인 가이드입니다. 즉, 부모가 아이에게 불안 대처법을 알려 주는 방법과 더불어 부모 자신의 불안에 대처하는 방법을 알려 주죠. 각 장에서는 불안 아동을 키우는 부모들을 힘들게 하는 주요 영역에는 어떤 것들이 있는지 기술하고, 양육 방식을 근본적으로 개선할 수 있는 소화하기 쉬운 정보와 효과적인 도구를 제공합니다. 저자들은 이 책에서 불안을 강화하는 신념, 쓸모없는 사고 패턴, 과거의 고통스러운 경험에서 오는 부정적 효과, 양육에 대한 정확하지 않은 믿음들에 대해 다루고 있습니다. 당신의 두뇌가 두렵고 부정적인 정보를 선택하는 경향이라면, 당신과 아이가 어떻게 불안을 악화시키는 사고 패턴과 행동을 자연스럽게 선택하는 기질이 되는지에 대한 명쾌한 설명을 찾아볼 수 있을 것입니다. 책에서는 새로운 사고와 행동을 연습함으로써 어떻게 부모의 뇌를 재배선할 수 있는 것인지도 설명하면서, 당신을 아이를 더 잘 기를 수 있는 유능한 부모로 만들어 줄 것입니다. 행동 방식이나 사용하는 말들을 기반으로, 자녀의 불안에 대한 정서적 반응이 얼마나 쉽게 두려움을 악화시킬 수 있는지, 반대로 얼마나 쉽게 대처법을 개선할 수 있는지도 확인할 수 있습니다. 한마디로, 이 책은 당신이 자녀의 불안에 대한 자기비판적 태도와 자책감에서 스스로 빠져나와, 차분하고, 집중적이며, 효과적인 양육 스타일로 변화하도록 도와주는 해법서로, 무엇을 왜 하고 있는지 아는 데 도움을 줍니다.

이 책에 나오는 활동을 그대로 따라 하면, 당신도 존경하는 부모의 유형으로 거듭날 수 있습니다. 뜻밖의 상황에서조차, 자기 자신을 비롯해 아이의 불안에 대처하는 본인의 전략에 대해 자신감을 가질 수 있게 되죠. 〈훈련 일지〉를 만들어 책에 있는 여러 가지 활동을 연습하면서, 불안 아동 양육에서 오는 스트레스는 줄고, 평정심은 늘어나며, 부담감은 줄어든다고 느끼게 될 것입니다. 또한 본인이 생각하는 최고의 가치관에 따라 양육할 수 있다는 사실을 알게 되면서, 다른 부모들은 어떻게 하고 있는지, 다른 아이들과 비교하여 본인 아이의 행동은 어떠한지에 대해 더 이상 걱정하지 않게 될 것입니다. 10대 자녀의 학교 보고서 대부분을 작성해 준다거나, 아이가 학교 가겠다는 약속을 너무나도 많이 어겨서 결국 큰소리를 낸다거나, 열 살이나 된 아이와 같이 자려고 오히려 본인의 파트너는 열 살 아이의 방에서 자게 하는 것처럼, 당신이 남몰래 창피하다고 생각하던 양육 행동도 버릴 수 있을 것이고요. 마지막으로, 당신은 자녀에게 좋은 본보기가 될 것입니다. 이 부분은 특히 중요하죠. 아이들은 우리의 말보다 행동에서 훨씬 더 많은 것을 배우니까요.

이 책을 통해 당신은 그렇게 완벽하지는 않지만 본인이 될 수 있기를 바랐던 모습의 부모, 아이가 필요로 하는 부모가 되는 길에 서게 될 것입니다. 하나의 새로운 여정을 시작한 것이죠. 불안을 느끼면서도 똑같이 좋은 삶을 사는 인간이 되는 법을 자녀에게 보여 줄 수 있는 여정을요. 처음부터 단박에 이해하실 필요는 없습니다. 그저 시도해 보세요.

실수한다면 그 실수로부터 배우고 다시 한번 해 보면 됩니다. 당신의 아이에게 가장 필요한 본보기는 바로 이런 거죠. 그럼 즐거운 여정 되시길 바랄게요!

카렌 린 카시데이(Karen Lynn Cassiday) 박사

책 『걱정 없이 불안한 아이 키우기 가이드(The No Worries Guide to Raising Your Anxious Child)』 저자,
미국 불안 및 우울증 협회(ADAA) 전(前) 회장 겸
그레이터 시카고 불안 치료 센터(Anxiety Treatment Center of Greater Chicago) 설립자

들어가며

▼

양육의 일상에서 즐거움과 만족보다는 스트레스와 불안의 순간을 더 많이 마주하시나요? 그렇다면 걱정하지 마십시오. 오늘날 미국의 부모들은 실제로 자녀가 없는 성인보다 전반적으로 덜 행복하다고 합니다. 부모는 부모가 아닌 사람보다 더한 정서적 고통을 경험하는 경향이 있다는 아이디어를 지지하는 연구도 있고요(Glass et al., 2016). 부모가 되는 것이 그렇게 극심한 정서적 고통과 연관되는 이유 중 한 가지는, 오늘날 부모의 두뇌가 포식자들이 무력한 아이들에게 실질적인 위협을 가했던 때에서 그렇게 많이 진화한 상태가 아니기 때문입니다.

인류 초기, 우리 두뇌에서는 양육과 관련하여 초경계 태세를 끊임없이 유지해야 했습니다. 21세기 초의 삶에는 다양한 위협이 존재했으니까요. 하지만 아이를 보호하고 돌보는 데 오늘날의 부모에게 필요한 양육 행동과 해결 방식은 선사시대 부모에게 필요했던 것들과는 상당히 다릅니다. 우리 인간들은 대개 초경계 태세 덕분에 생존할 수 있었지만, 과잉보호하는 부모의 두뇌, 그리고 그런 두뇌의 과도하고도 과민한 투쟁-도피-경직(fight-flight-freeze) 체계는 번아웃, 만성 스트레스, 삶의 만족도 하락으로 이어질 수 있습니다.

우리는 불안 전문 치료사로서, 현대 양육에서 끊임없이 변화하는 요구들이 수반하는 정서적 부담에 대처하려 애쓰는 분들을 수도 없이 많이 만나 보았습니다. 불안 아동을 둔 부모를 위한 자기계발서도 굉장히 많고요. 그러다 우리는 '스트레스로 지쳐 양육 불안을 느끼는 부모들을 위한 자료는 어디에?'라고 자문하게 되었죠. 부모가 됨으로써 느끼는 스트레스와 불안을 완화하고 싶다면 이 책, 잘 고르신 겁니다.

이 책은 당신의 양육 두뇌 이해를 도와줄 공개 가이드입니다. 스트레스와 불안을 줄이고, 즐거움과 활력을 높일 수 있는 팁과 요령, 증거를 기초로 한 활동들로 꽉 차 있죠. 가이드대로 따라가다 보면, 양육 두뇌에 대해 더 잘 이해하실 수 있을 겁니다. 다양한 마음 건강 활동을 통해 안정적이고 유능한 양육 방식과 관련된 신경회로만 집중 강화할 수도 있을 것이고요. 향상된 정신적 능력을 통해, 스트레스 가득한 양육의 순간에 마주할 때마다 무사히 헤쳐 나가기 위한 대비도 더욱 탄탄하게 할 수 있을 겁니다. 그러면 더욱 침착하고, 차분하고, 유능한 부모가 되어 이러한 순간들에 대처할 수 있겠죠.

아마 스트레스나 불안, 양육에서 오는 문제들을 줄여 보려는 시도는 이미 해 보셨을 겁니다. 그렇다면 여태껏 당신이 시도했던 것들과 이 책의 차이가 무엇인지 당연히 궁금하시겠죠. 충분히 이해합니다. 똑같은 생각을 하시는 부모님들을 많이 만나 보았거든요. 우리는 당신(그리고 우리의 멋진 내담자들)이 주변에 있는 사람들을 도와주기 전에, 스스로를 먼저 돌보기를 바랍니다. 스스로를 보살피는 것에는 거품 목욕이나 향기로운 양초, 마사지 기프트 카드 그 이상의 것들이 있기를 바라고요. 휴식의 순간을 보내는 것은 꼭 필요하고 좋은 것이기는 하지만, 간혹 스스로를 보살피기가 어려울 때가 있거든요! 스스로를 보살핀다는 것은 일상에서 더 차분하고 유능하다고 느낄 수 있는 단계로 나아가도록 인간으로서, 부모로서의 자신에게 투자하는 것을 의미합니다. 당신의 양육 두뇌가 스트레스 가득한 양육의 순간들을 무사히 헤쳐 나갈 수 있도록 도와주려면, 새롭고 더 적응적인 방식의 사고와 행동이 필요하다는 연구 결과도 있습니다.

이 책을 읽은 당신이 본인의 삶에서 새로운 도구와 스킬을 적용하기 시작한다면, 다음과 같은 양육 능력이 강화되는 것을 확인할 수 있습니다(물론 이게 다는 아닙니다.).

- 도덕적 판단에 근거한 가혹한 자기비판을 자신에게 힘을 주는 자기연민으로 바꾸는 것
- 주변 세상을 (자꾸 부정적인 사고로 최악의 시나리오를 생각하며 바라보는 대신) 분별 있고 현실적인 눈을 통해 바라보는 것
- 현재의 순간을 받아들이고, 온 마음챙김 양육의 혜택을 얻는 것
- 자기 자신의 역사와 살면서 겪었던 고통의 지점들을 무사히 헤쳐 나가는 것
- 자기 자신(그리고 아이)의 격렬한 감정들에 대처하는 것
- 부모 통제의 한계를 받아들이고, 아이를 더 믿는 것
- 아이를 중심으로 굴러가는 바쁜 삶의 한가운데, 자신이 가장 귀중하게 여기는 것을 지향하는 것
- 완벽하게 불완전한 세상에서 비현실적인 완벽주의적 양육을 위해 노력하는 대신 충분히 좋은 부모가 되는 것
- 장기적이고 지속 가능한 정서적 행복을 경험하는 것

이 책을 읽기만 한다고 해서 이와 같은 핵심 대처 역량과 연관된 양육 두뇌 근육이 강화되지는 않을 것입니다. 이 책에는 근사한 아이디어

들이 많죠. 하지만 진짜 마법은 당신이 여기에 소개된 개념들을 실천으로 옮길 때 비로소 일어나게 됩니다. 이 책을 초대받은 대화의 장이 아닌, 뇌 훈련소에 다니는 것에 가깝다고 생각해 보세요.

책 전반에 걸쳐, 스트레스 가득하고 불안을 유발하는 순간들에 대처하고자 하는 여러 부모를 만나게 될 것입니다. 어떤 부모는 자신의 불안에 빠져 있지만, 또 어떤 부모는 앞서 제시된 핵심 대처 방법(한 가지 이상)을 연습하고 있습니다. 각 장을 통해 이러한 스킬들이 왜 그렇게 강력하고, 스트레스를 줄여 주고, 삶의 질을 높여 주는지 확인할 수 있을 것입니다. 각 장의 마지막에서는 두뇌 신경회로를 강화할 수 있는 특정 목표 활동을 소개하고 설명합니다. 당신의 양육 두뇌가 더 효과적으로 운영될 수 있도록 신경망을 재배선하려면 목적이 있는 실천과 조치가 필요하지만, 이러한 실천과 조치를 한다고 해서 모든 게 확 바뀌지는 않습니다. 우리의 몸에 있는 다른 근육들과 마찬가지로 정신 근육에도 운동이 필요하니까요. 효과적인 대처 신경회로를 활성화하면 할수록 해당 신경 네트워크는 더욱 강해지고, 향후 스트레스를 받는 시나리오에서 자동으로 더 잘 활성화될 것입니다.

바쁜 부모가 스스로에게 시간과 에너지를 투자하기가 얼마나 어려운 일인지 잘 압니다. 더욱 평화롭고 즐거움 가득한 삶의 다음 단계로 나아가면서 당신의 노력이 기하급수적인 혜택으로 이어질 것이라는 사실을 유념하세요. 불안을 빼고 고요함을 더한 양육 두뇌로 이득을 볼 수 있는 것은 당신뿐만이 아닙니다. 가족에게 하는 이런 투자를 통해 당신의 아이들도 얻게 되는 것이 아주 많죠. 원 플러스 원과도 같은 활동 세션들을 확인해 보세요. 연습 중인 스킬이 당신과 아이들에게 어떻게 일석이조의 혜택을 주는지를 아주 잘 보여 줍니다. 당신과 아이들 사이에는 거울 뉴런('거울 뉴런'에 대해서는 본문에서 더 알아보도록 하죠.)이 작용합니다. 어려운 삶의 순간들에 더욱 차분하고 침착하게 대처하는 당신의 모습을 아이들이 보게 되면, 그들의 두뇌도 거울 뉴런 덕분에 자체적으로 신경망 재배선을 시작하죠. 그러면 아이들도 살면서 피할 수 없는 스트레스 요인들에 더욱 손쉽게 대처할 수 있게 됩니다. 아이들이 또 다른 노력을 해야 할 필요가 없는 것이죠. 잔소리도, 귀찮게 구는 것도, 그 순간에 더 침착하게 대처하라고 강요하는 것도 필요 없습니다. 당신이 양육 두뇌를 위해 노력하면, 아이들의 두뇌도 그대로 따라오게 되니까요. 그러니 당신은 지금, 자기 자신과 가족 구성원 전체를 위한 긍정적인 변화로의 여정에 오르는 것입니다.

이제 당신 자신, 그리고 당신의 양육 두뇌가 스트레스와 불안을 덜 느끼면서 양육할 수 있는 무한한 가능성을 즐길 차례입니다. 우리는 이 책이 당신과 가족들의 삶에서 스트레스 가득한 순간들을 최소한으로 줄이고, 즐겁고 연결되어 있고 기쁜 삶의 순간을 최대한으로 늘리는 데에 꼭 필요한 도구가 되어 주기를 바랍니다. 당신과 당신 가족 모두 그럴 가치가 있으니까요.

마지막으로, 이 세상 모든 부모님께 무한한 감사의 인사를 전합니다.

데브라 키센(Debra Kissen) 박사
미카 요페(Micah Ioffe) 박사
한나 로맹(Hannah Romain) 임상사회복지사

차례

▼

Chapter 1.

두뇌의 관점에서
바라보는 양육

모래사장 해변에서 부화 중인 새끼 바다거북들을 상상해 보라. 이 아기들은 곧 바다를 향해 나설 것이고, 혼자 살아남아야 하는 상황과 마주할 것이다. 하지만 인간은 이보다는 덜 자족적이다. 아주 오랜 시간 동안 다른 인간들의 보살핌에 전적으로 의지하는 존재가 바로 인간이다. 대부분의 다른 동물과 달리 인간은 그렇게 무력한 존재로 태어났다. 살아남아 잘 자라서 자립할 때까지 밤낮없는 보살핌이 철저하게 필요한 존재이다. 작은 인간(혹은 작은 인간들)을 보살피기란 여간 어려운 일이 아니다.

한 회사에서 '부모 구인 공고'를 냈다고 가정해 보자. 그 구인 공고는 아마 다음과 같을 것이다.

직원 구함. 하루 24시간 365일 근무. 휴무 없음. 봉급 없음. 개인의 모든 재정적 자원을 거리낌 없이 기부할 수 있어야 함. 본 직무에는 지속적인 걱정, 스트레스, 피로가 수반되며, 때때로 심장이 가슴에서 뜯겨 나가는 고통을 느낄 수도 있음. 행복한 순간들이 있을 수 있으나, 보장되지는 않음.

당신은 이 공고를 보고 지원할 것인가? 이런 공고에 지원하는 사람은 아마 그렇게 많지 않을 것이다. 하지만 인간 대부분은 부모가 된다. 부모가 되는 일에는 기하급수적으로 치솟는 행복, 성과, 말로 표현할 수 없을 정도의 사랑이 가득할 수 있다. 그러나 그와 동시에, 압도적인 스트레스, 불안감, 어려움이 따라올 수도 있다. 그렇다면 어떻게 해야 할까? 이 '부모 구인 공고'에 지원한 당신과 같은 수많은 사람이 육아에서 오는 넘치는 스릴감 속에서 살아남으려면 말이다.

다행히도 죽으란 법은 없나 보다. 인류의 생존을 돕는 온갖 종류의 정서 기반 동인이 존재하니 말이다. 이런 동인들로 인해 부모는 더 발전하고, 더 보살피는 행위를 하게 된다. 우리의 두뇌와 신체는 부모가 작은 인간을 키울 때 필요한 모든 것을 제공하기 위해 극도로 민감한 정서적 동조와 아이들의 자라나는 요구를 우선시하도록 하는 다양한 생리학적 메커니즘으로 설계되어 있다. 그동안 부모 대부분은 가족의 행복(그리고 생존)을 위해 자신의 뇌와 몸에서 어떤 일이 일어나고 있는지에 대해서는 그렇게 많은 생각을 하지 않았다.

하지만 과학계에서는 이에 대해서 곰곰이 생각했다. 한 혁신적인 연구에서는 두뇌 영상(neuroimaging)을 활용해 아이와의 유대감을 높이고 아이와의 상호작용에서 이기심보다 이타심에 보상을 주는 양육 두뇌 영역을 탐구하기도 했다(Squire & Stein, 2003). 해당 연구에서는 동기 부여, 보상 프로세스, 기억 처리 능력 향상, 위협 신호에 대한 민감도 상승, 감정 이입을 통한 경험 공유를 담당하는 영역 등, 관련 신경회로가 활성화된다는 것을 강조한다(Piallini, De Palo, & Simonelli, 2015). 실제로 부모인 사람의 뇌는 부모가 아닌 사람의 뇌와는 다르게 생겼다. 즉, 당신의 뇌는 양육을 위해 아주 특별하고도 신기하게 연결되어 있다는 것이다.

서로의 감정을 느낀다는 것

양육 두뇌에서 나타나는 이 독특한 패턴은 '거울 뉴런(mirror neuron)'에 의해 활성화된다. 이렇게 되면 자신보다는 다른 사람의 요구를 우선시하는 의욕을 북돋아, 모든 양육과 보살핌의 주요 요소 중 하나인 '감정이입'을 하게 된다. 만약 타인의 감정(아이의 감정 등)을 느낄 수 없다면, 다른 사람들을 쉽게 무시하는 것은 물론이고 자기 자신의 필요만 생각하게 될 것이다. 거울 뉴런은 다른 사람의 행동이나 감정에 대응하여 점화되고, 이에 따라 우리는 다른 사람의 행동을 '비춰 봄(mirror)'으로써 공유된 경험을 통해 결국 그들과 연결된다. 슬픈 영화를 볼 때 눈물을 흘리거나 다른 사람들이 웃을 때 따라 웃는 것은, 바로 이 거울 뉴런 때문이다.

'양육'만큼 감정이입의 힘이 크게 작용하는 영역은 없을 것이다. 아이가 행복, 고통, 또는 그사이 어딘가에 있는 감정을 경험한다면, 거울 뉴런은 다양한 방식으로 양육 두뇌를 밝힌다. 아이가 신체적 고통을 느낄 때, 학교 시험에서 낙제한 후 황폐해졌을 때, 급식실에서 따돌림을 당했을 때, 고열로 잠에서 깰 때 느끼고 있는 감정을 부모는 고스란히 느낄수 있다. 이런 상황들과는 정반대로, 아이가 첫 댄스 대회에서 느끼는 엄청난 기쁨이나 경기에서 결승 샷을 날렸을 때의 짜릿함도 부모는 (관객석이나 관중석에서) 느낄 수 있다. 이렇듯 아이의 기분이 가장 좋은 순간과 가장 안 좋은 순간을 당신도 함께 느낄 수 있는 것은 바로 이 '양육 두뇌' 때문이다.

아이의 내면세계에 대한 이해를 심화하는 거울 뉴런은 아이가 당신의 정서적 경험을 받아들이게도 한다. 부모와 아이의 거울 뉴런이 계속해서 점화를 주고받는다면, 부모는 정서적 고통 순환 고리에 갇힌 스스로의 모습을 볼 수도 있다. 이처럼 통제 불가한 정서적 경험에 익숙한 부모는 아마 많을 것이다. 마치 아이의 화가 스스로의 화로 이어지고, 정반대로 부모의 화가 아이의 화로 이어지는 것처럼 말이다. 아이의 정서적 고통이 부모의 정서적 고통을 더하고, 그게 또다시 아이의 정서적 고통을 늘리고…… 이 과정이 계속해서 반복되는 것이다.

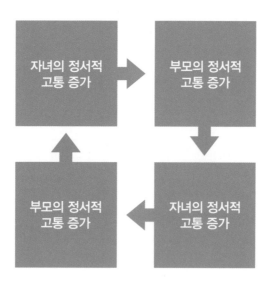

선사시대 부모의 두뇌를 가진 오늘날의 부모들

오늘날 인간의 양육 두뇌는 어슬렁거리는 포식자로부터 아이를 보호해야 했던 선사시대의 양육 두뇌와 썩 다르지 않다. 이후 우리가 사는 세상은 급격하게 발전해 왔지만, 우리의 두뇌는 그 변화의 속도를 따라잡지 못했다. 인류 초창기 부모들은 계속되는 환경적 위협으로부터 아이들을 지켜야 했기 때문에 항상 눈에 불을 켜고 있어야 했다. 오늘날 우리 삶에서도 생존에 위협이 되는 것들이 새롭게 나타나고 있지만, 선사시대 포식자로부터의 안전을 위해 필요했던 활동 및 에너지 수준은 오늘날 부모들이 마주한 문제와는 맞지 않는다. 다른 친구들은 초대받은 생일 파티에 내 아이만 초대받지 못했다고 하더라도 이건 죽느냐, 사느냐의 문제가 아니지 않은가. 두뇌에서 더 진화한 영역인 '전전두피질(prefrontal cortex, PFC)'은 이 상황을 이해할 수 있다. 하지만 더 오래되고 더 깊게 자리한 양육 두뇌 영역인 '편도체(amygdala)'는 이를 내 아이의 안전과 행복에 중대한 위협이 되는 상황이라고 해석해 부모가 진지하게 관심을 가져야 하는 부분이라고 생각하게 한다.

전 세계에 존재하는 인간의 두뇌는 하루가 멀다고 점화가 제대로 이루어지지 않거나 편도체로부터의 잘못된 경고를 경험한다. (일어난 상황에 비해 내가 느끼고 있는 스트레스나 불안감이 과하게 느껴질 때를 한번 생각해 보라.) 스트레스와 불안감을 유발하는 이 경고 신호들은 당신을 굉장히 피곤하게 할 것이다. 누군가는 그렇게 말할 수도 있다. 안전에 초점을 맞춘 두뇌의 신호가 생존의 관점에서는 굉장한 도움이 될 수 있다고 말이다. 물론, 우리의 두뇌가 타당한 이유로 이런 경고 신호를 보낼 때도 있다.

아이와 잔잔한 강가에서 수영 중이라고 상상해 보라. 그런데 저 멀리 갈색 물체가 떠다니는 게 보인다. 그럼 당신의 두뇌가 '아이를 데리고 얼른 달아나! 악어가 오고 있어!'라는 신호를 보내는 게 나을까? 아니면, '흠⋯⋯. 뭔지 잘 모르겠네. 일단 아이랑 저쪽까지 헤엄쳐 가까이 가서 뭔지 확인해 볼까?'라는 신호를 보내는 게 나을까?

그 갈색 물체가 결국 배였다고 하더라도, 대다수의 부모는 그게 실제로 악어인 상황에 대비해서 이런 경고 신호들의 가치는 충분하다고 주장할 것이다.

이처럼 정신적 경고 신호는 매우 중요하고 생존을 위해 꼭 필요하다. 하지만 잘못된 경보가 멈추지 않고 울린다면, 정서적 안녕에 타격을 받아 전반적인 스트레스와 불안감이 높아질 것이다. 이뿐만이 아니다. 부모가 아이의 안전과 행복을 끊임없이 걱정하면, 아이는 아이대로 부모를 통해서만 느껴지는 특수한 정서적 고통을 경험하게 된다. 따라서 양육 두뇌가 고질적으로 잘못 점화하거나 잘못된 신호를 보낸다는 것은 당신의 두뇌를 곧이곧대로 믿으면 안 된다는 뜻이다. 그리고 이 책 전반에 걸쳐 경험할 '두뇌 신경망 재배선(brain rewiring)' 활동을 통해, 당신의 두뇌는 21세기 시스템에 맞게 업그레이드될 것이다. 그렇게 되면 당신의 양육 두뇌는 오늘날 발생하는 양육 문제를 좀 더 손쉽게 보다 효율적으로 헤쳐 나갈 수 있을 것이다.

신경해부학 입문: 간략한 두뇌 지침서

더욱 효과적인 양육 두뇌 운영을 위한 신경망 재배선의 첫 단계는, '두뇌의 다양한 운영 기본 체계를 이해하는 것'이다. 근육계에 대한 이해가 근력 운동 선택에 도움이 되는 것처럼, 두뇌 및 육아와 가장 관련이 깊은 두뇌 신경 회로를 이해함으로써 과도하게 활성화된 두뇌 부위를 진정시키고, 잠자고 있거나 덜 사용되고 있는 두뇌 부위를 활성화하는 방법을 배울 수 있다.

인간 두뇌의 힘과 정보 처리 잠재력은 가히 놀랍다. 두뇌에 존재하는 수천억 개의 뉴런(신경 세포)은 각각 만 개의 뉴런과 상호 연결될 수 있는 능력을 갖추고 있다. 그래서 빛의 속도로 정보를 전송하고 처리할 수 있는 것이다. 이러한 상호 연결(배선을 떠올려 보라.)을 통해 주변 세계를 완전하게 경험할 수 있고, 당신의 목표나 관심사에 맞는 감정, 사고, 행동이 가능해진다.

두뇌의 하드웨어

두뇌는 부위마다 다른 주요 기능을 수행한다. 그래서 당신의 생존 가능성을 최대화하고, 당신과 당신이 사랑하는 사람들에게 미칠 수 있는 위협과의 접촉을 최소화한다. 어떤 부위는 아직 원시적인 단계에 있어서, 다른 포유류의 것과 비슷한 수준이다. 또 어떤 부위는 이전보다 더 진화하여, 계획하고, 예측하고, 경험에 대해 숙고하는, '인간만이 할 수 있는 일'을 가능케 한다. 우리는 후자로 인해 복잡한 사고를 하고, 언어나 세세한 사고 과정과 같은 인간 특유의 능력을 얻게 되었다. 이러한 능력들은 생존에 필수적이며, 또 인간은 이를 통해 계속해서 진화하는 문화에 대한 새로운 해결책을 찾을 수 있었다.

자, 그럼 인간 두뇌의 주요 부위 네 곳과 이 부위들이 어떻게 상호작용하여 당신의 내·외부 경험을 만들어 내는지 살펴보도록 하자.

▶ 편도체

'편도체(amygdala)'는 '감정적 두뇌'라고 생각하면 된다. 생각하지는 않지만, 평생을 '느끼는' 두뇌 부위이다. 편도체는 빠른 상황 판단을 통해 그 상황이 좋은지 나쁜지, 안전한지 위험한지를 결정한다. 정보를 받아들이는 속도가 너무나 빨라서, 당신의 이성적 두뇌, 즉 '사고적 두뇌'가 사실에 기초한 평가를 시작하기도 전에 이미 '어떻게 느껴지는지'를 결정해 버린다. 편도체는 의식적인 자각 이외의 주요 기능을 수행한다. 그래서 현재 내 감정의 이유가 너무나 분명하게 이해될 때도 있지만, 우리가 항상 이해할 수 있는 감정만 경험하는 것은 아니다. 예를 하나 들어 보자. 당신은 지금 아이의 학교 앞에 줄지어 서 있는 차들 중 한 차량에 앉아 있다. 하교하는 아이를 데려가려는 것이다. 이 상황에서 불안에 떨며 안절부절못하고 있는 부모도 있을 것이다. 실내 온도도 딱 맞고 너무나 편안한 좌석에 앉아 있는데도 말이다. 당신의 이성적 두뇌는 안전하고 아무 이상도 없는 상황임을 잘 알고 있지만, 편도체가 자극을 받아 '방과 후 활동에 늦으면 어쩌지…….' 하는 불안감을 일으키는 것이다.

편도체는 경험을 통해 학습한다. 정서적 결론에 이르는 데 논리를 사용하지 않는다. 항상 잠재적 위험을 초경계하고, 입력되는 데이터를 지속적으로 검토한다. 잠재적 위협을 조금이라도 감지하면, 뇌에 비상경보를 울려 위험에 대비하라는 신호를 몸으로 보낸다. 이 신호는 단순히 '조심해!'라는 경고 그 이상이다. 몸 전체에서 느껴지는 신호이다. 그래서 당신의 의식은 위험 메시지로 넘친다. 두뇌가 타고나기를 이성적이거나 논리적인 사고보다는, 편도체의 '생존 지향적 메시지'를 우선으로 생각하는 탓이다.

거대한 동물, 높은 곳, 날카로운 물체, 낯선 사람에 대한 두려움과 같은 '특정 자극에 대한 민감성'은 생존에 유리하다. 이런 민감성은 편도체에 설정되어 있다. 그러나 두려움은 삶 속 경험을 기반으로 학습되기도 한다. 예를 들어, 아이가 반 친구로부터 괴롭힘을 당하고 있다는 이야기를 들었다고 해 보자. 그렇게 되면 당신의 편도체는 이 경험을 기억하고, 아이가 또 다른 고통과 괴로움을 겪지 않도록 유사한 상황을 피하라고 다시 한번 알려 준다. 이것은 아이가 그 주동자의 주변에 있다는 것을 알아챘을 때, 당신이 불안감이나 어쩔 줄 몰라 하는 감정을 느낀다는 것을 의미할 수도 있다. 만약 당신의 편도체가 이 '학습된 경험'을 일반화하여 이와 관련된 위험으로부터 당신과 아이를 보호한다면, 그 경험을 떠올리게 하는 누군가와 아이가 새롭게 친구가 되려고 할 때 당신이 불안과 초조를 느낄 것이다.

당신의 편도체는 강하고 성실하기는 하지만, 세부적인 것에 관한 집중도는 떨어진다. '이 아이는 내 아이를 장난으로 괴롭히는 것일까? 아니면 진짜 야비한 마음으로 괴롭히는 것일까?'와 같이 환경의 세세한 것들까지 평가하지 않고, 대략 훑을 뿐이다. 편도체는 세세한 것들에 관심이 없다. 아이의 괴롭힘과 관련된 고통과 괴로움을 기억하여, 내 아이를 괴롭히거나 아이에게 더 큰 고통과 괴로움을 안겨 줄 수 있는 또 다른 아이들로부터 내 아이를 떨어뜨려 놓으라고 계속해서 신호를 보내기만 할 것이다.

편도체가 너무 열성적으로 일한다면? 좋지도, 나쁘지도 않다. 오히려 상황에 따라 정말 도움이 될 수도, 정말 불편해질 수도 있다.

깜짝 퀴즈!

다음의 여러 가지 상황을 한번 살펴보자. 편도체가 폭력적이고 과도하게 활성화될 수 있는 상황은 언제일까?

1. 아이와 길을 건너고 있는데, 정지 신호인데도 불구하고 산만한 운전자가 차를 출발한 경우
2. 아이들을 태우고 운전 중인데, 뒷좌석에서 아이들의 말다툼 소리가 들리는 경우
3. 아이가 새로운 음식을 한 입 먹고, 입이 얼얼하고 간지럽다고 말하기 시작한 경우
4. 멋지고 특별한 식사를 하기 위해 아이들을 데리고 나갔는데, 다소 산만한 아들이 본인을 비롯해 당신의 온몸(심지어 새 옷인데……)에 음료수를 쏟은 경우

편도체가 초경계하는 상황으로 1번과 3번을 골랐다면, 아주 잘한 것이다. 편도체의 초점이 위험에 과하게 맞춰져 있다는 것이 반드시 좋은 것도, 반드시 나쁜 것도 아님을 당신은 잘 알고 있는 것이다.

편도체가 당신과 당신이 사랑하는 사람들의 생존에 도움을 줄 때가 있다. 한편, 잘못된 경고를 보내서 즐거운 순간을 불안하고,

스트레스 가득하고, 초조함이 느껴지게 만들 때도 있다. 편도체가 잘못된 경고를 보낸 것 같다면, '전전두피질'에게 현재 처한 상황에 대해 더 많이 생각하고, 이성을 기반으로 한 평가를 제공해 달라고 요청하는 것이 도움이 될 것이다.

▶ 전전두피질

'전전두피질(prefrontal cortex, PFC)'은 '생각하는 두뇌'라고 생각하면 된다. 복잡한 정보를 계획하고, 구성하고, 처리하는 데 도움을 주는 부위이다. 입력되는 감각 정보(당신이 보고, 듣고, 냄새를 맡고, 맛보고, 만지는 것)와 저장된 기억을 자세히 살펴보고, 어떻게 처리할지를 결정한다. 그리고 이 정보를 활용해 다양한 상황별로 의미를 부여하고 기억을 만들어 낸다. 이로써 사람, 장소, 사물을 인식하고, 해석하고, 또 그들에 대해 대응할 수 있게 된다. PFC는 자기반성, 작업 기억, 조망 수용 능력에도 관여한다.

PFC가 현재 상황을 대처하는 데에만 도움이 되는 것은 아니다. 학습된 교훈을 검토하고 미래의 상황을 시각화하여 생활 속 성공의 가능성을 최대화할 수도 있다. 아이를 여름 캠프에 보낼까 고민 중인 상황이라면 어떨까? PFC는 아이가 현재 갈 수 있는 여름 캠프 프로그램에 대해 알고 있는 정보, 그리고 당신이 어렸을 때 여름 캠프에 참여했던 기억을 처리할 수 있다. 이 복잡한 정보 처리 과정은 무지하게 중요하다. 그런데 간혹, 향후 나타날 가능성이 있는 시나리오를 모두 그려 보는 PFC의 능력이 도움이 되기는커녕, 오히려 상황을 악화시킬 수도 있다. 온갖 시나리오를 그리게 되면, 당신의 편도체가 끊임없이 늘어나는 잠재적 위협에 압도당하는 듯한 느낌을 받을 수 있기 때문이다.

이렇게 PFC와 편도체는 서로 영향을 준다. 그래서 편도체가 특정한 위험이 당신이나 당신의 아이에게 위협이 될 수 있다고 잘못 판단하여 경보를 보내면, '투쟁-도피-경직 반응(fight-flight-freeze response)'이 시작된다. PFC는 위험이 임박해 있다는 편도체의 잘못된 믿음을 알아채고, 잠재적 위협에 대한 평가를 시작한다.

▶ 해마

'해마(hippocampus)'는 '장·단기 기억을 생성 및 저장하는 부위'로 알려져 있다. 특히 긍정적인 순간이든 부정적인 순간이든 상관없이, 당신의 인생에서 '아주 감정적인 순간들'을 기억한다. 강렬한 정서적 경험은 당신의 해마에게 기억해야 할 가치가 있는 것에 틀림없이 무언가 중요한 일이 일어났다고 알려 준다. 그러면 해마는 편도체와 정보를 끊임없이 공유하여, 이전에 학습한 교훈의 가치를 극대화한다. 해마가 편도체에 이런 메시지를 보냈다고 가정해 보자. '기억해. 네가 지난번에 가족들이랑 갔던 여행은 완전 재앙이었어. 싸움의 연속에, 운전하면서 말싸움 심판을 하다가 거의 죽을 뻔한 순간도 있었지.' 편도체는 메시지를 받자마자, 즉시 '투쟁-도피-경직 반응'을 활성화하여 향후 유사한 경험을 하지 않도록 해 준다. 그다음, '생각하는 두뇌' PFC가 합류한다. '그 여행은 정말 끔찍했어. 우리는 무슨 수를 써서라도 그런 경험은 피해야 해.'

▶ 시상하부

'시상하부(hypothalamus)'는 목마름, 배고픔, 기분, 성욕, 잠, 체온과 같이 '생존에 필수적인 몸의 기능을 조절'한다. 호르몬 분비를 조절하여, 복잡한 몸의 기능이 균형과 안정을 이룰 수 있도록 해 준다. 시상하부는 혈류에 특정한 호르몬을 분비하라는 신호를 보낸다. 예를 들면, 연민과 사회적 유대감에서 중요한 역할을 하는 '옥시토신(oxytocin)'과 같은 호르몬 말이다. 엄마들에게는 이 옥시토신 분비가 증가하여 출산과 수유가 잘 이루어질 수 있다. 아빠들은 아빠라는 존재가 될 때 이와 유사한 수치로 옥시토신이 증가한다(Gordon et al., 2010). 일각에서는 옥시토신의 분비를 누군가 가까워진다는 느낌을 받을 때 일어나는 '따뜻하고 몽글몽글한' 감각이라고 묘사하기도 했다. 긴 하루를 끝내고 내 아이를 꼭 안아 줄 때 느껴지는 감정을 생각해 보라. 시상하부에서 분비되는 옥시토신과 다른 화학 물질들은 아이를 비롯하여 당신이 사랑하는 사람들과 보살핌을 주고받는 가까운 관계를 맺을 수 있도록 도와준다.

신경가소성과 두뇌 신경망을 재배선할 수 있는 능력

두뇌가 스스로 적응하고 신경망을 재배선할 수 있는 능력을 '신경가소성(neuroplasticity)'이라고 한다. 어떤 생각이나 행위를 할 때마다 두뇌 속 뉴런들은 다르게 연결된다. 행동을 취할 때마다 두뇌의 신경망이 재배선되기 때문에, 어떤 부위에서는 연결이 더 강력해지는 것을, 또 어떤 부위에서는 연결이 더 약해지는 것을 경험하게 된다. 그래서 '반복'을 통해 특정 생각, 행동, 정신 상태와 관련 있는 뉴런들 사이의 연결을 강화할 수 있다. 즉, 사고와 행동 패턴에 더 자주 관여할수록, 향후 그와 똑같은 방식으로 생각하고 행동할 가능성이 높아진다. '당신의 두뇌 신경망을 재배선하세요'라는 말, 설득력 있지 않은가?

지금 하이킹을 하고 있다고 가정해 보자. 흙이 잘 다져져 있고, 사람들이 많이 다니는 깔끔하고 정돈된 길을 따라갈 수도 있겠지만, 직접 새로운 길을 개척할 수도 있을 것이다. 그렇게 된다면, 나뭇가지 꺾기, 울퉁불퉁한 땅 걷기와 같이 다양한 장애물을 마주할 가능성이 높다. 당신이라면 어떤 경로를 선택할 것인가? 그 여정을 도전적으로 만들겠다고 적극 다짐하지 않는 한, 사람들이 더 자주 걷는 길을 택할 가능성이 높다. 당신의 두뇌도 똑같다. 즉, 사람들이 많이 다니는 경로를 택하여 에너지를 아끼려는 하이커들처럼, 당신의 두뇌도 에너지 절약 기회를 항상 탐색하고 있다. 이처럼 살면서 발생하는 어떤 상황이 이전에 경험했던 상황과 유사한 것으로 보일 때, 당신의 두뇌는 이전에 갔던 경로로 안내할 가능성이 높다. 자동으로 새로운 길을 선택하는 일은 없을 것이다. 적극적인 노력을 해야만 새로운 길을 택할 것이다.

두뇌는 새로운 경험에 노출되어 새로운 것들을 학습할 때 현재 펼쳐져 있는 삶의 요건들을 충족시키기 위해 두뇌를 재구성하고, 전환하고, 변화를 준다. 새로운 방식으로 사고하고 행동하는 경우가 더 잦다면, 새로운 행동 레퍼토리가 자동으로 나타날 가능성은 더 커진다. 여기서 두뇌의 자체적인 재배선 능력에 대한 초기 연구 중 아주 혁신적인 사례를 소개하고자 한다. 바로 '2000년 런던 택시 연구(2000 London Taxi Cab Study)' 이다. 이 연구에서는 MRI 기술을 활용하여 긴 경력을 자랑하는 런던의 택시 기사들과 버스 기사들의 뇌를 비교했다. 근무 중인 버스 기사의 운전 경로는 항상 동일하다. 반면 택시 기사의 경로는 계속 바뀐다. 택시 기사들은 런던 내 수많은 장소를 찾아갈 수 있도록 계속해서 학습해야 한다. MRI 분석 결과, 택시 기사들의 해마 후부가 버스 기사들의 해마 후부보다 훨씬 큰 것으로 밝혀졌다. 또, 택시 운전을 한 기간이 길면 길수록, MRI 분석 결과에 나타난 해마의 크기가 더욱 컸다(Maguire et al., 2006). 이와 유사한 신경가소성의 증거는 운동선수나 음악가와 같은 사람들의 두뇌 MRI 결과에서도 확인할 수 있다. 음악가의 두뇌는 수년간의 연습과 훈련을 통해 구조적·기능적으로 끊임없이 재구성된다 (Rodrigues et al., 2010). 런던 택시 기사들의 경우와 다르지 않다. 이러한 연구 결과는 인간 두뇌의 신경가소성에 대한 놀라운 증거이다.

그렇다면 두뇌가 매번 새로운 경험을 할 때마다 자체적으로 재배선

할 수 있는 능력은 왜 중요한 걸까? 바로, 음악가와 택시 기사처럼 양육에서도 학습 내용이 끊임없이 진화하기 때문이다. 스트레스 가득한 순간에 건강하게 대처하는 경우가 더 잦을수록, 향후 발생할 유사 상황에서 효과적으로 행동할 가능성이 높아진다. 당연히 그 반대도 마찬가지이다. 아이와 서먹한 상황에 직면했을 때 평정심을 잃는 경우가 더 많다면, 다음번 유사 상황에서도 그와 비슷하게 비효율적으로 행동할 가능성이 더 높다. 우리가 흔히 볼 수 있는 힘든 양육의 순간에 이 원리를 한번 적용해 보자.

아이가 휴대전화를 끄고, 잠을 자러 가게 하려는 상황이다. 그런데 주의를 주고, 계속해서 이야기하고, 경고까지 했는데도 아이가 다 무시해 버린다. 불만 가득 열받은 당신은 소리를 지르기 시작한다. 그러면 당신의 두뇌는 '하향 나선형'과 같은 부정적 사고에 말려들게 된다. 최근 양육이 얼마나 어려웠는지, 당신이 얼마나 무능한 부모인지, 아내나 남편이 이 어려운 양육의 순간에는 발도 들이지 않고 재밌는 상황에만 끼려고 하는 것이 얼마나 짜증 나는지 생각하게 된다.

다음에 또 이 문제에 직면하게 된다면, 당신은 똑같이 감정적으로 반응하고 자기징벌적 방식으로 대처할 가능성이 크다. 그렇다면 이와 다른 선택을 했다고 생각해 보자. 아마 당신은 지금도 이 책을 읽으며, 더 효율적인 두뇌 운영을 위해 두뇌 재배선에 힘쓰고 있을 것이다. '사람들이 많이 선택하는 길' 대신에, 다음과 같은 길도 있다는 것을 알아 두자.

1. 스트레스 가득한 순간을 경험하게 되겠지만, 나와 내 가족의 모든 것은 괜찮고 위험에 빠지지 않았다고 스스로에게 다시 한번 알려 준다.
2. 아이에게 마지막 경고를 날리기 직전, 스스로를 안정시킬 수 있는 감정 조절 스킬을 선택한다.
3. 굴복하거나 이성을 잃지 않고, 아이의 징징거림이나 불만을 뚫고 나아가는 연습을 한다.

친숙한 상황에 새로운 생각과 행동을 적용하면, 또 이와 동일한 장애물을 마주했을 때 새롭고 더 적응력 있는 방식으로 생각하고 행동할 가능성이 커진다. 이러한 신경가소성, 그리고 평생 새로운 신경 연결 관계를 발전 및 생성할 수 있는 두뇌 능력 덕분에 더욱 건강하고 효과적인 사고와 생활 방식이 가능해진다.

'두뇌 훈련소'에 오신 것을 환영합니다

이 책을 당신의 '두뇌 훈련소'라고 생각해 보라. 우리는 뉴런이 새로 연결될 때마다 생각하고, 느끼고, 행동하는 방식을 선택할 수 있다. 시간이 지나면서 스트레스와 불안이 당신 속에 구축한 경로를 자동으로 따라가지 않을 것이다. 이 책에 있는 활동 전반에 참여하면서, 양육 두뇌 재배선을 통해 더 차분하고 효율적인 방식으로 생각하고, 느끼고, 행동할 수 있게 될 것이다.

연습을 통해 두뇌 재배선을 하면, 흔히 마주하는 스트레스 가득한 양육의 순간을 더 가뿐하게 통과하여 지나갈 수 있다. 신체적인 스킬을 배우고 완전히 익힐 때 필요한 작업과 비슷하다. 뛰어난 육상 능력을 갖추고 태어난 사람들조차도, 최고의 성과를 달성하려면 반드시 훈련해야만 한다. 차분하고, 쿨하고, 침착하게 대처하는 부모가 되려면, 당신의 마음 건강에 계속해서 투자해야 한다. 이미 이 책을 집어 여기까지 읽었다면, 그건 당신에게 이 도전적이고, 중요하며, 변혁적인 작업을 할 능력이 있다는 증거이다! 이 여정에 오른 당신, 너무나 반갑다. 당신의 가족들도 물론이다.

양육 두뇌 재배선에 활용되는 인지행동치료

여기서 직접 하게 될 모든 두뇌 재배선 활동은 '인지행동치료(Cognitive Behavioral Therapy, CBT)'에서 나온 것이다. CBT는 스트레스와 불안 수준이 낮음에서 중간 정도인 성인에게 사용되는 최적의 표준이자 제1순위 치료법으로 여겨진다. 더 높은 수준의 불안 증상에 대해서는 CBT와 약물치료를 병행하는 것이 가장 효과적이라는 연구 결과가 있다(Geller & March, 2012; Koran et al., 2007).

CBT는 '사고, 감정, 행동이 서로 연결되어 있다'는 생각을 기반으로 하는 행동 중심·증거 기반 치료 접근법이다. 사고는 어떻게 느낄지와 무엇을 할지(아니면 무엇을 피할지)에 영향을 주고, 감정은 무엇을 생각하고 무엇을 할지에 영향을 주며, 행동은 무엇을 생각할지와 어떻게 느낄지에 영향을 준다.

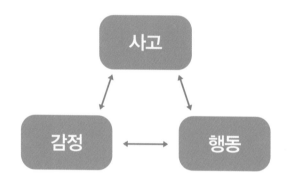

따라서 당신이 어떤 상황에 대해 스스로에게 어떤 말을 하는지, 즉 그 상황을 어떻게 믿고 있는지에 따라 당신이 그 상황을 느끼는 방식, 그리고 결국 당신이 취하게 될 행동이 달라진다. 간혹 도움이 되지 않는 사고방식이나 비효율적인 행동 패턴이 장악해서 문제가 될 때가 있다. 이런 문제가 발생하면, CBT를 통한 사고·감정·행동 패턴 개선으로 삶의 질을 최대한 높일 수 있다.

새로운 두뇌 훈련소에 입성하기 전에 몇 가지 필요한 것들이 있다. 무엇보다 중요한 것은, 이 중요한 훈련에 참여하는 데 필요한 동기와 에너지를 모으는 시간을 갖는 것이다. 이 여정의 목표는 성공을 위해 '스스로를 바꾸는 것'이다. 실망감/패배감, 그리고 진정한 발전의 차이는 어디에서 나오는가? 바로 '계획할 시간을 가지는 것'에서 나온다. 그런 시간을 가지지 않으면, 살을 빼고는 싶지만 운동하러 체육관에 가는 시간은 따로 빼놓지 않는 것과도 같다. 그러니 성공을 위해 잠시 준비하는 시간을 가져 보라.

본격적으로 시작합니다

양육 두뇌 재배선 활동을 최대한으로 이용할 수 있도록, 수첩이나 공책을 따로 하나 마련해 당신만의 〈두뇌 재배선 훈련 일지〉로 만들기를 추천한다. 활동을 기록하거나 생각해야 하는 질문에 대한 답을 써야 할 때 사용할 것이며, 📝 로 표시하였다. 각 활동에 대한 당신의 경험을 하나의 문서로 만들고 생각이 필요한 질문에 대한 답을 작성해 놓으면, 나중에 다시 확인할 때 도움이 된다.

간혹 펜과 종이를 사용해 직접 손으로 쓰는 것을 별로 좋아하지 않는 사람도 있다. 그렇다면 수첩과 유사하게, 이 작업에만 사용할 '웹 문서'를 하나 만들기 바란다. 언제든지 쉽게 열어 볼 수 있는 것이 좋다. 어떤 사람들은 휴대전화의 '메모장' 기능을 사용하기 좋아한다. 어떤 방법이든 상관없다. 당신, 그리고 당신의 라이프스타일에 딱 맞게 이전의 정보를 언제든지 찾아볼 수 있는 방법이면 된다. 내가 가장 쉽게 확인할 수 있는 방법이어야 한다는 점이 가장 중요하다. 이 책에 있는 활동을 꾸준히 해 나가려면, 그리고 본인의 두뇌 재배선 진척 상황을 추적할 수 있으려면 가장 쉬운 방법이 무엇일지 생각해 보라.

한눈에 보는 '양육 두뇌 재배선 이전' 양육 균형 성과표

자, 이제 당신의 양육 두뇌가 가진 강점은 무엇인지, 도전 구역은 어디인지 그 기준치 평가를 진행할 차례이다. 부모로서의 강점, 도전 과제, 취약점이 무엇인지를 명료하게 그려 내는 것이 다소 위협적이거나 불편하다고 느껴질 수도 있다. 하지만 이건 당신이 추구하는 변화를 위해 필요한, 아주 가치 있고 영향력 있는 과정이다. 두뇌가 현재 '양육에 관해' 어떻게 운영되고 있는지 종합적으로 이해함으로써, 당신이 이 책을 읽고, 그 이후에도 향하고자 하는 달성 가능한 목표가 분명히 드러나기 시작할 테니 말이다.

그럼 이제, 내가 지난 한 주를 어떻게 보냈는지 잠시 생각해 보라. 그리고 다음 항목에 대해 어느 정도 동의하는지 0~10점 단위(0점은 '전혀 아니다', 10점은 '매우 그렇다')로 점수를 매겨 보라.

자기연민

1. 나는 자기비판적이기보다는 자기연민을 가지려고 노력한다.
2. 나는 내가 자기판단에 빠져 상황을 개선하기 위한 해결책을 찾으려고 노력하지 않는다고 느낄 때가 있다.
3. 나는 내 판단이 진실을 나타낸다고 믿지 않고 자기비판적인 생각을 하는 스스로를 발견할 때가 있다.
4. 나는 자책하다가도 더 효과적인 문제 해결 태도로 전환할 수 있다.
5. 나는 가엾게도 나 자신을 스트레스 가득한 상황으로 몰아가기도 한다.

'자기연민' 항목 총점 : _____

현실적 사고

1. 나는 내 마음이 부정적인 사고방식에 갇혀 있음을 느낄 때가 있다.
2. 나는 부정적인 사고의 늪에 빠졌을 때, 그러한 생각에서 벗어나 현재의 순간에 다시 집중할 수 있다.
3. 나는 내 아이의 행복을 걱정하는 나를 발견했을 때, 그 상황을 감정적이기보다는 논리적으로 평가할 수 있다.
4. 나는 가족들과의 순간을 즐기기 위해 걱정 가득한 쓸모없는 생각들에 도전할 수 있는 능력이 있다고 생각한다.
5. 나는 해결될 수 있는 진짜 문제, 그리고 삶 전반에서 나타나는 참고 견뎌야할 불확실성을 구분할 수 있다.

'현실적 사고' 항목 총점 : _____

마음챙김

1. 나는 내 아이와 시간을 보낼 때, 그 순간에 완전히 몰입할 수 있다.
2. 나는 아이와 이야기할 때 아이가 말하려는 게 무엇인지 실제로 주의를 기울여 듣는다.
3. 나는 아이와 함께 여러 가지 활동을 하면서 아이와 친밀하다는 느낌을 받는다.
4. 나는 온종일 나를 산만하게 만드는 정신적 소음을 알아챘을 때, 현재의 순간에 손쉽게 다시 집중할 수 있다.
5. 나는 불안과 스트레스가 제일 심할 때에도 가족과 있는 현재에 집중할 수 있다.

'마음챙김' 항목 총점 : _____

과거로부터의 자유로움

1. 나는 내 어린 시절의 고통스러운 순간들을 떠올릴 때 그에 압도되지 않고, 그것을 회피하지 않을 수 있다.
2. 과거의 어려웠던 순간들은 내가 현재의 삶을 충실하게 사는 데에 방해가 되지 않는다.
3. 나는 내가 어린 시절 겪었던 어려웠던 순간들, 그리고 내 아이에 대한 두려움과 걱정을 구분 지어 생각할 수 있다.
4. 내 아이가 감정적인 고통이나 괴로움을 느끼고 있을 때 구해 주어야 한다는 욕구에 자극을 받거나 압도되지 않고 아이 스스로 회복할 수 있다고 믿는다.
5. 나는 내가 진짜 위험에 빠진 순간과 내 뇌가 잘못된 경보를 경험하고 있는 순간을 구분할 수 있다.

'과거로부터의 자유로움' 항목 총점 : _____

감정 조절

1. 나는 스트레스를 받거나 절망스러울 때, 혹은 불안할 때, 스스로 흥분을 가라앉히고 나의 감정 온도를 식힐 수 있다.
2. 나는 양육하면서 스트레스를 받거나 감정적으로 반응하는 대신, 잠시 시간을 내어 먼저 나 자신을 가라앉히고 어떻게 해야 할지를 선택할 수 있다.
3. 나는 어떤 양육 상황에서 내가 가장 스트레스를 받는지, 내가 통제할 수 없다고 느끼는지를 알고 있으며, 그것을 예측할 수 있다.
4. 나는 양육 시 흔히 겪게 되는 스트레스 가득한 상황에서 나 자신을 가라앉히기 위해 할 수 있는 노력을 사전에 계획한다.
5. 나는 살면서 스트레스 가득한 순간에 있을 때조차도 내가 아이에게 자기 조절의 본보기가 될 수 있다는 것이 자랑스럽다.

'감정 조절' 항목 총점 : _____

통제의 한계 인식

1. 나는 아이와의 갈등에서 우리 가족의 가치관과 내가 삶에서 양보할 수 없는 측면을 기반으로 신중하게 행동하려고 노력한다.
2. 나는 통제할 수 없는 것들을 통제하려다 오히려 역효과를 낳아 아이와의 관계에서 충돌이 일어날 때가 언제인지 안다.
3. 나는 내가 아이를 보살피고 해나 고통으로부터 아이를 보호하고자 하는 만큼, 앞으로 아이의 삶에서 벌어질 일 중 내가 통제할 수 있는 부분이 제한되어 있다는 사실을 이해하고 수용한다.
4. 나는 아이를 통제하려고 하기보다는, 나의 양육 에너지를 아껴 아이와의 의미 있는 상호작용을 최대한 할 수 있도록 노력한다.
5. 나는 아이에게 펼쳐진 길이 내가 아이를 위해 선택했을 길과 정확히 같지 않다고 하더라도, 아이의 회복력과 삶 속 장애물 처리 능력을 믿는다.

'통제의 한계 인식' 항목 총점 : _____

가치관에 부합하는 삶

1. 나 자신, 그리고 나 자신의 욕구를 위한 시간을 내는 것이 내 삶의 우선순위이다.
2. 나는 내 활동이나 관심사에 시간과 관심을 주면서도, 내 아이의 활동이나 관심사에도 시간과 관심을 줄 수 있다.
3. 나는 내 가치관 및 우선순위에 부합하게 행동하고, 그러한 활동에 참여하려 노력한다.
4. 나는 매일 시간을 내어 (사소한 것이든, 대단한 것이든 상관없이) 휴식을 취하거나 즐길 수 있는 순간, 아니면 내가 진정으로 신경 쓰는 일과 가까워지는 순간을 보내며 에너지를 충전한다.
5. 내 아이(아니면 다른 가족 구성원)는 나의 개인적인 가치관과 관심사가 무엇인지 말할 수 있을 것이다.

'가치관에 부합하는 삶' 항목 총점 : _____

완벽하게 불완전한 양육

1. 나는 완벽하지 않은 부모이다. 그리고 나는 이 사실이 괜찮다.
2. 나는 해결할 수 없을 것으로 보이는 양육 문제에 직면했을 때 망하거나 평가받을까 봐 두려워 피하는 대신, 그 상황에 대처할 수 있는 사소한 행동들을 단계별로 취한다.
3. 나는 실수를 해도 되는 사람이다.
4. 나는 완벽한 삶보다 '충분히 좋은' 삶을 받아들이며, 그래서 더 많은 시간을 가족과 보내고 그 순간을 즐기려고 노력한다.
5. (어떤 날이든, 내가 무엇에 최선을 다하든 간에) 나는 내가 최선을 다하는 것이 나 자신, 나의 배우자, 그리고 나의 아이에게 충분히 좋다는 것을 안다.

'완벽하게 불완전한 양육' 항목 총점 : _____

나의 '양육 두뇌 재배선 이전' 양육 균형 성과표

양육 균형 스킬	총점(0~50점)
자기연민	
현실적 사고	
마음챙김	
과거로부터의 자유로움	
감정 조절	
통제의 한계 인식	
가치관에 부합하는 삶	
완벽하게 불완전한 양육	

균형 성과표 결과 이해하기

'자기연민' 항목 총점이

0~20점이라면, 이 중요한 능력을 훨씬 더 많이 키워 주어야 한다.

21~40점이라면, 자기연민을 잘하고 있는 것이다. 다만, 자기연민을 훨씬 더 많이 해도 된다.

41~50점이라면, 양육 상황에서 발생하는 작은 사고나 실수에 대해 창피해하거나 자책하지 않고 자기연민 능력을 잘 발휘하고 있는 것이다.

'현실적 사고' 항목 총점이

0~20점이라면, 이 중요한 능력을 훨씬 더 많이 키워 주어야 한다.

21~40점이라면, 부정적인 사고 대신 현실적인 사고를 잘하고 있는 것이다. 다만, 훨씬 더 많은 삶의 순간을 이 관점으로 마주해도 된다.

41~50점이라면, 스트레스 가득한 양육 상황을, 재앙을 가져올 수 있는 마음 가짐보다는 현실적인 마음가짐으로 잘 헤쳐 나가고 있는 것이다.

'마음챙김' 항목 총점이

0~20점이라면, 이 중요한 능력을 훨씬 더 많이 키워 주어야 한다.

21~40점이라면, 현재에 잘 살고 있는 것이다. 다만, 훨씬 더 많은 삶의 순간을 이 관점으로 마주해도 된다.

41~50점이라면, 현재에 온전히 존재하면서 온 마음을 다해 잘 살아내고 있는 것이다.

'과거로부터의 자유로움' 항목 총점이

0~20점이라면, 이 중요한 능력을 훨씬 더 많이 키워 주어야 한다.

21~40점이라면, 과거의 고통과 괴로움이 현재의 삶을 온전하게 사는 것을 방해하지 않도록 잘하고 있는 것이다. 다만, 훨씬 더 많은 삶의 순간을 이 관점으로 마주해도 된다.

41~50점이라면, 이전에 겪었던 고통과 괴로움을 잘 헤쳐 나가, 온전하게 현재의 삶을 살고 있는 것이다.

'감정 조절' 항목 총점이

0~20점이라면, 이 중요한 능력을 훨씬 더 많이 키워 주어야 한다.

21~40점이라면, 스트레스나 불안을 느낄 때 스스로를 잘 달래고 있는 것이다. 다만, 감정 온도 조절 능력을 훨씬 더 향상시켜야 한다.

41~50점이라면, 감정 온도를 잘 조절하여 아이를 통제할 수 없는 느낌에서 빠져나와 감정에 흔들리지 않고 차분하게 반응할 수 있는 것이다.

'통제의 한계 인식' 항목 총점이

0~20점이라면, 이 중요한 능력을 훨씬 더 많이 키워 주어야 한다.

21~40점이라면, 아이에 대한 통제를 멈추고, 아이 스스로 통제를 시작하도록 해야 하는 때가 언제인지를 잘 이해하고 있는 것이다. 다만, 아이와 정서적 에너지의 친밀감을 강화하고 즐거운 순간을 공유하는 쪽으로 더 많은 능력을 가질 필요가 있다.

41~50점이라면, 아이를 언제 통제해야 하는지, 아이의 회복력과 아이 스스로 삶의 여러 가지 측면에 대처할 수 있는 능력을 언제 믿어야 하는지를 알고 있으며, 아이와 싸울지 말지를 잘 선택하고 있는 것이다.

'가치관에 부합하는 삶' 항목 총점이

0~20점이라면, 이 중요한 능력을 훨씬 더 많이 키워 주어야 한다.

21~40점이라면, '부모로서의 나'와, '부모가 아닐 때의 나'를 잘 구별하고 있는 것이다. 다만, 당신에게 가장 많은 에너지를 주고 사기를 북돋아 주는 것들에 훨씬 더 많이 참여해야 한다.

41~50점이라면, 스스로의 가치관을 지키고 나의 삶에 최대한 영감을 주고, 에너지를 부여하고, 꽉 채워 주는 측면을 가꾸면서도, 부모로서의 역할을 충실하게 잘 수행하고 있는 것이다.

'완벽하게 불완전한 양육' 항목 총점이

0~20점이라면, 이 중요한 능력을 훨씬 더 많이 키워 주어야 한다.

21~40점이라면, 인간이 된다는 것은 인간이 때때로 실수하는 존재임을 잘 인정하고 있는 것이다. 다만, 완벽하게 불완전한 삶의 순간을 훨씬 더 많이 마주해도 괜찮다.

41~50점이라면, 가끔은 운에 맡기고 행동함으로써 배우고, 아이에게 완벽하게 불완전한 삶을 사는 것의 본보기가 되어 주고 있는 것이다.

다음으로, 이 책의 맨 뒤에 있는 '양육 균형 성과 그래프'를 작성해 보자.

당신의 양육 두뇌 재배선 이전 양육 균형 능력을 보여 주는 이 자료를 잘 간직하라. 점수가 어떤지, 어느 점수대에 속하는지 너무 자세히 들여다볼 필요는 없다. 어떤 점수를 받았든 더욱 차분하고 유능한 부모가 되기 위해 아주 멋지고 가치 있는 단계로 나아가고 있는 중이다. 이제 시작일 뿐이다. 이 데이터는 10장에서 한눈에 보는 '양육 두뇌 재배선 이후' 양육 균형 성과표를 살펴볼 때 다시 한번 확인해 볼 것이다.

당신이 이 여정을 시작하게 된 동기는 무엇인가?

더 적응력 있는 방식으로 생각하고 행동하는 것을 반복 연습함으로써 두뇌를 재배선할 수 있다. 그러면 양육에서 마주하는 스트레스 가득한 순간에 덜 불안정하게, 더 효과적으로 대응할 수 있다. 하지만 변화를 위해 필요한 정서적 에너지를 모으기는 쉽지 않다. 두뇌는 모든 것을 과거에 가장 자주 했던 방식으로 하는 것에 익숙하다. 이미 알고 있는 것을 고집하는 것이 더 쉽고, 더 편안하게 느껴지기 때문이다. 그래서 두뇌의 기본값은 가장 강력하고도 가장 친숙한 신경 경로를 취한다. 하이커가 많은 사람이 걷는 길을 선택하는 것처럼, 동일한 부모 행동 레퍼토리에 계속해서 참여하게 되면 두뇌가 향후 동일한 방식으로 대응할 가능성이 더 커진다. 적극적으로 새로운 경로를 만들려면, 사전에 들여야 하는 노력이 더 많다. 하지만 오래되지 않아, 이 새로운 경로 또한 닳고 닳아 결국 또 쉬운 길이 되어 버린다. 차분하고 효과적인 양육과 관련된 신경 경로를 강화함으로써, 당신의 두뇌는 더 적응력 있는 사고, 감정, 행동을 자동으로 활성화할 것이다.

양육 두뇌 재배선 활동: 양육에 사용되는 요술 지팡이

다음은 생각이 필요한 활동이다. 5~10분 동안 멈추지 않고 〈훈련 일 지〉에 다음의 질문들에 대한 답변을 작성해 보자.

- 당신에게 마법 지팡이가 있다. 3초를 셌는데, 어머나! 더 이상 양육에 서 오는 스트레스와 불안으로 고통받지 않아도 된다고 한다. 당신의 삶은 앞으로 어떻게 달라질까?
- 바로 지금 이 순간, 당신은 무엇을 하고 있는가? (이 책을 읽고 있는 것을 제외하고)
- 당신은 어떤 활동들에 참여하고 있는가?
- 당신이 스트레스 및/또는 불안, 걱정, 초조함에 소요하는 시간과 에너 지 때문에 놓치고 있는 것은 무엇인가?
- 당신이 삶에서 가장 가치 있게 여기는 측면은 무엇인가? 그리고 현재 당신은 살면서 그것에 참여하는 데 어느 정도의 시간을 쓰고 있는가?

다음은 한 부모가 작성한 예시 답변이다.

만약 내게 요술 지팡이가 있어서 양육에서 오는 스트레스와 불안을 급 격하게 줄일 수 있다면, 내 머릿속에 가장 먼저 드는 생각은 '일상생활 에 더 충실해져야겠다'는 것이다. 항상 초조하게 지내지 않는다면, 가족과 앉아 저녁 식사를 하고 웃음과 대화 속에서 이야기도 주고받을 수 있을 것이다. 혼자만의 생각에 지치지 않고 말이다. 아이들에게 나 없이 놀라고 부추기는 대신, 아이들과 더 많은 시간을 보낼 수도 있을 것이다. 난 '너무 스트레스를 받아서' 그 시간을 아이들과 보낼 수 없는 것이니까. 아마 내 아이들이 닥친 일을 잘 처리할 수 있을 거라고 더욱 믿게 될 것이다. 삶에서 나타나는 결코 이상적이지 않은 것들로부터 아이들을 지키려고 너무 많은 에너지를 소모하는 대신에 말이다. 불안과 스트레스가 줄어들면 남편과의 관계에서도 나는 더 나은 사람이 될 것이다. 아직 일어나지도 않은 일들에 대해 속으로 생각하고 걱정하는 대신에, 우리는 한때 그랬던 것처럼 하루의 끝에 수다도 떨고 긴장도 풀면서 함께 더 많은 시간을 보낼 것이다. 만약 내 양육 스트레스가 최소한으로 줄어든다면 나는 더 평화로움을 느낄 테고, 우리 가족이 때때로 마주하는 장애물도 더 잘 헤쳐 나갈 것이다. 문제가 나타났을 때 초조해하거나 빠르게 낙담하는 대신에 말이다. 스트레스와 불안이 줄어든다고 해서 아무 문제 없는 삶이 되지는 않겠지만, 그래도 평화와 즐거움이 더 많은 삶을 살 것 같다.

이 활동은 어떻게 양육 두뇌를 재배선하는가?

친숙한 사고와 양육 패턴을 받아들이는 대신, 양육 두뇌가 재배선 작업에 더 많은 에너지를 투자하도록 해야 한다. 당신은 이 활동에 참여함으로써 두뇌 재배선 절차를 활성화하고, 재배선 열의도 더욱 굳힐 수 있다. 이 훈련 프로그램을 진행하면서 가끔은 당신의 두뇌가 저항하는 순간이 올 수도 있다. 그런 순간에는 〈훈련 일지〉에 기록한 활동 결과를 가까이에 두고 당신의 목표와 욕망을 상기하면서, 손쉬운 양육 두뇌 운영을 위해 훈련하라. 당신의 삶이 어떻게 달라질 수 있을지, 그리고 실제로는 어떻게 달라졌는지 시각화해 보기 바란다.

생각의 시간

우선, 왜 이 책을 선택해서 읽기 시작했는지 그 이유를 떠올려 보라. 본인이 얼마나 멀리 왔고, 또 앞으로 본인이 가진 가능성이 얼마나 많은지를 스스로에게 다시 한번 알려 주라.

Chapter 2

부모가 가지는
자기연민의 힘

이 장은 두 부모의 이야기로 시작해 보려고 한다. 이 두 사람 각각이 처음 맞이한 아이, 그리고 그 아이의 반응에서 마주한 문제들을 찾을 수 있을 것이다.

디에고와 마크는 고등학교 때부터 절친이었고, 굉장히 비슷한 삶의 단계를 거쳤다. 둘 다 대학 졸업 후 처음으로 취직하여 일하기 시작했고, 각자 연인과 만난 지 6개월도 되지 않아 청혼했으며, 비극적이게도 30대에 부모 중 한 분을 잃었다. 둘은 항상 똑같은 자리에서 서로를 위해 있어 주며, 삶에서 전환이 일어날 때마다 상대방의 우정과 응원에 의존했다. 한 명에게 첫아이가 생기고, 불과 두 달 만에 나머지 한 명도 아빠가 되었다는 사실은 놀랍지도 않았다. 둘은 앞으로 무엇이 다가올지 전혀 알 수 없다는 사실을 다소 긴장한 듯하면서도 그저 쿨하게 넘기며, 앞으로 다가올 부모로서의 모험에 대해 농담을 나누고는 했다. 디에고가 먼저 아빠로서의 경험을 시작하면서, 마크는 그런 절친의 눈을 통해 신생아를 보살피는 데에는 얼마나 많은 우여곡절이 존재하는지 초조한 마음으로 관찰하였다.

디에고는 아들이 태어나고 나서 마크에게 처음 부모가 되어 느낄 수 있는 감정의 롤러코스터에 관한 모든 것을 이야기해 주었다. 아직 아빠가 되기 전이었던 마크는 디에고의 고통을 느끼면서도, '아빠'라는 새로운 역할을 하는 디에고를 응원했다. 자신의 친구가 왜 고통스러워하는지 당연히 이해할 수 있었다. '부모 되기 매뉴얼' 같은 게 없었기 때문이다! 마크는 디에고에게 스스로를 너무 가혹하게 대하지 말라고 말했다. "예상치 못한 상황들이 펼쳐지게 될 거야. 우리한

테는 미지의 영역이고, 나도 곧 너랑 같은 배에 타게 되겠지?" 마크에게도 딸이 태어나고, 그 또한 당황스러워하는 스스로의 모습을 발견한다.

두 아빠는 아이가 태어나고 처음 한 달간은 각자가 마주한 새로운 현실에 적응하려 고군분투했다. 스스로를 위한 시간은 거의 없었고, 삶의 다른 모든 영역은 사라진 것만 같았다. 신생아를 돌보는 것이 이들의 새로운 일이 된 것이다. 둘은 만날 수 있을 때 언제든지 서로에게 연락하기로 했다. 아이는 울음을 그치지 않고, 또 그런 아이를 달래는 것에 수차례 실패한다. 분유 시간과 기저귀를 갈아줘야 하는 시간은 왜 이리도 끊임없이 계속되는지. 샤워도 못하고, 쉬지도 못하고, 잠도 자지 못하게 된 둘. 둘은 과거의 경험들에서와 마찬가지로, 새롭게 겪게 된 양육 문제들에 대한 유대감을 형성한다. 이 순간은 삶의 그 어떤 것들과도 다른, 완전히 새롭고 중요한 순간이었다.

마크는 둘 다 아주 기초적인 것들을 배우고 있다는 사실을 알게 되지만, 아이가 울 때마다 아주 강렬한 불편함에 빠지고 만다. 부모가 되었다고 해서 아이의 울음을 멈추기 위해 필요한 게 무엇인지 알기는 힘들다. 마크는 자신의 시도 중 그 어떤 것에도 효과가 없다고 느꼈다. 그래서 아주 절실한 마음으로 디에고에게 답을 구하고자 했다. 허나 실망스럽게도 디에고에게도 즉효약은 없었다. 사실, 그에게는 해결책이라고 할 만한 게 아예 없었다. 마크가 하고 있던 일을 디에고도 이미 똑같이 하고 있었을 뿐이다. 신생아인 아이를 달래기 위해 할 수 있는 모든 것을 시도하는 것 말이다.

마크의 양육 두뇌 기본 상태: 수치심과 자기원망

마크는 자신이 실패했다는 생각에 휩싸였다. 자신이 과연 양육이라는 걸 할 수는 있을지, 아이에게 필요한 것을 충족시켜 줄 수 있을지, 새로 태어난 딸을 달랠 수 있을지, 자신의 능력에 대해 의심하게 되었다. 종종 자기 자신이 '올바른 것'을 하지 않고, 딸이 원하는 게 정확히 무엇인지 알지 못한다는 사실에 자책하기도 했다. 그에게는 온종일 좌절감, 수치심, 죄책감이 자리 잡고 말았다. 마크를 가장 많이 비판하는 사람은 '마크 자신'이었다. 양육 두뇌는 마크가 '뭘 해야 할지 왜 몰라? 대체 문제가 뭐야? 다른 부모들은 다 알고 있는데! 넌 애가 뭘 필요로 하는지도 몰라? 넌 대체 어떤 부모인 거야?'와 같은 식의 생각을 하게 만들었다. 마크는 논리적으로는 이러한 비판들이 꼭 사실이 아닐 수 있음을 알았지만, 부끄럽다는 감정을 떨쳐 내지 못했다. 딸이 울 때마다 심장이 고동쳤고, 가슴은 무거워졌으며, 머리를 굴리게 되었다. 이리저리 뛰어다니며 아이를 달래기 위한 모든 방법을 시도했다. 그의 마음은 '빨리 해결책을 찾아!'와, '뭐가 문제야? 어쨌든 너는 양육이라는 걸 못하는 것뿐이야.' 사이를 왔다 갔다 했다. 그는 곧 패배감을 느끼고 낙담해서 지쳐 버리고 말았다. 이 어려운 순간들 속에서, 마크는 자신이 디에고에게 아무렇지 않게 건넸던 지지와 격려를 스스로에게도 건네려 애썼다.

디에고의 양육 두뇌 기본 상태: 자기연민

아이가 계속해서 우는데도 달래지 못하는 데에서 오는 마크의 좌절감을 디에고 또한 느꼈다. 디에고는 귀를 뚫고 들어오는 듯한 아이의 울음소리를 들을 때마다 자기 자신을 고통스러운 죄책감으로 찌르는 듯한 느낌을 받았고, 우는 아들을 달래고 싶은 마음으로 가득했다. 마크가 스스로 알게 됐던 것과 같이, 디에고도 '그 이유를 알아내지 못할 때' 본인에게 한 차례의 공황과 불안감이 닥치는 것을 알게 됐다. 자신의 안에서 스멀스멀 올라오는 비평가의 속삭임을 들을 때면, '네가 뭘 해야 할지도 몰라?'라며 아들에게 필요한 것을 제대로 채워 주지 못하는 자신을 자책했다. 그러나 디에고는 이런 수치심과 자기원망의 유혹에 빠지지 않았다. 자신의 정신이 사실이 아닌 쓸모없는 관점을 만들어 내는 것임을 깨달았기 때문이다. 이것이 매우 불편하게 느껴지기는 하지만 양육의 여정에서 평범하게 나타나는 것임을 스스로에게 상기시켰다. 자신을 짓누르는 수치심과 자기원망을 없앤 그는, 가능한 해결책을 탐색하는 데 정신적 에너지를 투입할 수 있었다.

디에고가 수치심과 자기원망 중심 사고에서 자기연민 중심 사고로 전환하는 것은 쉬운 일이 아니었다. 양육 두뇌가 도움이 되는 격려보다 불공정한 비판을 가하고 있을 때를 알아채야 했다. 마크에게 건넸던 친절함과 이해를 새로운 상황을 헤쳐 나가는 스스로에게도 똑같이 건네주는 연습을 적극적으로 했다. '이건 힘든 거야. 압도당하는 느낌이 들더라도 정말 괜찮아. 그건 정상인 거야. 전에 해 본 적 없는 일이고, 난 해결할 수 있어.'라면서. 그렇게 디에고는 스스로에게 연민을 느끼며, 처음 부모가 되어 매일 마주하게 된 불확실성을 더 잘 참고 껴안을 수 있었다.

처음 아빠가 된 이들은 가능한 한 최고의 부모가 되고 싶었을 것이다. 앞으로도 당연히 그렇겠지만, 둘 다 아이를 달래고 먹여 살리고자 하는 욕망이 강렬했다. 특히 마크는 자기연민 능력을 향상함으로써, 자신이 헤쳐 나가고자 하는 새로운 삶의 영역을 손쉽게 관리하고 문제를 해결하며 기쁨을 찾을 수 있을 것이다.

수치심과 자기원망에서 자기연민으로

당신도 아이를 키우면서 아마 이와 비슷한 문제들과 마주했을 것이다. 그랬을 때 당신의 양육 두뇌는 바로 '왜 이걸 제대로 못해?' 같은 생각을 하게 한다. 이런 생각들로 인해 이 문제가 평범한 것이고 양육 경험에서 예상되는 부분임을 인식하지 못하고 계속해서 자책하게 되었을지 모른다. 하지만 양육 두뇌 재배선을 통해 내적 커뮤니케이션 스킬과 도구를 업그레이드함으로써 스스로를 '벌을 내리는 감독'의 모습에서 '격려하는 코치'의 모습으로 바꿀 수 있다.

이번 장을 통해 배울 수 있는 것들은 다음과 같다.

- 두뇌가 도움을 주기는커녕, 비효율적인 수치심-자기원망 순환 고리에 빠져 있다는 것을 인식하는 방법
- 자기비판적인 생각이 생성되는 것을 줄이고, 효율적인 문제 해결에 참여할 수 있는 능력을 향상시키는 방법
- 연민 어린 코치로서의 역할을 하는 법을 배워 스스로의 양육 문제에 도움을 주고, 스스로에게 보내는 가혹한 메시지를 줄이는 방법

수치심-자기원망 모드에 있는 양육 두뇌

당신의 두뇌에서 자기원망과 판단이 그렇게 쉽게 뿜어져 나오는 이유는 무엇일까? 이런 생각을 너무 자주 한다면 뭔가 문제가 있는 걸까? 이건 당신만의 일이 아니다. 우리 '인간'은 원래 마음의 평화보다 생존을 우선시하도록 되어 있다. 본래 두뇌는 내부적으로든, 외부적으로든 뭔가 잘못됐다고 느껴지는 것을 감지했을 때 당신에게 알려 주도록 되어 있다. 불안정하고 어려운 상황에 마주했을 때 빠르게 보호하는 것이 우선인 양육 두뇌는 당신이 스스로를 비롯하여 사랑하는 사람들을 해칠 수도 있는 상황에서 멀어지기를 희망하며, 자기비판, 수치심, 자기원망으로 가득 채울지도 모른다. 수치심-자기원망 모드에 있는 양육 두뇌는 외부의 위험을 감지했을 때와 동일한 위협 감지 상태에서 작동한다. 하지만 이때 감지한 위협은 당신 자신이다. 자기비판적인 생각이 생겨나면, 편도체는 그 '위협'을 감지하고 시상하부를 활성화하여, 싸움을 준비할 수 있도록 스트레스 호르몬을 방출한다. 그렇게 되면 해마는 과

거에 당신을 보호하거나, 아니면 다치게 했을지 모르는 기억 모음을 샅샅이 뒤진다. 이렇게 원시적인 투쟁-도피-경직 반응은 교정 행위에 동기를 부여하고 복잡한 양육 영역 탐색에 필요한 창의적 사고를 하는 데에는 도움이 되지 않는다.

문제 인식 모드에서 문제 해결 모드로 신속하고 매끄럽게 전환되는 사람이 있는 반면, 이런 모드 전환에 다음과 같은 순서를 거쳐야 하는 사람도 있다.

1. 내부적으로든 외부적으로든 잘못됐다고 느껴지는 것을 감지한다.
2. 스스로를 가혹하게 대하고, 잘못됐다고 느껴지는 것을 막을 수 있었다거나 막았어야 한다고 자꾸 생각한다.
3. 수치심-자기원망의 굴레에 꼼짝없이 갇혀 과도한 에너지와 시간을 소모한 이후, 결국 문제 해결 모드로 다시 돌아간다.

당신의 양육 두뇌는 (1) 문제에 직면했을 때 문제 해결 모드로 효율적으로 전환하거나, 아니면 (2) 그 일로 되돌아가서 어떻게 해야 할지를 결정하기도 전에 수치심과 자기원망에 꼼짝없이 빠지도록 만들 수 있는데, 그 기저에는 당신의 '유전적 특징'과 '생애 초기의 경험'이 존재한다. 이미 유전적으로, 예방 가능한 실수로 보이는 어떤 것에든 강력한 부정적 감정 반응을 보이도록 설정되어 있을지도 모른다는 것이다. 아니면 실수하는 것이 위험하다고 느껴지는 환경에서 자랐을 수도 있다.

무언가를 잘못하고 있다는 불편한 감정이 참을 수 없는 것이라고 학습했을지도 모른다. 스스로에게 항상 나무라는 말이나 행동을 보이는 사람이 될 위험에 처하지 않고, 힘닿는 곳까지 완벽하게 하라고 다짐하는 사람이 될 수 있었을지도 모른다.

양육 두뇌가 수치심-자기원망 모드에 있다면, 삶에서 나타나는 어떤 문제에 대해서든지 양육 두뇌는 당신에게 책임을 물을 것이다. 이는 (실패로 이어지겠지만) 과거, 현재, 미래의 실수들에 대해 크게 경고함으로써, 고통을 가져올 수 있는 또 다른 상황에서 당신을 보호하려고 애쓰는 것이다. 하지만 양육 두뇌가 당신에게 '집중해. 네 아들은 학교생활에서 도움이 더 필요해.'와 같은 중간 교정 명령이나, '아들이 수학을 못하는 건 네 잘못이야. 아이한테 네가 충분한 관심을 주지 않아서 그런 거야.'와 같은 수치심-자기원망적 사고 정도는 도움이 된다. 그러나 수치심-자기원망 모드에 진입하게 되면, 자신의 능력이나 결정과 같이 스스로 이외의 면들에 대해 의심하기 시작하면서 곧 자기의심의 덫에 걸리기 쉽다. '난 무능력하고 못난 사람이야.'라는 스스로가 만들어 낸 선전으로 가득해지면, 처음에 수치심-자기원망 경보를 울리게 했던 미해결 문제들에 집중할 수 있는 에너지와 정신적 공간이 훨씬 더 줄어든다. 하지만 양육 두뇌 재배선을 통해 손쉽게, '문제 감지'에서 '문제 해결'로 효율적으로 전환할 수 있는 능력을 향상시킬 수 있다. 이번 장에 나오는 활동들을 연습함으로써, 문제 인식에서 문제 해결로 향하는 더욱 깊은 정신적 경로를 구축할 수 있다. 매일 계속해서 연습하다 보면, 내가 살면서 했던 끔찍한 모든 일과 내가 '엉망으로 만들어서' 결코 이상적이지 않은 상황으로 이끈 모든 것에 대해 반복적으로 상기하는 것이 훨씬 줄어들 것이다.

자기연민이 아이와 부모에게 미치는 영향

자기연민을 연습할 수 있는 가능성을 열어 두기 시작할 때, 부모로서 자기연민을 연습하는 것이 스스로를 넘어 더 많은 것에 혜택을 가져다준다는 점을 명심하라. 우선, 자기연민을 연습함으로써 자녀의 정신적, 감정적 행복에 어마어마하게 긍정적인 영향을 줄 수 있다. 자기연민을 연습할 때마다, 아이에게 그 행동의 본보기가 되어 줌으로써 아이도 당신처럼 보살핌과 존중, 이해를 받을 가치가 있는 존재임을 알려 줄 수 있다. 특히 이러한 것들이 당신 스스로에게서 나오는 것임을 보여 주는 것이다. 자기원망과 수치심을 보여 주는 대신, 아이들의 삶에 도움이 되는 적응형 접근법을 가르칠 수 있다.

자기연민에 대해 아이와 대화해 보는 것도 물론 좋지만, 강의나 장황한 설명이 없어도 아이에게 이 연습에 대해 실질적으로 알려 줄 수 있다. 당신이 자기연민을 가지고 행동하는 것을 아이가 목격한다면, 아이의 거울 뉴런이 작동하여, 당신의 감정과 행동을 비춰 보게 될 것이다. 물론, 이 과정이 자기원망과 수치심에 대해서도 똑같이 작동할 수 있다.

당신이 자기원망과 수치심을 가지고 있다는 것을 아이가 목격한다면, 아이의 두뇌는 이 정보도 그렇게 받아들인다. 자기연민과 관련하여 아이를 위해 할 수 있는 최선의 행동은 '당신 스스로' 이걸 연습하는 것이다. 당신의 아이가 실수를 하거나 문제에 직면했을 때 아이를 어떻게 대할 것인지 생각해 보고, 스스로를 그렇게 대하는 것을 연습해 보라. 아이가 그것을 목격한다면, 아이도 스스로를 똑같은 자기연민으로 대할 가능성이 더욱 높아진다.

양육 두뇌 재배선 활동: 나의 수치심-자기원망과 관련된 이야기

우리 모두 각자의 수치심과 자기원망에 대한 이야기를 하나씩 가지고 있다. 양육 두뇌는 실수나 잘못의 가능성이 있는지 결정할 때 이를 통해 당신에게 알려 준다. 다음의 다섯 가지 활동에는 약 20분 정도가 소요될 것이다. 〈훈련 일지〉 준비를 잊지 말기 바란다.

1. 다음은 부모들이 스스로의 수치심-자기원망과 관련된 이야기에 대해 공통적으로 가지고 있는 생각이다. 당신에게도 해당 사항이 있는지 확인하라. 다른 것이 있다면 따로 적어 놓아도 된다.

- 나한테 뭔가 잘못된 점이 있다.
- 나는 충분히 _____한 (좋은, 지지하는 등) 부모가 아니다.
- 나는 내 부모님만큼이나 _____. (나쁘다, 게으르다 등)
- 나는 내가 되고자 하는 부모의 유형이 절대 되지 못할 것이다.
- 나는 내 인생을 감당할 수 없다. 틀림없이 나는 부모가 될 자질이

없는 것이다.

- 내 아이가 문제를 겪고 있는 것은 다 내 잘못이다.
- 내가 아이에게 본보기가 될 만한 것에는 어떤 게 있을까?
- 나는 왜 다른 부모들처럼 평범할 수 없는 것일까?
- 나는 나쁜 부모(및/또는 배우자, 친구, 동료 등)이다.
- 나는 재앙이자, 병적이고 불안한, 엉망진창인 존재이다.
- 나는 다른 사람들의 기대에 절대 부응할 수 없을 것이다.
- 나는 부모가 될 수 있을 만큼 충분히 강하지 않다.
- 나는 망가졌다. 절대 괜찮아지지 않을 것이다.

2. 당신의 삶은 자기원망으로 얼마나 많은 영향을 받았는가? 힘들 때 당신의 삶에서 양육 두뇌를 키워 주는 영역은 무엇인가? 각 영역별로 당신의 두뇌가 가장 많이 주는 자기비판적인 생각에 대해 작성해 보자.

- 양육
- 애정 관계
- 부모나 원가족과의 관계
- 우정
- 일과 커리어
- 과거의 경험과 미래의 목표

3. 당신은 그 생각을 아주 오랫동안 했을 것이다. 아주 오래된 이야기처럼.

- 당신은 그 이야기를 언제부터 듣기 시작했는가?
- 내내 똑같은 이야기였는가? 아니면, 삶의 경험에 따라 기복이 있었는가?

- 당신의 이야기에 나타나는 중심 주제는 무엇인가? 예를 들어, 당신은 자기비판으로 '나는 절대 충분해질 수 없다'고 납득하려 하는가? 자기비판은 당신을 무엇으로부터 보호하려고 하는가?

4. 당신 자신에 대해 더 정확하고, 도움이 되고, 친절한 이야기는 무엇인가? 호기심을 가지고 그 이야기에 접근해 보자. 그리고 〈훈련 일지〉에 그 이야기를 작성해 보라.

새로운 이야기: 나는 실수를 한다. 나는 인간이니까. 그렇다고 내가 항상 일을 망치는 것은 아니다. 나는 많은 것을 이루기도 했다. 나는 실수로부터 배우고 정진함으로써 아이들이 배우도록 안내할 수 있다. 내 생각들을 그렇게 심각하게 받아들일 필요가 없다. 친숙한 수치심- 자기원망 이야기에 대해 양육 두뇌에 감사하기는 하지만, 그 이야기는 너무 오래됐다.

- 새로운 이야기를 쓰면서 인식한 것이 있는가? 새로운 생각이나 감정, 신체적 감각, 행동하고 싶은 충동이 있었다면, 그에 관해 생각해 보라.
- 오래된 이야기를 다시 구성하는 게 어려웠는가? 기존의 이야기를 사실이 아니며 도움이 되지 않는 것으로 넘기거나 보는 게 힘들었는가?

자기비판-자기원망에 관해 흔히 들을 수 있는 근거 없는 이야기

만약 양육 두뇌가 스스로 질책하는 것을 멈추는 비법을 우리가 알고 있다면, 그 비법을 시도해 볼 의사가 있는가? 보통 우리와 함께하는 내담자들 중 다수가 이에 대해 잽싸게 긍정의 답을 한다. 이들은 자기비판의 대상이 되는 기분이 얼마나 별로인지, 그리고 이 비효율적인 사고방식을 없애고픈 마음이 얼마나 간절한지를 설명한다. 그런데 더 대화를 하다 보면, 어떤 내담자는 갑자기 주저하기 시작한다. 자기비판을 포기하는 것에 대해 스스로가 두려워한다는 것을 인식하게 된다. 자신이 너무 현실에 안주하거나 게을러질까 봐 걱정하는 것이다. 더 이상 스스로를 다그치지 않게 된다면 다른 변화를 얼마나 만들어 낼 수 있을지 확신하지도 못한다.

스스로를 다그치는 것과 관련해 흔히 하는 오해는 다음과 같다.

- 스스로를 다그침으로써 현재의 상황에 만족하여 안주하는 것을 피하게 될 것이다.
- 스스로를 다그치는 것은 과거의 실수에 합당한 처벌이다.
- 스스로를 다그침으로써 나의 실수를 상기하여 똑같은 실수가 반복되는 것을 피할 수 있을 것이다.

한 연구는 자기비판이 이와는 정반대임을 보여 준다. 스스로를 다그치는 것은 문제 해결에 효과적으로 쓰일 수 있는 두뇌 자원을 낭비할 뿐이라고 말이다. 실제로 자기비판은 (1) 효과적인 해결책을 떠올리는 능력을 손상시킬 수 있고, (2) 어떤 행동을 하는 것에 대한 자신감을 저해할 수 있다(Covert et al., 2003). 내면에 있는 비평가가 속으로 뭔가 잘못되었음을 감지하면, 양육 두뇌는 다른 잠재적 위협들에 더 반응하게 된다. 나머지 신경계도 이를 따라간다. 그렇게 되면 혈압 상승, 아드레날린과 코르티솔(주요 스트레스 호르몬) 분비 증가로 이어진다. 이러한 신체 상태가 활성화되면 매우 불편해짐은 물론, 문제 해결이나 삶에서 귀중한 것들에 투입할 수 있는 몸과 마음의 에너지를 낭비하여 비생산적이다. 양육 두뇌가 수치심과 자기원망 모드에서 작동하면 불안과 두려움에 압도당해, 결국 많은 양육 문제에 효과적으로 대처할 수가 없게 된다.

스스로를 나무라는 것은 아무런 도움이 되지 않는다. 오히려 스트레스와 불안만 악화시킬 뿐이다. 당신의 정진과 효율적인 문제 해결을 도와줄 수 있는 방법은 스스로에게 현실적이고, 차분하며, 도움이 되는 코치가 되는 것이다.

양육 두뇌 재배선 활동:
나의 수치심-자기원망 이야기가 끝나지 않게 만드는 것

다음은 자기원망에 대해 흔히 할 수 있는 오해이다. 다음을 검토하고, 〈훈련 일지〉에 과거 당신이 느꼈던 오해에는 어떤 것들이 있었는지 생각하고 기록하는 시간을 가져 보자.

나 자신을 계속해서 비판한다면…

- 나는 더 효과적인 부모가 될 것이다.
- 나는 향후 똑같은 실수를 하지 않을 것이다.
- 계속해서 스스로에게 동기 부여를 할 수 있을 것이다. 그렇지 않으면, 현재의 양육 상황 그대로를 받아들이는 것이다.
- 나의 게으름/바람직하지 않은 다른 특성들이 줄어들 것이다.
- 나는 가능한 한 최선의 방식으로 아이를 키울 수 있을 것이다.
- 스스로를 채찍질해 더 잘할 수 있게 될 것이다.
- 스스로 과거의 실수에 대해 벌을 주는 것이다.
- 스스로가 변화하게 될 것이다.
- 나는 모두의 기대를 충족시킬 수 있을 것이다.
- 다른 누구도 나를 비판함으로써 상처 줄 수 없을 것이다.

깊은 생각이 필요한 질문

1. 어떤 이유가 당신의 수치심–자기원망 패턴을 더 강화시키는가?

- 그 이유는 진짜인가? 그리고 항상 효과적인가?
- 그 이유에 대한 당신의 느낌은 어떠한가? 아이나 친구에게 자기비판을 권유하면서 그 이유를 근거로 들 것인가?

2. 양육 두뇌는 무엇으로부터 당신을 지키려고 하는 것인가?

- 효과적으로 보호를 받고 있는가? 만약 효과적이라면, 얼마나 효과적인가? 효과적이지 않다면, 새로운 것을 시도해야 할 때이다.

비판만 하는 코치 vs. 연민을 표현하는 코치

앞서 살펴보았던 디에고의 이야기로 다시 돌아가 보자.

디에고에게 그날 하루의 시작은 너무나 힘들었다. 아들이 밤새 깨어 있어서 그도 거의 잠을 자지 못했다. 그리고 그날은 자신이 다니고 있는 회사의 대표 앞에서 상사와 함께 회의를 진행해야 하는 날이었다. 그는 스스로에게 최선을 다하면 된다고, 정신 상태는 별로지만 회의 수행에 영향을 받지 않을 거라고 말했다. 회의가 끝나고, 디에고는 회의가 괜찮게 끝나기는 했지만 과거에 했던 회의의 성과가 더 좋았다는 것을 알고 있다. 디에고의 상사는 즉시 그를 불러 한바탕 꾸짖는다. 뭔가 문제라도 있냐며, 프로젝트에 대한 그의 노력과 그의 팀에까지 의심을 품는다. 화가 나서는 디에고 말고도 자신의 시간을 낭비하지 않게 할 관리자는 많다고 말한다. 그리고 디에고에게 '준비성이 부족하기 때문에 빠른 시일 내에 승진할 수는 없을 것'이라고 말하는 것으로 마무리 짓는다.

이와 같은 디에고의 경험에 대해 잠시 생각해 보라.

- 상사가 꾸짖었을 때 디에고의 감정은 어땠을까?
- 디에고에게 일을 잘하고자 하는 의욕이 얼마나 있다고 생각하는가?
- 디에고는 얼마나 자신감을 느끼고 있을까?
- 디에고가 얼마나 강하고 유능하다고 생각하는가?
- 자신을 비판한 상사와 중요한 회의를 또 진행해야 하는 경우가 생긴다면, 디에고는 얼마나 잘 해낼 수 있을까?

양육 두뇌 재배선 활동: 비판에는 효과가 있는 걸까?

〈훈련 일지〉에 다음 질문들에 대한 답을 작성해 보라.
살면서 누군가 당신에게 가혹하고 공격적인 방식으로 말하거나 코치
해 주었던 경험을 떠올려 보라.

- 그때 당신의 감정은 어땠는가?
- 그러한 상호작용 이후 당신의 성공 의욕은 어느 정도였는가?

이번에는, 살면서 누군가 당신을 격려하거나 지지하는 방식으로 말하
거나 코치해 주었던 경험을 떠올려 보라.

- 그때 당신의 감정은 어땠는가?
- 그러한 상호작용 이후 당신의 성공 의욕은 어느 정도였는가?

스스로를 다그치는 것은 어떤가? 효과가 있는가? 당신이 더 나은 부
모가 될 수 있도록 도와주는가? 아이와 시간을 더 보낼 수 있도록 해
주는가? 정서적 에너지를 더 불어넣어 주는가, 아니면 뺏어 가는가?
자, 이제 다른 방법을 시도해 보자.

양육 두뇌 재배선 활동:
비판만 하는 코치 vs. 연민을 표현하는 코치

스스로의 생각에 대해 더 능숙하고 날카로운 관찰자가 됨으로써, 어
떤 사고 패턴을 더 늘려야 할지, 어떤 패턴을 단계적으로 줄여야 할지
선택할 수 있다. 그것이 삶을 사는 데 있어 당신이 생각한 대로 이끄

는지에 따라서 말이다. 자기 자신과 사고 사이에 거리를 만듦으로써 두 코치 중 어떤 코치의 조언을 따라야 할지 선택하는 것은 더욱 쉬워 질 것이다.

기존에 있던 비판만 하는 코치를 은퇴시키고 연민을 표현하는 코치를 환영해야 하는 이유가 무엇일지 〈훈련 일지〉를 통해 생각해 보라. 다음의 질문들에 대해 곰곰이 생각해 보면서 말이다.

비판만 하던 기존의 코치 은퇴시키기(이런 코치, 누구에게나 이미 한 명씩 있다.)

- 당신을 비판만 하는 코치는 누구인가? (코치의 이름을 쓰고 어떤 식인지 써 보라.)
- 그 코치는 당신에게 뭐라고 하는가? (그 말들에서 공통적으로 발견되는 사고나 믿음 중 두 가지를 예로 들어 보라.)
- 그 코치가 그렇게 말하는 이유는 무엇인가? (과거의 고통 때문에? 보호를 위해서? 아니면 당신의 변화에 '동기를 부여하기 위해'?)
- 그 코치는 당신을 언제 나무라는가? (그런 나무람을 가장 많이 듣게 되는 계기나 감정 상태, 환경을 나열해 보라.)
- 그 코치는 당신에게 어떤 식으로 이야기하는가? (그 코치의 어조, 단어 선택, 당신에게 던진 고통이나 실수에 대해 떠오르는 과거의 기억에 대해 써 보라.)

연민을 표현하는 코치 만나기(이런 코치, 누구나 키울 수 있다.)

- 당신에게 연민을 표현하는 코치는 누구인가? (코치의 이름을 쓰고 어떤 식인지 써 보라.)
- 다른 사람들이 고군분투하고 있을 때 그 코치는 그에게 뭐라고 말하라고 하는가? (당신이 친구와 가족을 지지하는 방식을

나열해 보라.)

- 그 코치는 당신에게 왜 그렇게 하라고 하는가? (과거의 경험 때문에? 다른 사람들에게 마음을 쓰기 때문에? 아니면 도움이 되고 싶어서?)
- 그 코치는 언제 다른 사람들을 지지해 주는가? (관련 상황이나 감정 상태, 환경을 나열해 보라.)
- 그 코치는 다른 사람들에게 어떤 식으로 이야기하는가? (그 코치의 어조, 단어 선택, 과거의 기억에 대해 써 보라.)
- 연민을 표현하는 코치는 다른 사람들을 위해서만 나타나는가, 아니면 당신을 위해서도 나타나는가?

다음 주 활동을 위해 당신의 생각에 대해 주의 깊게 알아보고, 기존에 무례하게 비판만 하던 코치, 현실적이고 격려해 주는 연민을 표현하는 코치 중 누가 당신의 생각을 좌지우지하는지 확인해 보라. 아마도 후자는 대개 당신 주변의 사람들을 신경 쓴다는 사실을 알아챌 수 있을 것이다. 하지만 당신이 어려운 순간에는 찾아보기 힘들 것이다. 비판만 하는 코치가 좌지우지하는 것을 깨달았을 때에는, 예를 들면 이런 식으로 가볍게 불러 보라. "오, 다시 나타나 줘서 고맙네요, 비판만 하던 코치님. 하지만 당신의 서비스는 더 이상 필요하지 않아요." 그다음에는 연민을 표현하는 코치가 그 자리를 대신하고, 다른 사람들에게 해 주는 격려를 당신에게 똑같이 해 주는 것을 마음속에 그려 보라.

'수치심과 자기원망이 들어간 문제 해결'에서
'자기연민이 들어간 문제 해결'로

스스로에게 더 연민을 가진다고 생각했을 때 가장 먼저 떠오르는 생각은 무엇인가? 어린아이가 채소를 먹으라는 잔소리를 들었을 때와 유사한 반응을 보일 수도 있다. 우리는 스스로에게 더 연민을 가지는 것이 해야 할 '올바른' 일임을 이미 알고 있을지도 모른다. 하지만 그것이 여전히 성가시고 유쾌하지 못한 것으로 보일 뿐이다. 감상적이고 무의미한 것처럼 느껴질 수도 있다. 하지만 당신의 양육 두뇌를 자기연민을 더 가지도록 재배선하는 것은 실제로는 과거의 스트레스와 불안을 줄일 수 있는 비밀이다. 양육 두뇌에게 인간성에 대항하는 대신 인간성을 받아들이는 방식을 가르침으로써, 그것과 싸우는 데 드는 시간과 에너지를 줄일 수 있다. 대신 최선의 삶을 만들고 또 그렇게 살기 위해 이용할 수 있는 생명력이 향상될 것이다. 또한 친절하고 공손하게 스스로와의 관계를 맺고 대응함으로써, 당신은 아이의 멋진 본보기 역할을 하게 될 것이다.

자기연민이 정신건강에 주는 혜택은 정말 많다. 불안과 스트레스가 줄고, 회복력과 낙관주의는 늘어난다. 몸과 두뇌에도 실제로 긍정적인 영향을 준다. 자기연민과 자기비판으로부터 생리학적 차이도 나타난다. 더 온화하고 자기연민적인 접근법을 취하는 경우, 편도체에서 불안과 극심한 공황이 유발될 가능성이 줄어든다. 최근 한 연구에 따르면, 고통스러운 자극에 마주했을 때 더 자기연민을 느끼는 개인의 경우 전전두피질[PFC, 특히 배외측 전전두피질(Liu et al., 2020)]에서 더 낮은 활동성이 나타났다. 여기서 PFC의 반응이 낮다는 것은, 두뇌가 자기연민을 이용할 때 고통에 대처하는 것만큼 힘들게 작동하지 않는다는 것을 보여 준다. 자기연민은 자기비판에 반박하여, 고통을 포함한 정서적 경험에 대한 대처가 더 의식적이고 분별력 있게 이루어지도록 도와준다. 최근의 한 연구에서도 자기연민과 친해질 때 코르티솔(투쟁-도피-경직 호르몬)의 감소와 옥시토신('사랑하고, 껴안고, 유대감을 형성하는' 호르몬)의 증가가 나타나는 현상과 함께 시상하부의 역할에 주목했다(Rockliff et al., 2008; Wang et al., 2019). 스스로에게 수치심과 자기원망 대신 친절함과 이해를 제공한다면, 당신의 몸은 스트레스 저하와 원활한 사고의 혜택을 얻을 수 있다.

당신은 이미 자기연민하는 법에 대해 알고 있다. 하지만 보통의 사람이라면 수용적이고 배려하는 태도를 스스로의 문제에 적용하기보다는 다른 이의 고통에 제공하는 경험이 더 많았을 것이다. 당신의 양육 두뇌는 아마 아이가 실수를 하거나 새로운 것을 배우고 있을 때 연민 어린 반응을 보여 줬을 것이다. 아이가 읽는 것을 배우다가 실수를 했을 때 당신이 아이에게 뭐라고 말했었는지 떠올려 보라. 우리는 당신이 "대체 뭐가 문제야? 참 멍청하기도 하다. 읽는 게 왜 그리 오래 걸리는 거니? 다른 아이들은 너보다 훨씬 더 잘 읽는데. 넌 살면서 절대 성공하지 못할 거야."와 같은 비판적인 말들로 아이가 엄청난 수치심을 느끼게 하거나, 아이를 원망하지는 않았을 것이라고 생각한다. (당신이 어떤 행사에 잘못된 시간에 나타나거나 제시간에 서류를 받는 것을 잊은 때와 같이, 양육자로서의 실수를 했을 때 스스로에 대해서는 자기판단을 하고 가혹하게 비판할 것임에도 말이다.) 사랑하는 사람의 고난에 어떻게 반응하는지에 대한 인식을 제고하면, 내적 능력을 이용하여 스스로에게 수치심과 자기원망 대신 이해와 친절함을 전할 수 있을 것이다.

양육 두뇌 재배선 활동:
친구의 양육 두뇌에게 뭐라고 말해 줄까?

마지막으로 양육 실수를 했던 때는 언제였는가? 아마도 10대 자녀에게 화나서 잔소리를 했거나, 아니면 아이를 데리러 가야 하는 일을 완전히 깜빡했었을지도 모른다. 이제 좋은 친구 한 명(부모인 친구)이 당신과 똑같은 문제에 직면했다고 상상해 보라. 당신은 아마 그 친구의 실수를 '사용자 오류'라고 부르지는 않을 것이다. 스스로가 아닌 타인에게 친절과 이해를 제공하기란 훨씬 쉽다. 한 예로, 이 활동에 대한 마크의 답변을 보자.

양육 실수: 나는 오늘 가게에 갔다가 아기 물티슈 사는 것을 까먹었다. 다시 가게에 가 봐야 한다.

스스로에게 보이는 자동 반응: 휴. 이렇게 항상 뭔가 까먹는다니까. 도대체 나는 왜 한 번에 제대로 하는 법이 없는 거지?

디에고에게 보이는 자동 반응: 봐봐. 우리가 잠을 못 자서 그래. 우리한테는 새로운 일이잖아. 나도 수면 패턴이 엉망일 때 겪었던 일이야. 모든 것에서 차차 너만의 리듬을 갖게 될 거야. 넌 할 수 있어.

다음 형식을 가이드로 활용하여, 당신이 최근에 한 양육 실수와 그에 대한 자신의 자동 반응, 그와 같은 실수를 한 친구에게 보여 줄 연민 어린 반응에 대해 〈훈련 일지〉에 간략하게 적어 보자.

양육 실수: _____

자기 자신에게 보이는 자동 반응: _____

친구에게 보여 줄 연민 어린 반응: _____

〈훈련 일지〉에서 '친구에게 보여 줄 연민 어린 반응'에 쓴 당신의 답변을 형광펜으로 칠해 보라. 다음 주에 할 활동을 위해, 이후 나타나는 사소한 양육 실수들에 대해 이 반응을 스스로에게 보일 반응의 본보기로 사용해 보라. 각각의 양육 문제가 발생할 때마다, 친구에게 '나도 이해해'라는 반응을 보이는 것을 스스로에게도 하라. 이번 주 강제적인 자기연민 참여 전에 느껴지는 전반적인 양육 스트레스 및 불안 수준이 어느 정도인지 생각해 보라. 그리고 그 결과를 한 주 동안 '스스로에게 수용적이고 친절한' 정신 근육을 움직이는 연습을 하고 나서 느껴지는 감정과 비교해 보라.

양육 두뇌 재배선 활동: 자기연민을 키우는 주문

다음은 우리를 찾아 주는 멋진 내담자들 다수가 도움이 되었다고 생각한 자기연민 키우기 주문이다.

- 맞아, 거지 같아. 하지만 이게 영원히 계속되지는 않을 것임을 알아.
- 나는 내 계획을 끝까지 밀어붙일 수 있어. 지금과 같은 불안이 있어도 말이야.

- 내 양육 두뇌여, 고맙다! 질책이 더 필요할 때가 오면 알려 줄게. 그래도 지금으로서는 나는 내가 제일 자신 있어 하는 일을 계속할 거야.
- 이건 완전 새로운 일이라 나에게는 힘들어. 하지만 결국에는 이해할 수 있게 될 거야.
- 아, 너무 마음 아프다. 어느 누구나 고통을 느끼는 건 마찬가지이니, 나도 결국에는 이 고통을 이겨 낼 수 있을 거야.
- 나는 내 결정을 믿어. 불안하기는 하지만, 나는 내가 원하는 부모상이 될 거야.
- 부모가 된다는 것은 힘든 일이야. 그리고 나는 혼자가 아니야.
- 모두가 실수를 해. 나는 내 실수로부터 배우는 것을 택할 거야.
- 지금 당장은 고통스럽지만 이건 정상적인 거야. 이것 때문에 고생해야 할 필요는 없어.
- 지금은 힘든 순간이야. 하지만 일시적이고, 어렵지만 극복할 수 있어.
- "고맙다. 자, 이제 다음!" 나는 쉬지 않고 앞으로 나아가면서 나와 내 가족에게 중요한 일을 계속할 거야.

 어떤 주문이 당신의 심금을 울리는가? 아니면 당신만의 주문이 있는가? 있다면 그 주문들을 〈훈련 일지〉에 적자. 그리고 자기연민에는 친절과 이해, 판단으로부터의 자유, 현재에 대한 집중, 흔한 인간 경험과의 연관성이라는 주요 요소들이 포함된다는 것을 잊지 말라.
포스트잇 세 장에 자기연민을 키우는 주문 TOP 3를 각각 써 보자. 그리고 그것들이 당신 내면의 연민 어린 코치를 소환하는 데 도움이 되는 시각적 단서가 될 수 있도록, 집 주변 곳곳에 붙인다. 침실 거울이나 작업용 책상, 침대 옆 탁자를 비롯해 당신이 시간을 보내는 곳에 붙여 놓을 것을 추천한다.

양육 두뇌 재배선 활동: 자기연민 공식

진정한 자기연민에 대해 배우고 연습하면서 다음의 단계별 가이드를 활용하라.

1. **당신의 감정적 고통을 인정하라.** 당신의 경험에 친절하게 다가가라.
2. **당신 자신과 당신이 처한 상황에 대해 이해하라.** 불편함을 느끼고 있는 이유에 대해 정확히 알 필요는 없지만, 스스로에게 그 상황의 맥락과 '나는 지금 어려운 순간에 대면하고 있다'는 현실적인 증거를 제공할 수는 있다. 스스로에게 앞서 선택한 자기연민 키우기 주문 중 한 가지를 외워 주려고 노력하라.
3. **유념하라.** 양육 두뇌에게 어떠한 판단도 없이 지금 이 순간 당신이 고군분투하고 있음을 되새겨 주라. 과거의 실수를 그대로 반복하거나 미래에 일어날 문제에 대해 걱정하는 것을 삼가라.
4. **당신이 겪고 있는 고난을 정상화하라.** 그 상황이 고통스럽다는 것을 부정하는 것이 아니다. 이는 스스로에게 '나는 혼자가 아니'라는 것, 그리고 '이건 양육(그리고 인간) 경험에서 예상할 수 있는 일부'라는 사실을 되새겨 준다.
5. **효율적인 것을 선택하라.** 해결되어야 하는 문제가 있다면 해결책에 관해 충분히 고민하라. 간혹 해결책이 없는 경우도 있지만, (당신의 편도체가 잘못된 경고 신호를 울린 것일 뿐) 그 문제가 실제로는 문제가 안되는 경우도 있다. 어떤 것이 당신에게 진실한 해결책이 될 수 있을지에 주목하고, 그에 따라 행동하라.

다음은 앞의 자기연민 공식에 대해 디에고가 답한 예시이다.

1. 휴. 애가 뭘 원하는지 알지 못하는 건 힘들다. 결국에는 안정될 걸 알지만, 그걸 모른다는 게 너무 불편할 뿐이야.

2. 당연히 이건 힘든 게 맞지. 나는 이 작은 아이가 계속해서 살아 나갈 수 있게 할 책임이 있으니까! 그리고 확실한 건, 이 아이가 자신에게 뭐가 필요한지 나에게 말할 수 없기 때문에 추측해서 정답을 맞힐 수밖에 없다는 거야. 세상에 완벽한 사람은 없어. 내가 할 수 있는 전부는 다음에 해야 할 올바른 일을 하려고 계속해서 노력하는 거야.

3. 숨을 깊게 쉬자. 이건 영원히 지속되지 않아. 아이는 결국에는 언제나처럼 안정될 거야.

4. 난 혼자가 아니야. 아내도 있고, 마크도 있고. 이건 아내와 마크에게도 힘든 일이야.

5. 좋아, 나는 다른 사람들의 도움이 필요해. 누나한테 도움을 구해서 이 양육 문제에 대해 팁을 얻을 수 있을지 확인해 봐야겠다.

〈훈련 일지〉에 이번 주에 발생한 양육 문제들을 적어 보자. 그리고 앞서 제시한 단계들을 거쳐 자기연민적인 반응을 만들어 가기 바란다. 다음 주에 할 활동을 위해, 이번 주에 발생한 각기 다른 양육 문제 세 가지에 대해 이 활동을 우선 완료하는 것을 목표로 하라.

효과적인 문제 해결사로서의 양육 두뇌

양육 두뇌가 수치심-자기원망 사고로부터 느슨해지게 하는 데 도움이 되는 방법은 나의 능력을 시험하는 상황과 마주했을 때, '수치심-자기원망'으로 향하는 양육 두뇌의 방향을 바꿔 '전전두피질(PFC)'을 자극하는 문제 해결을 시작하는 것이다. 현실적이고 해결 가능한 문제에 직면했다면, 그래! 한번 덤벼 봐! 그 문제들을 새로운, 혹은 스트레스 가득한 문제들을 탐색하는 방법을 배우는 기회로 바라보라. 가끔 양육 두뇌는 효과적인 문제 해결을 통해 당신이 실제로 실수를 하지 않았다는 것, 그리고 당신이 이 불편한 문제를 받아들일 수 있다는 것을 깨닫게 해 줄 것이다. 자기비판 모드 대신 문제 해결 모드를 더 손쉽게 활성화할 수 있도록 양육 두뇌를 재배선하려면 통찰력과 관점의 변화, 인지 유연성이 필요하다. 이건 모두 당신의 PFC에서 시작된다. 통상 들었던 수치심-자기원망 스토리 대신 개방성과 호기심을 가지고 현재 상황에 집중한다면, PFC가 효과적인 문제 해결에 참여할 수 있다. 이 부위는 당신이 한 발자국 뒤로 물러서서 다른 관점에서 문제를 바라보고, 머지않아 새롭고 혁신적인 방법으로 탐색하여 헤쳐 나갈 수 있도록 도와준다.

다음 예시를 보자.

마크는 아이가 얼마나 자주 보채고 우는지를 걱정하고 있는 자신을 발견한다. 딸이 건강하고 행복할 수 있도록 하는 모든 것을 시도해 보지만, 딸의 보챔은 계속된다. 그로 인해 그는 딸이 정말 괜찮은지, 자신이 딸을 제대로 돌보고 있는 것이 맞는지 걱정하게 된다. 딸이 보챌 때마다 자신이 불안해지는 것을 알게 되었을 때, 마크는 효과적인 해결책을 찾아보기로 결정한다. 소아과에서 아기의 정기 검진을 받아 보기로 한 것이다. 마크는 이제 갓 부모가 되었고, 분명 모든 답을 알지 못한다. 마크는 효과적인 해결책을 찾겠다는 결심으로, 자기수치심의 죄책감과 자신이 느끼는 불안에 대한 불편함으로부터 벗어날 수 있었다.

디에고는 마크와 비슷하게 아이가 울기 시작할 때마다 패닉에 빠지고 불안함을 느꼈다. 아들을 달래려고 노력해 보지만, 디에고는 자신의 아이가 그 동네에서 가장 보채는 아이임을 확신했고, 아들이 보채기 시작할 때마다 매번 긴장과 수치심을 느꼈다. 효과적인 문제 해결 모드로 방향을 전환해 해결책을 찾으려 했을 때, 디에고는 가장 최근 정기 검진에서 아들이 배앓이를 하고 있음을 의사가 알려 주었던 것이 떠올랐다. 의사는 아들의 건강 상태가 정상이고 배앓이는 실제로 꽤 흔한 것이라고 말하며 디에고를 안심시켰다. 디에고는 그것을 떠올리며, 이 상황에서 '해결되어야 할 진짜 문제는 없다'는 것을 깨달았다. 아이가 울 때 느껴지는 고통이 불편하기는 했지만, 디에고는 자신이 그것을 참을 수 있고, 아들의 보챔이 수치심을 느끼거나 두려워해야 할 이유가 아니라는 것을 알게 된 것이다.

디에고와 마크가 효과적인 문제 해결 모드로 방향을 전환하기로 결정했을 때, 둘은 자신이 마주한 상황을 기반으로 유사한 문제를 이전과는 다른 방식으로 마주할 수 있었다.

한 연구에서는 우리가 유연하고 개방적인 사고를 하는 경우 두뇌의 다양한 부위가 서로 소통을 더 잘할 수 있게 되고, 그 결과 전반적으로 효과적인 문제 해결이 가능해짐은 물론 불안도 감소한다는 것이 밝혀졌다. 만약 불안 감소가 문제 해결의 이유로 충분치 않다고 생각한다면, 두뇌가 실제 효과적으로 문제를 해결했을 때 즐거운 보상 신호를 받는다는 사실 또한 밝혀졌다는 것도 알아 두라(Oh et al., 2020). 이 보상 신호는 음식, 친구나 사랑하는 사람들과 어울리는 것, 오르가슴과 같이 즐거운 경험과 연관된 두뇌 부위와 관련이 있다. 문제 해결은 퍼즐을 완성하는 것이나 새로운 단골 식당을 발견하는 것, 가장 좋아하는 실제 범죄 실화 관련 팟캐스트를 듣는 것과 유사하게 보람차고 즐거운 경험이 될 수 있다.

양육 두뇌 재배선 활동: 효과적인 양육 두뇌 반응 찾기

지난 몇 주간 마주한 양육 문제에 관해 생각해 보자. 그리고 양육 두뇌가 그러한 문제에 대응할 수 있는 세 가지 접근법을 탐색해 본다. '수치심–자기원망 vs. 문제 해결 모드 평가지'를 사용하여, 당신의 생각과 감정, 행동에 주의를 기울여 보라. 자신이 보였던 대응 방식들에 대해 곰곰이 생각해 본 후, 스스로의 불안도에 점수를 매겨 본다(가장 낮은 경우는 0점, 가장 높은 경우는 10점). 마크의 불안감이 결코 사라지지 않았다는 점을 기억하라. 하지만 마크의 불안도가 더 낮았다면, 마크는 자신의 행위로부터 발생한 다른 감정들을 위한 공간을 만들 수 있었을 것이다.

이 책의 맨 뒤에 있는 '수치심–자기원망 vs. 문제 해결 모드 평가지'에서 마크의 사례를 확인해 보자.

자기연민 활동의 작동 원리

갓 태어난 아이가 울음을 그치지 않거나, 사춘기에 접어든 10대 자녀가 학교에서 어려움을 겪는 등 부모가 됨으로써 어려운 순간과 맞닥뜨릴 수 있다. 이때 당신은 수치심-자기원망 사고와 분리되어, 대신 전전두피질(PFC)을 활성화함으로써 계획과 문제 해결이라는 중요한 일을 하도록 할 수 있다. 수치심과 자기원망이 당신의 귀중한 정신적 공간을 차지하지 않는다면, 당신은 자신이 마주한 상황 모두를 더 효과적으로 탐색할 수 있다.

이 훈련 프로그램을 거치면서 당신의 양육 두뇌가 다시 수치심-자기원망 모드로 돌아갈 때가 있을지도 모른다. 자기비판이 스멀스멀 기어올라오려 할 때, 자책은 자신을 꼼짝도 하지 못하게 할 뿐이고 스트레스와 불안으로부터의 진정한 자유는 수용 및 자기연민과 함께 온다는 것을 되새기라. 덜 비판적이고 더 자기연민적인 태도를 가지도록 양육 두뇌를 재배선함으로써 PFC를 활용한다면, 진정 자신이 원하는 삶을 사는 것에 한 발자국 더 다가갈 수 있을 것이다.

Chapter 3.

파국적 사고보다
현실적 사고를

다음의 사라와 베스의 이야기에서 볼 수 있는 것처럼, '파국적 사고'는 불안한 부모에게는 마치 반사신경처럼 나타나는 것이다.

사라와 베스는 올케-시누이 관계이자 절친이다. 둘은 몇 년간 양육에서 얻게 되는 기쁨과 슬픔을 수도 없이 공유했고, 그로써 서로의 버팀목이 되어 주었다. 물론, 둘은 다른 생애 경험과 기질, 양육 습관을 가지고 있었다. 하지만 둘 다 삶의 지침이 되어 주기도 하고, 지지해 주기도 하고, 가끔은 기대어 울 수 있는 어깨를 내어주는 상대방이 있다는 게 축복이라고 생각했다.

사라와 베스는 이제 막 사춘기에 접어들고 있는 딸들을 양육하는 것과 관련된 이야기를 많이 나눴다. 사라의 12세 딸 조에와 베스의 11세 딸 샬롯에 대해서 말이다. 여느 때와 같이 그날도 사라와 베스는, 딸들이 친구들과의 무리에서 어떤 변화를 겪고 있는지에 대해 이야기하고 있었다. 사라는 딸 조에가 항상 가깝게 지내던 친구들이 더 빠른 속도로 변하는 것처럼 보이며, '소녀들의 교우관계'에서 어려움을 겪고 있다는 것을 깨달았다. 그리고 그 일은 SNS를 통해서 사라가 편치 않다고 느끼는 방식으로 벌어졌고, 조에는 친구들과의 그룹채팅이나 함께 노는 것에서 점점 소외되기 시작했다.

베스는 본인의 딸 샬롯도 이와 비슷한 또래 사회의 변화를 경험하고 있었기 때문에 사라의 이야기에 공감했다. 샬롯은 항상 스포츠를 좋아하는 소녀였고, 여자친구들과 어울리는 것만큼이나 남자친구들과도 어울리기 좋아했다. 이처럼 샬롯은 남녀불문 누구와도 쉽게 친구가 되었다. 축구공을 차고 놀거나 즉흥적으로 장난감 총 게임을 하고 싶어 하기도 했다. 물론 이렇게 하더라도 예전에는 여자친구들과의 문제가 전혀 없었다. 그런데 6학년이 시작되자 샬롯의 주변 세계가 바뀌고 있었다. 1년 전만 해도 자연스럽게 받아들여지던 것들이, 이제는 샬롯을 동떨어지고 소외감 느끼게 하기 시작한 것이다.

사라의 양육 두뇌 기본 상태: 파국적 사고

사라는 조에가 겪고 있는 친구들과의 문제에 대해 더 오랜 시간 생각했다. 잠에서 깨어 있을 때 사라의 머릿속에는 온통 그 생각뿐이었고, 그 생각은 온종일 그녀를 괴롭히고 밤에 잠도 못 자게 했다. 사라는 이 걱정에서 벗어날 수 없을 것만 같았다. 조에에게 미칠 수 있는 온갖 부정적인 가능성을 계속해서 탐색할 뿐이었다. 조에가 평생을 사회적으로 고립되어 외톨이라고 느끼며, 낮은 자존감으로 살게 되는 모습을 상상했다. 이내 새로운 친구 무리를 찾더라도 '문제아'와 관계를 맺을까 봐 걱정이 되었다. '조에가 그저 자신을 받아들여 준다는 이유로 같은 학년의 문제아들과 어울리게 되면 어쩌지? 마약에 손을 대거나, 밥을 잘 먹으려 하지 않아서 섭식 장애가 생기면 어쩌지? 조에가 너무나 소외감을 느끼고, 모두가 자기를 거부한다고 생각해 외로움을 느껴서 언젠가 나쁜 마음이라도 먹는다면 어쩌지?' 이런 끝없는 걱정 사고가 사라의 머릿속에서 걷잡을 수 없이 계속됐다.

베스의 양육 두뇌 기본 상태: 현실적 사고

베스도 샬롯의 또래 사회와, 샬롯이 어울리는 친구 무리의 변화에 대해 걱정하는 시간이 더 많아졌다. 그러던 어느 날, 베스가 몇 시간 동안이나 '아이가 친구들과 어려움을 겪을 때', '10대 소녀 교우 관계 조언'과 같은 키워드를 구글링한 이후였다. 갑자기 스스로의 두려움으로부터 한 발자국 떨어져서 상황을 바라볼 수 있게 되었다. 이러한 집착이 샬롯에게 하등 쓸모없다는 것뿐 아니라, 스스로의 정신건강과 전반적인 행복에도 해가 된다는 것을 깨달았다. 자신이 딸 샬롯의 문제를 해결할 수 있는 방법을 생각해 내기만 한다면 샬롯이 고통과 괴로움을 경험하지 않을 수 있을 거라 장담하며, 그런 걱정 사고의 덫에서 빠져나오지 못하고 있었던 것이다. 베스는 딸이 실제로 마주하고 있는 상황, 그리고 그 상황에 대해 자기 마음대로 해석한 내용 중 뭐가 뭔지 구별하지 못하게 되었다. 그리고 결국, 이 상황에 대한 자신의 접근법을 재설정해야 할 때라는 결론을 내린다.

베스는 스스로 한 발자국 뒤로 물러서서 더 객관적인 관점으로 상황을 보고, 샬롯의 상황이 보통 청소년이 겪는 성장통인지, 아니면 개입이 필요한 현실적인 문제인지 결정해야 한다는 것을 알았다. 그리고 샬롯의 또래 사회에 관한 자신의 걱정을 기록해 보기로 한다. 베스는 걱정 사고에 사로잡혀 있는 스스로를 발견할 때마다 그에 대해 글로 썼다. 마치 리모컨을 누르면 걱정에서 멀리 떨어져 더 탄탄하고 생산적으로 사고하는 채널을 선택할 수 있는 것처럼, 강제로 자신의 '채널 변경법'을 연습했다. 그리고 매일 정해진 시간에 '오늘의 걱정 목록'을 검토하기로 했다. 그 시간 동안에는 목록을 감정적이 아닌 '객관적'으로 바라보았다. 그녀는 매일 저녁 8시 아이들이 TV 쇼에 흠뻑 빠져 집이 조금은 조용할 때 목록을 검토하며, 걱정 사고가 실제 상황과 얼마나 일치하는지 평가했다. 일치하지 않는 부정확한 생각들에 대해서는 실제 문제에 대해 더욱 '현실적인 해석'을 써 내려가는 것에 도전했다.

그리고 그다음 주 활동을 위해 '걱정 시간' 가지기를 매일 연습했다. 이런 연습을 통해 걷잡을 수 없이 늘어만 가는 걱정 사고에 갇혀 버리는 대신, 가장 심각한 걱정만 집중 관찰할 수 있게 되었다. 베스는 문제를 객관적으로 관찰하는 연습을 하면 할수록, 자신의 주의를 현재의 순간으로 가져오는 것이 더욱 쉬워지는 것 같았다. 자신이 걱정스럽게 생각하는 것들이 과연 실제로도 그런 것인지 체계적으로 주의를 기울여 평가함으로써, 그 걱정들을 사그라들게 만들 수 있었던 것이다. 그래도 매일 '샬롯에게 친구가 없으면 어쩌지?' 하는 생각이 떠오를 때면 마음 찌릿한 고통이 여전히 베스를 힘들게 했다. 그렇지만 베스는 걱정 사고가 유발하는 순간적인 고통에 압도당하지 않고 대응하는 방식을 선택하는 게 더욱 쉬워졌다는 사실을 깨달았다. 쉬운 일은 아니었지만, 그 이득은 상당했다. 샬롯을 어떻게 구해 주어야 할지 고민하느라 낭비하는 시간이 줄어들었다. 대신 그 시간을 샬롯과 보내며 유대감을 쌓았고, 타인과 연결된 의미 있는 삶을 사는 방법을 몸소 보여 줄 수 있었다.

파국적 사고에서 현실적 사고로

부모가 되면 아이가 일상에서 겪는 약간의 고통과 괴로움을 비롯해 다양한 삶의 문제를 경험하는 것을 필히 목격한다. 이런 순간들에 대한 양육 두뇌의 기본 반응은 우선 다양한 걱정 사고와 이미지를 만들어 내는 것이다. 이러한 사고와 이미지는 아이의 안녕과 행복을 위협하는 모든 방식, 그리고 아이들을 기다리고 있을지 모르는 모든 위험을 강조한다. 좋은 소식은 다른 길이 하나 더 있다는 것이다. (어떻게 해서든 아이를 보호하려는 질서를 유지하려는 성향을 타고났음을 고려한다면) 두뇌가 파국적 인식의 불협화음을 경험하지 않을 수 있는 방법은 없다. 다만, 불협화음에 반응하는 방식에 변화를 줄 수는 있다. 그렇게 한다면, 더 이상 걱정 사고의 포로가 될 리 없다. 포로가 되는 대신, 불협화음에 어떻게, 언제 반응할지 직접 선택할 수 있게 되는 것이다.

이번 장을 통해 배울 수 있는 것들은 다음과 같다.

- 도움이 되지 않는 파국적 사고 주기를 겪고 있다는 것을 알아채는 방법
- 파국적 걱정 사고에서 벗어나, 현재의 순간에 집중할 수 있는 더욱 효율적인 방법
- 논리적 vs. 감정적 반응 렌즈를 통해 삶의 시나리오를 평가하는 능력을 키울 수 있는 방법
- 해결해야 할 실제 문제, 그리고 참아야 할 삶의 불안정성을 구별하는 방법

위험 감지가 비효율적인 걱정 모드로 이어질 때

논의했던 바와 같이, 잠재적인 위협에 마주한 순간을 인식하고 안전성을 추구하는 것은 생존을 위해서는 없어서는 안 되는 두뇌의 능력이어서 없으면 살 수 없다. 하지만 우리에게 도움이 되지 않는 파국적 사고의 걱정 고리는 없다고 하더라도 살 수 있다. 양육 두뇌가 잠재적인 위협에 주목하게 되면, '문제 해결 모드'로 전환하거나 걱정 고리에 꼼짝없이 갇혀 있게 되거나, 이 둘 중 하나이다. 딸의 또래 사회 문제에 관해 유사한 상황에 있는 베스와 사라가 보이는 반응이 눈에 띄게 다른 이유가 바로 이것이다.

베스와 사라 둘 다 우려할 만한 딸의 사회적 상호작용을 목격했다. 베스의 경우, 학교에서 샬롯을 비롯해 샬롯의 이웃 친구들 몇몇을 차에 태우고 집에 데려오는 길에 이상한 대화를 엿듣게 된다. 샬롯이 친구들에게 뒷마당에서 축구를 하자고 초대했다. 그러자 아이들은 모두 축구를 할 수 없다며 각기 다른 변명을 제시했다. 확실한 건, 샬롯과 축구를 하지 않으려 애쓰고 있었다는 것이다. 사라도 이와 비슷하게 딸이 학교에서 가장 가깝게 지내던 여자친구들에게 소외당하고 있다는 것을 알게되었다. 사라는 조에의 학교 급식실에서 한 달에 한 번 봉사를 한다. 가장 최근 봉사하러 갔을 때 조에가 테이블 가장자리에 앉아 친구들과의 대화에 끼려고 시도해 보지만, 그 무리를 주도하는 것으로 보이는 아이들의 목소리에 이내 묻혀 버리는 것을 목격한다.

베스의 두뇌는 샬롯의 또래 사회 문제를 관찰하고서는 '위험해! 샬롯은 새로운 우정의 영역에 진입하고 있고, 기존 친구들은 이전과 같이 샬롯을 소중히 여기고 있지 않은 것 같아. 이건 고통과 괴로움을 가져올 수 있어.'와 같은 편도체 기반 신호를 내보냈다. 그다음 베스의 두뇌는 '위협 감지 모드'에서 '문제 해결 모드'로 전환되어, 가능한 해결책을 고려하고 고통과 괴로움의 위협을 줄였다. 베스는 잠시 충분히 심사숙고하는 시간을 가지며 어떻게 행동할지 결정했다. 집에 가서 간식을 먹으며, '그 일'이 일어나는 동안 샬롯이 어떤 느낌을 받았는지 대화해 보려고 했다. 베스는 샬롯이 똑같이 스포츠에 관심을 두고 있는 친구들과 가까워질 수 있도록 격려하고, 샬롯이 본인의 관심사와 비슷한 관심사를 가진 친구와 가까워질 수 있는 방법을 생각해야 할 때 도와줄 준비가 되어 있었다. (양육 두뇌의 해석만을 근거로 속단하기보다는) 우선 샬롯이 그 상황에서 어떤 감정이었는지를 듣는 것이 중요하다는 것을 알고 있었다. 그리고 샬롯을 돕기 위해 그 어떤 도움이든 줄 준비가 되어 있었다. '파국적 사고 모드'가 아닌 '문제 해결 모드'에서 작동한 베스의 양육 두뇌 덕분에, 베스는 딸 샬롯과 안도감을 느낄 수 있었다. '그 일'이 세상의 끝이 아님을, 그리고 다음에 취할 수 있는 적절한 단계가 있음을 알았기 때문이다.

그렇다면 사라가 조에의 또래 사회 문제를 목격했을 때는 어땠을까? 그녀의 두뇌 또한 베스와 유사하게 편도체 기반 신호를 보냈다. 하지만 사라는 '문제 해결 모드'로 전환하지 못했다. 그리고 어느새 조에가 나굿나굿 말하는 성격 때문에 경험할 수 있는 고난에 대한 걱정의 거미줄이 그 어느 때보다 확장되어 있음을, 그리고 그 거미줄에 걸려든 자기 자신을 발견하게 된다. 사라의 두뇌는 대답할 수 없는 질문들을 계속해서 던졌다. '이게 대화에서 조에가 입조차도 떼지 못하게 되는 상황의 시작에 불과하면 어쩌지? 조에가 내 말을 받아들이는 걸 포기하고, 자신이 그 누구에게도 친구가 될 만한 사람이 아니라고 믿으면 어쩌지? 다른 누군가와 다시는 진정 친밀해지지 못하고, 영원히 혼자가 되면 어쩌지?' 편도체가 보내는 위협 신호는 파국을 향해 뻗어 나가는 일련의 생각들을 유발했고, 결국 사라는 거기에 완전히 압도되고 만다. 딸의 문제가 그렇게 크다고 느껴지자, 실질적인 문제 해결에 관여하는 것이 더 이상 불가능해진 것이다. 조에에게 타격을 준 것이 무엇인지 알기도 전에 조에가 친구들과의 대화에 끼지 못하는 것을 걱정하는 것부터 시작해, 나중에 조에가 결국 고립되고 비참한 삶을 살게 되는 것까지도 두려워하게 된다.

양육 두뇌가 잠재적인 위협을 감지하면, 당신의 바로 눈앞에 갈림길이 나타날 것이다. A 경로를 택했다고 해 보자. 양육 두뇌는 그 상황이 결국에는 감당할 수 없는 것처럼 느껴질 때까지 끊임없는 걱정 사고와 마주하게 되고, '만약에 그렇게 된다면…….'이라는 가정을 기반으로 최초의 위협에서 벗어나지 못하고 맴돌기만 하게 된다. 하지만 그 반대편에 있는 B 경로를 택한다면? '위협 감지 모드'를 '문제 해결 모드'로 전환할 수 있다. A 경로를 취하고 있는 자신을 생각보다 더 많이 발견한다고 하더라도 걱정 말라. 다른 부모들도 비슷할 테니까. (사실 대부분의 부모가 그럴 것이다!) 하지만 이번 장에서의 활동을 하고 나면, 앞으로는 A 경로 대신 B 경로를 택할 수 있을 것이다.

파국적 걱정 사고의 기능

파국적 걱정 사고를 더욱 효율적으로 지나칠 수 있는 방법을 알아보기 전에, 이 불편한 사고의 기능에 대해 우선 이해해 보려 한다. 일어날 수 있는 끔찍한 일들, 그리고 삶이 나와 내가 사랑하는 사람들에게 좋지 않은 방향으로 갈 수 있다는 사실. 양육 두뇌가 여기에 끊임없이 주목하는 이유는 무엇일까? 이 질문을 보고, 다음 두 가지 답변 중 어느 것이 떠올랐는가?

1. 양육 두뇌는 고문하기를 너무 좋아해서 그러는 것이다.
2. 양육 두뇌는 나를 도와주려고 그러는 것이다.

믿거나 말거나, 첫 번째는 답이 아니다. 양육 두뇌가 파국적 사고와 이미지로 당신을 고문하려고 한다? 절대 아니다. 설사 그렇게 느껴진다고 하더라도 말이다. 당신의 고급 추리 스킬은 아마도 두 번째, '양육 두뇌는 나를 도와주려고 그러는 것이다'가 정답이라고 추론했을 것이다.

파국적 걱정 사고는 상상할 수 있는 최악의 위험을 생각하게 함으로써 당신을 놀라게 하려는 게 목적이다. 이렇게 숨어 있는 위협들을 인식하여 당신 및/또는 당신이 사랑하는 사람들을 그로부터 보호하는 데에 도움이 되기를 바라면서 말이다. 걱정 사고는 마치 한 마리 '일벌'처럼, 잠재적인 장애물 주변을 부산하게 돌아다니며 정신에 그런 장애물이 있다고 알려 준다.

파국적 사고 모드에서의 양육 두뇌

파국적 걱정 사고 생성은 양육 두뇌가 불안정한 미래에 대해 계획하고, 필요할 경우 상황을 바로잡는 조치를 취할 수 있도록 유도하는 양육 두뇌의 한 방식이다. (물론 없기는 하지만) 당신이 파국적 걱정 사고를 완전히 없앨 수 있는 방법이 있다고 한다면, 무모하게 '오프(off)' 스위치를 눌러서 그런 사고를 만들어 내는 두뇌 능력을 없애는 방법뿐일 것이다. 하지만 파국적 걱정 사고는 많은 도움이 될 수 있고, 생존에도 필수적이다. 진정한 위험이나 해가 되는 위협이 앞에 있는 경우, 두뇌의 편도체가 경고음을 울리게 하여 스스로를 보호해야 한다. 당신이 가족과 함께하는 로드트립에서 운전을 하고 있다고 상상해 보자. 그런데 당신의 눈꺼풀은 점점 더 무거워지고, 계속해서 잠이 온다. 그러면 양육 두뇌는 아마도 당신에게 다음과 같은 유용한 명령문을 입력할 것이다. '만약 내가 운전을 하다가 잠이 들어서 차가 반대 차선으로 넘어가거나, 고속도로 중간을 벗어나거나, 다리를 벗어나면 어쩌지?' 과민한 편도체가 두뇌를 장악하고, 파국적 사고와 이미지가 당신을 비효율적으로 만드는 과도한 불안으로 발전한다면, 정신적으로 악몽에 사로잡힐지도 모른다. 하지만 편도체에게 이런 메시지를 받은 이후 최악의 시나리오를 따라가는 대신 '현실'을 관찰한다면, 전전두피질(PFC)이 새로운 행동 방침을 선택하도록 당신을 도와줄 수 있다. 그럼 당신은 운전대를 다른 가족 구성원에게 넘겨주거나, 졸음 쉼터, 아니면 그날 다 같이 묵을 수 있는 호텔을 찾아 문제를 해결할 수 있을지도 모른다. 양육 두뇌가 위험 메시지를 보냄으로써 당신이 더욱 안전하고 건강한 대안을 선택할 수 있도록 유도하는 것은 중요하다. 그런 위험 메시지를 받는 것이 불편할 수는 있지만, 잠깐의 정신적 충격은 당신의 불안을 억누르고, 더 건강하고 안전한 결정을 내리는 데 핵심적인 요소가 된다.

다음 예시를 통해, 파국적 사고가 얼마나 빠르게 두뇌를 장악해 중요한 일을 제쳐 두는 방향으로 갈 수 있는지 확인해 보자.

어느 날 직장에 있던 사라는 10대 소녀들이 또래 사회 연결망을 늘리는 방식에 대해 이야기하고 있는 기사를 한 꼭지 읽게 된다. 사라는 두려움을 옆에 제쳐 두고 작업 중인 프레젠테이션에 집중하려 노력해 보지만, 조에의 문제에 대해 더욱더 끊임없이 걱정하게 된다. 겉으로는 프레젠테이션 준비를 하면서, 속으로는 현재까지 조에가 겪은 모든 또래 사회 문제들에 대해 검토하는 멀티태스킹을 시도한다. 하지만 PFC가 딸 조에의 행복과 사라의 중요한 프레젠테이션을 동시에 효과적으로 검토하는 것은 불가능하다. 사라는 지금 조에의 또래 사회 문제에 관해 '파국적 걱정 사고'에 빠져 있다. 그러니 사라의 양육 두뇌가 상사가 시킨 프레젠테이션보다 딸의 행복에 관한 걱정을 우선으로 생각하는 것은 당연지사일 뿐이다.

파국적 사고 모드에 갇혀 버리고 얻는 대가

파국적 걱정 모드에 빠지면 불편하기도 하지만 비효율적이기까지 하다. 복서가 스파링에서 이기기 위해 얼마나 많은 에너지를 필요로 하는지 생각해 보라. 시합이 끝난 복서가 그날 남아 있는 삶의 다른 과업들을 달성하기 위해 쓸 수 있는 에너지는 얼마나 될까? 이처럼 나 자신과 우리 가족에게 일어날 수 있는 모든 위협을 검토하는 데 에너지를 사용하게 되면, 남아 있는 에너지는 거의 없을 것이다. 양육 두뇌가 걱정 고리에 갇히면 과도한 에너지를 소모하게 되기 때문이다. 두뇌가 잠재적인 위협에 더 반응할수록 당장의 중요한 과업이 아닌, 도움도 안 되고 연관성도 없는 문제들에 집중하게 된다.

여기서 더 안 좋은 점은 파국적 걱정 사고가 중요한 정보를 제공하기는 하지만 그 정보에는 실질적인 가치가 거의 없고, 오히려 고통스러운 것은 물론 감정적으로 환기하는 내용일 수도 있다는 것이다. 사라가 학교에 있는 조에를 데리러 가고 있던 어느 날 오후였다. 그런데 라디오에서 갑자기 '10대 자살률이 증가하고 있다'는 보도가 시작된다. 그걸 듣고 사라는 굳어 버리고 만다. 식은땀에 어지러워지기까지 한다. 조에가 무사히 뒷좌석에 탔을 때에도 사라는 아무 말도 하지 못했다. '조에도 인생을 이렇게 끝내면 어쩌지? 조에가 거부당할 때 느껴지는 고통스러운 감정을 견디지 못하고 자살하려고 하면 어쩌지? 난 그러면 어떻게 살지?' 이런 생각들이 사라의 양육 두뇌 속에서 다투고 있었다. 이렇게 꼬리에 꼬리를 물고 늘어지는 생각들은, 사라가 공포심과 통제할 수 없는 감정을 느끼며 조용히 운전하는 와중에 사라와 조에 사이에 눈에 보이지 않는 장벽을 만들어 버린다. 하지만 그 순간, 사라가 실제로 집중해야 했던 것은 바로 눈앞에 놓인 '도로', 그리고 '뒷좌석에 있는 딸'이었다. 사라가 파국적 사고로 보낸 시간은 "오늘 학교에서는 어땠어?"로 시작하는 둘의 대화를 위해 사용될 수도 있었다. 바로 눈앞에 놓인 위험은 없었지만, 불안한 양육 두뇌는 결국 사라가 아이와 친밀해질 수 있는 귀중한 기회를 빼앗았다.

파국적 사고가 아이와 부모에게 미치는 영향

아이와 아이가 겪고 있는 문제에 관한 파국적 사고는 부모인 당신에게만 부정적인 영향을 미칠 뿐 아니라, 아이에게도 본인이 마주한 문제가 얼마나 큰 문제인지 정확히 알 수 없다는 부정적인 영향을 미칠 수 있다. 한 연구에서는 아이의 고통에 관해 부모가 가지는 파국적 사고와, 아이가 본인이 경험하게 될 고통과 기능적 손상에 대해 느끼는 불안이 상당한 상호연관성이 있음을 보여 주었다(Guite et al., 2011). 예를 들어 보자. 아이가 구강 검진에서 사랑니를 빼야 한다는 것을 알게 되었을 때 당신이 두려움과 걱정으로 반응한다면, 아이의 거울 뉴런은 불안과 걱정으로 나타나는 당신의 감정 상태를 따라 할 것이다. 그다지 유쾌하지 않은 소식에 불안하게 반응하는 대신, 깊은 심호흡과 '넌 잘할 수 있어!'라는 끄덕임을 보여 주면, '이건 네가 감당할 수 있는 꼭 필요한 경험이야.'라고 아이에게 상기시켜 주는 기회가 된다.

아이가 경험할 수 있는 고통과 괴로움에 관해 파국적으로 사고하지 않으려고 노력함으로써, 아이에게 더 적응적인 신호를 보내게 된다. 삶이 어려울 때조차도 '네게는 역량과 회복력이 있고, 삶이 던져 주는 모든 것에 대처할 수 있다'고 알려 주면서 말이다. 그렇게 되면 아이의 역량도 발전하지만, 부모인 당신의 기분도 더 좋아지고 심리적 고통 역시 줄어들 것이다. 아이가 마주할 수 있는 고통에 대해 걱정함으로써, 향후 아이가 겪게 될 고난이 예방되거나 줄어들고 삶의 만족도가 높아질 수도 있다. 하지만 우리는 당신이 파국적 사고를 하지 않기를 절대적으로 권한다는 것을 기억하라. (실제로 우리 연구진도 모두 그렇게 하려고 노력하고 있다.) 안타깝지만 그래야 한다. 앞서 언급한 연구가 시사하는 바에 따르면, 부모의 파국적 걱정 사고는 아이의 감정적 고통 경험을 악화시키는 것은 물론, 스스로의 대처 능력과 회복력에 대한 아이의 믿음을 저해할 가능성이 훨씬 더 높다(Guite et al., 2011). 그러니 파국적 사고 대신 '현실적 사고'에 더욱 손쉽게 참여할 수 있도록 양육 두뇌를 재배선하라. 당신과 아이 모두에게 이득이 될 것이다.

'우선순위'로 처리되는 두뇌 스팸 행렬

양육 두뇌는 작동을 시작하는 순간, 입력되는 데이터를 분류한다. 당신이 마주한 상황에 잘 대처하면서도 당신의 장기 생존 가능성을 최대한으로 높여 주기 위해서이다. 당신의 두뇌는 모든 신체 시스템이 효과적으로 작동하고 있는지를 확인하려고 끊임없이 내부 환경을 살피고, 위험과 기회를 탐색하기 위해 끊임없이 외부 환경을 살핀다. 또한 당신이 배운 주요 학습 내용과 기억을 지속적으로 검토하여, 당신의 현재 및 미래 목표 달성에 도움이 될 수 있는 중요한 정보를 이끌어 내도록 한다. 그래서 당신의 정신 속에서 수많은 정보가 울리고 있는 것이다. 참 다행히도, 전전두피질(PFC)의 데이터 분류 능력은 이 수많은 데이터를 검토하고 우선순위를 정하는 데 도움이 될 수 있다. 그러나 파국적 걱정 사고는 실제로는 이메일의 받은 편지함에 있는 스팸 메일과 같은 '두뇌 스팸(brain spam, BS)' 또한 도움이 되는 정보로 잘못 인식할 수 있다. 그러니 이번 장에서 간략하게 소개할 여러 가지 활동을 통해 두뇌의 정보 분류 능력을 키워 보도록 하자.

양육 두뇌 재배선 활동:
도움이 되는 정보일까? 아니면 혹시 '두뇌 스팸'?

이메일의 받은 편지함을 잠시 눈앞에 그려 보라. 당신이라면, '자메이카 무료 여행권에 당첨되었습니다! 메일을 열어 여행권으로 교환하세요!'라는 제목의 이메일과, '이달의 공공요금'이라는 제목의 이메일 중 어떤 것을 열어 볼 것 같은가? 어떤 이메일은 제목만 봐도 명확하게 스팸임을 알 수 있다. 어떤 이메일에는 의외로 도움이 되는 정보(helpful information, HI)가 포함되어 있을 때도 있다. 물론, 보자마자 '좋다/나쁘다'로 정확히 판단하기 어렵고 더 살펴봐야 하는 메일을 받을 때도 있다. 자, 다음의 논리 기반 활동에 참여해 보라. 향후 BS, HI 분류 능력을 향상시켜 BS 대부분을 정신적 휴지통 폴더에 넣을 수 있을 것이다. 그럼으로써 시간과 에너지를 관련 없는 것에 낭비하지 않고, 삶에서 관심이 더욱 필요한 것들에 전념할 수 있게 될 것이다.

당신이 걱정 사고를 경험하고 있는 것으로 발견한 모든 순간을 〈훈련 일지〉에 꾸준히 기록해 보자. 해당 내용은 다음 주 활동에 활용할 것이다. 아니면 이 책의 맨 뒤에 있는 '걱정 사고 추적 기록지' 서식과 사라가 작성한 예시를 활용해 보라.

- 날짜/시간
- 구체적인 상황(어디에 있었는지, 무엇을 하고 있었는지)
- 걱정 사고의 내용
- 양육 두뇌는 도움이 되는 정보(HI로 기록)를 제공했는가, 아니면 두뇌 스팸(BS로 기록)을 제공했는가?

일주일 후, 다음에 관해 생각하는 시간을 가져 보자.

- 파국적 걱정 사고가 BS를 얼마나 자주 제공하는지 보여 줄 수 있도록, BS와 HI의 비율을 원형 그래프로 그려 보라. 지난주 H를 제공하는 것으로 나타난 파국적 걱정 사고의 비율과, 실제 BS의 비율은 각각 어떻게 되는가?

양육 두뇌 재배선 활동:
파국적 걱정 사고에 반응하는 방식

다음 주, 당신이 스트레스를 받거나 불안할 때 혹은 걱정될 때에 주목하는 연습을 해 보고, 그 순간 떠오르는 생각을 작성해 보라. 그런 자극을 받는 순간에서 얻은 주요 데이터를 추적할 수 있도록, 본인의 〈훈련 일지〉를 활용하거나 이 책의 맨 뒤에 있는 'CW 사고 추적 기록지'(그리고 사라가 작성한 예시)를 활용해 보라.

- 날짜/시간
- 구체적인 상황(어디에 있었는지, 무엇을 하고 있었는지)

- 걱정의 내용
- 양육 두뇌가 문제 해결 모드(PS로 기록)에 진입했는가, 아니면 파국적 걱정 모드(CW로 기록)에 진입했는가?

일주일 후, 다음에 관해 생각하는 시간을 가져 보라.

- 지난 한 주 동안 마주한 걱정 사고는 CW 사고 고리에 진입했는가, 아니면 PS 모드에 진입했는가?
- 스스로가 걱정 사고에 대응하는 방식을 더욱 객관적인 관점에서 생각해 보라. 'CW 모드에 소요되는 시간이 줄고, 효과적인 PS 모드에 소요되는 시간이 길어진 것 같다'는 식의 변화를 느꼈는가?

양육 두뇌가 파국적 걱정 모드에 빠져 있는 시간을 줄이기 위해 양육 두뇌를 재배선하는 첫 단계는 이 현상에 대한 '노련한 관찰자'가 되는 것이다. 언제 이런 걱정 모드가 되는지 알지 못하면 사고 스타일로부터 자유로워질 수 없다. 스스로의 정신적 수다에 주의를 집중시킴으로써, 나에게 'CW 정보를 전하는 생각'과 'HI를 전하는 생각'의 차이를 더욱 빠르게 식별할 수 있게 될 것이다. 이는 CW 모드에서 효과적인 PS 모드로 전환하는 능력 강화에 도움이 될 것이다.

두뇌 스팸에 도전해야 할 때

다음에서 제시하는 두뇌 재배선 활동을 통해, 한밤중에 창문을 깨부수고 들어오는 침입자를 관찰하는 집주인의 공포심 가득한 시선 대신,

현미경으로 샘플을 관찰하는 과학자의 침착한 자세로 CW 사고를 경험하는 정신적 능력을 키울 수 있을 것이다. CW 사고에 이성적인 시선을 적용하는 법을 배우면, CW 사고와 실제 상황의 일치 여부를 더 잘 알 수 있게 된다. BS를 도움이 된다거나 진실인 것으로 착각하지 않을 수 있는 것이다. 두뇌가 CW 사고의 'BS 우대'에 빠지지 않고 HI를 더 잘 관찰할 수 있도록 훈련시킴으로써 이러한 생각들에 갇혀 있는 대신, 더 효율적으로 지나칠 수 있도록 양육 두뇌를 재배선할 수 있다.

양육 두뇌 재배선 활동:
파국적 걱정 사고에서 현실적 사고로

앞선 활동에서 이야기했던 바와 같이, 모든 CW를 작성해 보라. CW 사고의 예측을 뒷받침하는 증거, 반대로 반박하는 증거를 비교해 보라. 이러한 '현실적인 시각'을 CW 사고에 적용한 이후 본인의 고통 수준에 변화가 있는지 주목하라.

이 '자극의 순간'으로부터 얻은 주요 데이터를 추적하기 위해 〈훈련 일지〉를 활용하거나, 이 책의 맨 뒤에 있는 'CW 사고 도전 기록지'와 베스의 사례를 활용해 보라.

- CW 사고 내용
- 도전 이전의 감정적 고통 수준(0~10점)
- CW 사고를 뒷받침하는 증거
- CW 사고에 반박하는 증거

- 도전 이후의 감정적 고통 수준(0~10점)

일주일 후, 다음에 관해 생각하는 시간을 가져 보라.

- CW 사고에 도전하는 것이 어려웠는가? 당신의 걱정을 뒷받침하거나 반박하는 증거를 얼마나 빠르게 떠올릴 수 있었는가?
- 이 활동 이후 CW 사고에 대해 생각해 보라. 당신의 사고에 어떠한 변화가 있었는가? 아니면, 하루 중 중요한 것들에 더 자유롭게 주의를 집중시킬 수 있었는가?

'두려움의 핵심'으로 이어지는 파국적 걱정 사고

새로운 CW 사고들은 처음 만나면 특수해 보일 수 있다. 하지만 이러한 사고를 관찰하고 평가하는 전전두피질(PFC)의 능력을 강화할수록, 걱정 사고가 '두려움의 핵심'에 다다른다는 것을 깨닫게 될 것이다. 우리는 내담자에게 이를 CW 사고의 행렬로 가장하여 나타나는 동일한 두려움의 핵심, 즉 '똑같은 사람이 다양한 핼러윈 코스튬을 입고서 나타나는 것'이라고 설명한다.

양육 두뇌 재배선 활동:
양육에 대한 두려움의 핵심으로 향하는 화살

이번 활동은 아주 중요한 단계이다. 두려움을 더욱 효율적으로 관리할 수 있도록, 그 핵심을 숨기려고 하는 대신(이렇게 하면 당신보다 그 두려움에 더 많은 힘을 주게 될 뿐이다.), 그런 두려움을 확인하고 접촉함으로써 스스로에게 힘을 부여하는 단계이다. 두려움을 헤쳐 나가려는 목적 의식을 가지고 활동을 하면 할수록, 한 테마에 관한 변종일 뿐인데도 완전히 다르게 보이는 모든 CW 사고로부터 더욱 쉽게 자유로워질 수 있다. 여기서 각각의 변종을 관리하기 위해 두뇌를 재배선할 필요는 없다. 이를 증명하기 위해 〈훈련 일지〉에서 다음 단계를 따라가 보자. (아래 사라의 예시도 함께 제시한다.)

1. 이전 활동에서 나타났던 CW 사고 중 하나를 고른 후 그 사고가 무엇인지 작성해 본다.
2. 아래쪽으로 향하는 화살표를 그린 다음, 스스로에게 '그 일이 실제로 일어난다면 뭐가 그리 나빠질까?'라고 물어본 후 답을 작성한다.
3. 또 다른 화살표를 그리고 2번의 질문과 답변을 반복한다.
4. '두려움의 핵심'과 마주하게 되었다고 인식할 때까지 2단계를 반복한다.
5. 당신이 추적한 이전의 CW 사고를 다시 돌아본다. 각각의 걱정 사고에 대해서, 이게 어떤 식으로 '두려움의 핵심'과 연관되어 있는지 생각해 본다. 연관되어 있다고 생각하는 사고에 대해서는 CF라고 쓴다.
6. 마지막으로, '두려움의 핵심'과 어떤 식으로든 연결되어 있는 걱정 사고의 비율은 얼마나 되는가?

다음은 사라의 활동 예시이다.

조에가 친구들에게 거부당하는 것 같다.

조에는 점점 우울해질 것이다.

조에가 혼자 보내는 시간이 점점 늘어날 것이다.

조에가 식사를 줄이고 마약을 할 것이다.

조에가 자살을 시도할 것이다.

조에를 병원에 입원시키고 모든 치료를 시도해 보지만 아무 효과도 없을
것이다. 조에는 결국 버티지 못하고 자신이 살아 있지 않기를 바라면서
평생을 고통 속에 살 것이다.

내가 할 수 있는 것이라고는 조에가 고통과 괴로움을 경험하는 걸 보는
것뿐이다. 조에를 돕기 위해 내가 할 수 있는 일은 아무것도 없다.

나는 조에가 고통스러워하는 것을 어쩔 수 없이 가만히 바라보면서
끝없는 고통으로 괴로워할 것이다.

사라는 이 활동을 완료하고 충격을 받았다. 조에가 앞으로 겪을 수
있는 감정적 고통에 관해 가지고 있던 모든 두려움의 기저에, 실제
로는 조에의 엄마로서 '본인이 가지고 있던 감정적 고통에 대한 두려
움'이 있었음을 전혀 알지 못했던 것이다. 사라는 본인이 '아이의 행
복이 위협받는 것을 보는 것'을 가장 두려워한다는 것을 알고는 있었
다. 하지만 이러한 모든 두려움이 사실은 '자신이 극심한 감정적 고

통을 경험할까 봐 두려워하는 것'으로부터 나왔다는 사실은 알지 못했다.

파국적 걱정 사고의 반대편: 내가 가치 있게 여기는 것

CW 사고의 내용을 보면, '내가 가장 가치 있게 여겨서 보호하려고 신경 쓰는 것'과 관련된다는 것을 알 수 있다. CW 사고 생성에는 너무나 많은 에너지가 필요하기에, 당신의 두뇌는 중요성이 거의 없는 주제에 관한 CW 사고를 생성하기 위해 시간을 낭비하지는 않을 것이다. '내가 이 물병을 쏟으면 어쩌지?'와 같은 BS에 마주할 일은 전혀 없을 것이라는 이야기이다. BS 사고가 당신이 삶에서 가장 가치 있게 여기는 것에 빛을 비춰 주도록 시간을 갖는 것은 그럴 만한 가치가 있다. 양육 두뇌 재배선을 지속하면서, 당신은 삶에서 그러한 귀중한 것들과 더 잘 연결되어 있는 스스로를 발견하게 될 것이다.

양육 두뇌 재배선 활동:
파국적 걱정 사고의 기저에 있는 '가치'

사라가 스스로의 감정적 고통에 대해 느끼는 두려움의 핵심은 그녀가 '가능한 한 최고의 엄마가 되는 것'을 중요하게 여긴다는 사실과 깊은 연관성을 가진다. 하지만 감정적 고통에 빠져 있다면, 스스로와 아이를 위해 원하는 삶을 과연 효과적으로 탐색할 수 있을까?

다음은 사라의 걱정, 그리고 사라가 핵심적으로 중요하게 여기는 것 사이의 연관성을 보여 주는 몇 가지 예시이다.

> 1. 조에가 하루를 어떻게 보냈는지에 대해 이야기하고 싶은 기분이 아닌 것 같네. 이게 자기 고립의 시작인가?
>
>   – 사회적 연결 관계와 부모–자녀 관계를 중요하게 여기는 것
>
> 2. 조에가 점심을 차려 먹고 나서 오븐을 켠 상태로 나가면 어쩌지? 확실하게 내가 옆에서 계속 지켜봤어야 했는데.
>
>   – 사랑하는 사람의 안전을 중요하게 여기는 것
>
> 3. 내가 오늘 해야 할 중요한 일을 잊고 있는 건 아닌지?
>
>   – 나중에 가족과 집에서 더 많은 시간을 보낼 수 있도록 일의 효율성을 중요하게 여기는 것

이전 활동에서 기록한 사고 순서에 관하여 하나의 표를 만들고, 이 사고가 비효율적으로 보호하려는 핵심 가치, 그리고 당신의 삶 속 중요한 측면을 작성해 보라.

사고-도전 활동의 작동 원리

파국적 사고는 스트레스와 불안을 증가시킨다. 전전두피질(PFC)이 편도체로 파국적 사고 메시지를 보내면, 편도체는 불안하게 반응한다. 위험을 감지하도록 되어 있는 편도체는 그러한 파국적 사고에서 위험을 감지하고 스트레스 호르몬을 방출해 투쟁-도피-경직 반응을 개시한다. 이 반응은 그 위험이 실제 위험이라면 꼭 필요한 것이지만, 파국적 사고에 의해 유발된 것이라면 아주 불편하고 도움이 되지 않는 불안과 공황으로 이어진다. 당장의 상황에 대해 PFC가 더욱 현실적이고 균형 잡힌 평가를 제공한다면, 편도체를 자극하여 투쟁-도피-경직 반응을 개시하는 일은 없을 것이다. 그렇다면 두려움을 기반으로 한 반응은 줄고, 현실적인 사고에 근거하여 반응할 수 있게 된다. 그럼 불안과 패닉이 그 상황을 해결하고자 하는 당신의 노력을 저해하는 일은 없을 것이다.

이 장에서 소개하는 두뇌 재배선 활동에 참여하고 나면, 당신의 양육 두뇌에는 '업그레이드된 CW 사고 스팸 필터'가 설치되어 있을 것이다. 그렇게 되면 편도체와 시상하부에 파국적인 걱정이 몰아치지 않으면서, 실제 위험에 대비하라는 신호를 몸에 보내지 않는다. 걱정을 처음 마주하는 경우 깜짝 놀라게 하는 경고 알림이 여전히 오기는 할 것이다. 하지만 편도체에서 새로이 강화된 '현실적 사고 우세 스킬'에 더욱 쉽게 다가갈 수 있을 것이다. 해마는 이러한 현실적 사고와의 만남에 대한 기억을 저장해, 향후 잘못된 경고 알림이 울릴 때 당신을 도와줄 것이다.

결국, 양육 두뇌 재배선을 통해 더욱 향상된 정보 분류 능력을 갖춤으로써, 숙고가 필요한 진짜 중요한 정보와, 주의를 사로잡지만 정작 연관성이 전혀 없는 '두뇌 스팸'을 더욱 효과적이고 효율적으로 구별할 수 있다.

Chapter 4.

당신의 존재,
그 자체로 선물

이번 장은 둘 다 엄마이자 친구 사이인 제니와 멜로디의 이야기로 시작해 보겠다.

제니는 '오늘은 네가 더 나은 엄마가 되어야 해.'라고 스스로를 나무라며 매일 아침을 시작한다. 제니는 바쁜 업무와 점점 더 복잡해지는 두 아이의 활동 일정, 그리고 소소한 자기 돌봄의 시간을 그 사이에 짜 넣으려고 해 보지만 실제로는 아이들과 연결될 시간도, 감정적으로 아이들에게 다가갈 시간도 없는 것으로 보인다. 바로 그때, 제니는 아이 한 명, 한 명과 최소한 일주일에 한 시간 이상을 함께 보내는 것에 우선순위를 두기로 결정한다. 10세 아바와 12세 벤에게 각각 엄마와 함께하고 싶은(아니면 최소한 극도로 짜증 나지 않는 것으로 보이는) 활동이 무엇인지 선택하라고 한다. 제니는 "너희를 위해 이 특별한 시간을 따로 빼놓을 거야. 그리고 엄마가 회사에서 중요한 회의에 전념할 때처럼 너희와 그 시간을 함께하는 것에 전념하고 우선순위를 둘 거야."라고 아이들에게 말한다.

벤과 아바 모두 매주 보내게 될 '엄마와 나' 시간에서 하고 싶은 것이 무엇인지 생각하는 데에만 며칠이 걸렸다. 제니는 두 아이와의 논의 및 협상을 통해, 아바와는 아바가 제일 좋아하는 보드게임을 하고, 이제 막 자라나고 있는 식도락가 벤과는 새로운 음식을 요리해 보는 시간을 갖기로 결정한다. 제니는 이 두 가지 계획 모두에 대해 똑같이 신나는 모습을 보이려 해 본다. 그런데 일주일에 한 시간 동안 요리 모험을 하는 것은 너무나 신나는 한편, 지루한 보드게임에 대해서는 기대를 덜 하게 된다. 그렇다고 해서 이것이 제니가 딸보다 아들과 노는 시간을 더 즐겁게 느낄 것이라는 뜻은 아니다. 오히려 제니와 아바는 매우 가까운 유대 관계를 맺고 있다. 다만, 제니는 보드게임을 별로 좋아하지 않고 소중한 시간을 그렇게 보내는 것이 두려울 뿐이다. 그러나 제니는 항상 자신이 되고자 했던 '좋은 엄마'로서 집에 보드게임 장난감이 잘 있는지 확인하고, 가족 게임의 밤이 그렇게 보내지 않으면 끝없이 TV만 보게 될 시간에 대한 건강한 대안이 될 수 있다고 되새긴다. 그래서 보드 위에 있는 작은 조각상들을 이리저리 옮기는 기쁨을 함께하기로 결심하고 아바와의 특별한 시간을 위해 노력한다.

첫 '엄마와 나' 시간이 다가오자, 아바는 '모노폴리' 게임을 하기로 결정한다. 제니는 미묘하지만 감지할 수 있는 정도의 두려움을 느낀다. '모노폴리가 끝나기는 하나? 이 고통스러울 정도로 지루한 게임에서 재미있는 척을 어떻게 그럴듯하게 하지? 제니는 단 한 시간만 전념하면 된다며 스스로를 안심시킨다. 아바가 게임을 꺼내고 게임 설명을 익히기 시작하는 와중, 제니는 아이들이 밤잠에 들고 나서 확인해야 할 이메일에 대해 곰곰이 생각해 보기 시작한다. 그로부터 한 시간 동안, 제니의 정신적 에너지 중 5%는 모노폴리에, 95%는 해야 할 일에 대해 훑어보는 데 사용된다. 이번 주 저녁 메뉴를 생각하며 게임판 위의 조각들을 옮기면서, 제니는 자신이 그렇게 주의력 없고 실망스러운 엄마가 된 것에 대한 죄책감으로 뜨끔함을 느낀다.

제니는 아이들과 소중한 시간을 더 많이 보내겠다는 이 새로운 목표에 관해 이웃 친구인 멜로디에게 이야기한다. 멜로디는 그게 아주 멋진 생각이라고 생각하고, 그와 동일한 계획을 자신의 아이들인 에이든과 시드니에게 제안해 본다. 만화 소설과 일러스트레이션에 점점 더 흥미를 가지게 된 에이든은 지역 커뮤니티 대학에서 멜로디와 함께 미술 수업을 수강하기로 한다. 시드니는 지역 공원 주변에서 축구공을 차며 노는 시간을 보내기로 한다. 사실 멜로디는 운동에는 영 소질이 없어, 왜 그렇게 많은 사람이 스포츠를 즐거워하는지도 이해하지 못하는 사람이다. 하지만 멜로디도 제니와 비슷하게 아이와 귀중한 시간을 보내겠다는 약속을 지키려고 노력한다. 시드니의 첫 '엄마와 나'의 날 아침, 멜로디는 날씨를 확인하고 그날 날씨가 춥고 비가 올 것임을 알게 된다. 그녀의 두뇌에서는 빠르게 그녀 앞에 기다리고 있는 고통에 대해 주목하고, '밖에 나가면 몸도 젖고 추울 텐데.'라는 생각과 '이 시간을 즐길 수 있는 가능성은 없어.'와 같은 생각을 제공한다. 다행히도 멜로디는 지난 약 1년간 자신의 마음챙김 능력 향상을 위해 노력해 왔다. 멜로디는 마음챙김 능력을 사용해 이러한 생각들이 생길 때를 알아채고는 자신의 주의를 부드럽게 현재 순간으로 전환할 수 있다. 멜로디의 두뇌는 비 오고 추운 날 공을 차는 게 얼마나 불쾌한 일이 될지에 대해서만 주목하려고 결심한 듯하지만, 멜로디 본인은 스스로를 현재의 순간에 계속해서 집중시킬 수 있다. 멜로디는 예정되어 있는 활동에 관한 불쾌한 생각이 떠오를 때마다, 그저 그 생각을 알아채고 자신의 주의를 자신에게 진정 가장 중요한 것, 즉 딸과의 의미 있는 관계를 위해 시간과 에너지를 투자하는 것 쪽으로 초점을 전환한다.

제니의 양육 두뇌 기본 상태:
마음을 챙기지 않고 현재로부터 유리됨

멜로디와 다르게 제니는 '마음챙김'의 예술과 과학을 양육에 적용하는 방식을 학습한 적이 없다. 제니에게는 한 가지 생각에서 다른 생각으로 왔다 갔다 하는 '집중력이 부족한 마음가짐'이 과하게 활성화되어 있어, 빛나고 흥미로운 것들을 끊임없이 추구한다. 제니는 마음이 그녀에게 가장 중요한 것에 집중할 수 있도록 자신이 주가 되어 이끄는 게 아니라, 마음이 이리저리 끌고 다니는 대로 언제, 무엇에 집중할지를 결정한다. 제니는 자신의 모든 생각을 진지하게 받아들이고, 모든 것에는 검토해야 할 가치, 가끔은 해결하려고 애써야 할 가치가 있다고 믿는다. 산만한 마음가짐이 제니를 지배해 버리면, 그 마음가짐은 제니를 현재의 순간에서 꺼내, 가족과의 귀한 시간으로부터 벗어나게 만든다. 아이와 있는 현재의 순간에 집중하는 것이 아니라, 속으로는 가령 집에 식료품이 뭐가 남아 있는지, 언제 아이들을 데리러 가야 하는지 등을 검토한다는 것이다. 이런 제니도 두뇌의 마음챙김 근육을 이용해 꼭 필요한 생각에 집중하고 중요하지 않은 생각으로부터 멀어지는 연습을 한다면, 가족과 함께하는 현재의 시간을 온전하게 보낼 수 있다. 양육 두뇌를 재배선하여 본인의 마음을 챙기도록 함으로써 끊임없이 떠오르는 생각들로 현재의 순간에서 벗어나지 않고, 보다 온전하게 현재에 살 수 있는 능력을 키울 수 있다는 뜻이다.

멜로디의 양육 두뇌 기본 상태:
마음을 챙기고 현재에 참여함

멜로디의 산만한 마음 또한 이 생각, 저 생각 옮겨 다니며 작동하려고 한다. 제니와 비슷하게 멜로디의 정신도 쓸모없는 생각들을 제공함으로써 그녀를 현재의 순간에서 끌어내 소중한 가족들과의 시간을 방해하려 한다. '마음챙김' 훈련을 한다고 하더라도, 인간의 마음이 주목할 만하다고 생각한 것에 대해 조잘대지 못하게 할 수는 없다. 하지만 멜로디의 정신이(그리고 당신의 정신도) 속에서 계속되는 대화를 공유하기로 결정했다고 해서, 멜로디가(또는 당신이) 이에 자동으로 집중하게 된다는 뜻은 아니다.

멜로디는 정신의 마음챙김 근육을 키우려 지속적으로 노력했고, 그 덕분에 그런 생각들이 나타나는 것을 잘 알아채 현재의 순간에서 벗어나지 않을 수 있다. 어떤 생각이나 감정에 집중하기로 하거나, 자신의 주의를 현재로 다시 전환하는 선택을 할 수 있다는 뜻이다. 제니의 정신적 대화는 제니가 아바와의 모노폴리 게임으로부터 동떨어지고 산만하게 만들었지만, 멜로디는 현재의 순간에 온전히, 축축하고 추운 날씨에 딸과 하는 축구 경기에 최대한 집중할 수 있었다. 멜로디는 매일 자신의 마음챙김 근육을 사용함으로써, 양육 두뇌가 제대로 차단할 수 없는 끝없는 사고 흐름에 갇혀 있지 않고, 가족과의 삶에서 자신의 마음을 만족감과 의미 있는 것으로 유도하는 게 점점 더 쉬워짐을 발견할 것이다. 그리고 당신도 그렇게 할 수 있다.

마음을 챙기지 않는 삶에서 마음을 챙기는 삶으로

　부모로서, 현재에 온전하게 기반을 둘 수 있는 능력은 절대적으로 중요하다. 현재에 있지 않으면, 반작용을 보이고, 흐트러지며, 쉽게 산만해지고, 가장 중요한 것으로부터 동떨어져 있는 우리 자신을 발견하게 된다. 삶에서 귀중한 순간들은 순식간에 지나간다. 그렇기에 스트레스와 불안으로 꼼짝하지 못하는 대신, 아이와 함께하는 현재의 시간을 온전히 즐기며 오래갈 추억들을 만들 만한 가치가 있는 것이다. 마음을 챙기는 양육을 하기 위해서는 아이, 가족과 바로 여기, '현재'에 집중하는 것을 의도적으로 연습해야 한다. '마음챙김'을 의도적으로 집중하는 것이라고 생각하라. 오늘날 가족의 삶에서는 끝없는 멀티태스킹과 주의 산만을 엿볼 수 있다. 이 와중에 마음챙김은 당신의 주의를 본질적인 것들로 전환할 수 있는 믿을 만한 도구가 된다. 같이 있지만 다른 것들에도 동시에 관심을 주면서 보내는 10시간보다, 가족들과 진정 연결되어 있는 상태로 1시간을 보내는 것이 얼마나 더 감사한 일일지를 생각해 보자. 마음챙김을 당신의 삶 속 주요 구성 요소로 만들기 위해 별도로 시간을 내야 할 필요는 없다. 마음을 챙기며 산책도 할 수 있고, 대화도 할 수 있고, 식사도 할 수 있고, 심지어 보드게임도 할 수 있다. 아이들이 더 크거나, 그들이 덜 바빠질 때까지 기다릴 필요가 없다. 지금부터도 더 마음을 챙기는 부모가 될 수 있다. 뭐가 되었건 바로 지금, 그 순간을 온전히 끌어안을 시간이다.

이번 장을 통해 배울 수 있는 것들은 다음과 같다.

- 마음챙김과 마음챙김 양육에 대해 실질적으로 이해하기
- 아이에게 집중하고 친밀해지기
- 스트레스 가득한 상황에 감정적으로 혹은 충동적으로 대응하는 대신, 속도를 늦추고 어떻게 대응할지 선택하기
- 아이의 이야기를 들을 때, 아이가 무엇을 표현하고 있는지 혼자 속으로 해석하는 대신 진정으로 귀 기울이기
- 정신적 소음에 사로잡히지 않고, 그러한 소음을 인식할 수 있는 마음의 능력을 키우기
- 두뇌 스팸(BS)에서 벗어나 현재의 순간에 다시 집중하기
- 아이에 대해 걱정하는 대신 아이와 친밀해져 함께 더 많은 시간 보내기

마음을 챙기는 삶의 방식이 아이와 부모에게 미치는 영향

마음챙김을 연습함으로써, 한 개인인 당신뿐 아니라 당신의 아이와 가족도 수많은 이점을 얻을 수 있다. 부모는 종종 자신의 아이가 전자기기는 내려놓고 가족과 시간을 더 보냈으면 하거나, 저녁 식사 자리에서 식사 예절에 유의하는 등 더 마음을 챙겼으면 한다. 하지만 아이가 마음을 더 챙길 수 있도록 가르치기 위해 별도로 필요한 것은 없다는 점을 기억하라. 가장 좋은 방법은 당신 스스로 마음챙김을 연습하는 것이다.

'마음챙김 양육'이란 속도를 늦추고, 멀티태스킹을 중단하며, 아이를 비롯한 가족과 현재에 집중하기 위해 필요한 일을 하는 것을 의미한다. 당신이 어떠한 순간 온전히 현재에 있다면, 그것만으로도 아이와 의미 있는 관계를 조성하며 보물 같은 추억을 함께 만들고 있는 것이다. 또한 가족들과 시간을 보낼 때 의도적으로 마음을 챙겨 집중하는 단계('의도적으로 집중해야 한다'는 점을 기억하라.)를 거치면서 자녀의 행동 모델이 되어 줄 수 있다. 아이는 당신의 행동을 관찰하면서 호기심을 가지고, 현재에 집중하며, 시간을 들이고, 삶이 주는 모든 것을 온전하게 즐길 수 있는 법을 배우게 될 것이다. 많은 부모는 아이가 자라면서 '시간이 느리게 갔으면 좋겠다'고 이야기한다. 시계가 가는 것을 멈출 수는 없지만, 당신과 아이 둘 다 주의를 분산시키는 것들을 내려놓고 그 순간을 온전히 함께하는 법을 배울 수는 있다. 그 순간이 무엇을 가져다주든 음미하면서 말이다.

마음을 챙기지 않는 삶의 모드에 있는 양육 두뇌

마음을 챙기지 않는 것이 나쁜 것만은 아니다. 마음을 챙기지 않는 삶의 방식은 자연스러운 것이고, 적응 가능한 것이기도 하다. 만약 인간이 항상 현재의 순간에 온전히 집중하는 존재라면, 아무것도 해내지 못할 것이다. 현재의 경험에서 오는 모든 감각과 거기에서 오는 미묘한 차이들을 받아들이기에도 너무 바빠, 불을 발견하거나 바퀴를 발명하거나 문제를 해결하여 발전과 진보를 이룰 여유 있는 두뇌 능력이 없을 것이다. 우리는 바로 '마음챙김'이라는 유용한 도구 덕분에 멀티태스킹을 할 수 있는 것이다. 걸으면서 껌을 씹을 수 있는 것이 여기에 속한다. 팟캐스트를 들으면서 운전할 수 있는 것도 마음챙김 덕분이다. 둘째 아이에게 우유병을 물려 주면서도, 첫째 아이가 그날 어린이집 간식 시간에 있었던 이야기를 조잘대는 걸 들을 수 있는 것도 그 덕분이다.

모든 집에 연장으로 가득한 연장통 하나쯤은 있어야 하는 것처럼, 당신의 마음에도 마찬가지이다. 두뇌는 마음을 챙기지 않는 능력과 마음을 챙기는 능력 둘 다 갖추고 있기 때문에 다양한 운영 모드를 제공한다. 이를 통해 마음을 챙기지 않는 순간, 마음을 챙기는 순간, 그 사이 어딘가에 있는 순간들이 나타나게 되는 것이다. 그러나 어떤 도구든 사용할 수 있는 시공간이 따로 있고, 심지어 유용한 도구라도 도움이 되는 것에서 해로운 것으로 변할 수 있다. 벽에 걸 그림과 그 그림을 튼튼하게 박을 수 있는 못이 있다면, 여기서 필요한 옵션으로는 해머가 제일일 것이다. 하지만 그 해머로 명확한 목적도 없이 석고판을 마구잡이로 거듭해서 두드리면, 해머는 더 이상 도움이 되는 것이 아닌 '해로운 것'이 되어 버린다. '마음챙김'도 이 비유와 똑같다고 생각하면 된다. 정신적으로 항상 멀티태스킹을 하거나, 문제를 해결하거나, 계속해서 과거나 미래의 문제들에 대해서 생각한다면, 삶의 풍요로움이나 기쁨은 절대 경험할 수 없을 것이다. 음식을 제대로 음미할 수도, 감탄을 자아내는 저녁노을을 감상할 수도, 아이의 아름다운 웃음소리를 들을 수도 없을 것이다. 이제 이를 이해하고, 가족들과의 진정한 연대, 연결, 기쁨의 순간을 더 많이 경험할 수 있도록 마음챙김 능력을 재발견하고 발전시켜야 할 때이다.

마음챙김 상태에 있는 두뇌

인기 매체와 SNS에서 마음챙김의 이점에 관해 이야기할 때 과장된 것이 너무나 많다. 그래서 우리는 내담자에게 마음챙김을 제대로 소개하기 전에, 먼저 내담자가 마음챙김을 어떻게 이해하고 있는지 알아보려고 한다. 종종 마음챙김을 정신 이완 훈련의 형태, 심지어는 숨쉬기 연습과 똑같이 생각한다는 이야기를 들을 때도 있다. 마음챙김 훈련은 실제로는 어려운 일이다. 하지만 그렇다고 항상 정신을 이완시켜 주는 것은 아니다. 어떤 사고나 감정에 빠지려 하는 욕구를 알아채고 주의를 현재의 순간으로 적극적으로 전환하는 능력을 얻으려면, 마음가짐과 노력이 필요하다.

그렇다면 '마음챙김'이란 정확히 무엇이고, 왜 우리는 마음챙김 상태가 되기 위해 굳이 두뇌 재배선을 하려는 것일까? 마음챙김은 '현재 경험에 대해 개인적 판단 없이 집중하는 것'이라고 정의할 수 있다. 하지만 이것이 사고 기능을 꺼 두거나 부정적인 사고를 막는 것, 아니면 다른 곳에 주의를 빼앗기지 않는 것은 아니라는 점에 주목하라. 마음챙김이란, 현재의 경험에 부정적으로 대응하거나 그것을 바꾸려고 하지 않고, 그 전체에 온전히 주목하는 것을 의미한다. 관심을 의도적으로 현재 경험에 두고, 그 자리에 있도록 유지하는 것을 의미한다. 마음챙김 근육을 쓰면 당신의 정신이 여기저기 튕겨 나가며 사방으로 분산되는 것을 보고 충격을 받을 수도 있다. 당신도 곧 경험하게 될 것이다. 다시 한번 말하지만, 마음챙김의 목표는 당신의 사고 자체를 막거나 사고 기능을 끄는 것이 아니라, 멜로디가 그랬던 것처럼 그저 그 사고를 알아채고 나서 현재의 순간으로 돌아오는 것을 계속해서 반복하는 것이다. 이러한 연습을 통해, 덜 스트레스받고 덜 화내는 자신을, 자녀와 더 친밀하고 유쾌한 부모가 된 자신을 발견할 수 있을 것이다.

마음을 챙겨 현재에 집중할 수 있는 두뇌의 능력은 다행히 파란 눈이나 갈색 머리카락처럼 선천적으로 타고나는 것이 아니다. 우리는 의도적으로, 그리고 연습을 통해 마음챙김 능력을 개발하거나 향상시킬 수 있다. 우리는 두뇌 영상 기술 연구 덕분에 '마음챙김 두뇌 훈련소'를 정기적으로 방문하는 것이 두뇌 구조와 두뇌 회로에 긍정적인 변화를 준다는 사실을 발견했다. 가령, 최근 한 연구에서는 마음챙김 훈련을 지속함으로써 편도체 활동 감소, 해마 크기 확대, 심지어는 두뇌 노화 감소 등 전반적인 두뇌 기능이 향상된다는 것을 증명하기도 했다(Wheeler et al., 2017). 마음챙김 두뇌는 감정적 반응 감소, 기억력 및 학습 능력 향상, 공감 및 연민 증가와도 연관이 있다.

마음챙김 정신 근육을 강화함으로써, 상황을 충분히 고려하는 능력, 충동을 조절하는 능력, 불안이나 다른 산만한 감정적 반응에 압도되지 않고 결정하는 능력을 키울 수 있다. 마음챙김을 활용하여 현재의 의식을 이용함으로써, 전전두피질(PFC)을 더욱 빠르게 활성화하는 방법을 배울 수 있다(Tang et al., 2015). 이로써 편도체를 기반으로 하는 감정적인 반응을 하는 대신, 그 순간 가장 중요한 것에 집중하면서 더욱 이성적인 결정을 내릴 수 있게 될 것이다. 결국 삶에서 스트레스 가득한 순간들을 경험하는 대신 '생각'을 하고, 그 과정에서 더 차분하고 현실에 기반을 둔 부모가 될 것이다.

이러한 신경학적 발전은 부모로서 당신의 기능, 그리고 삶의 만족도에 아주 중대한 영향을 줄 수 있다. 규칙적으로 마음챙김 활동에 참여하는 사람들은 불안감과 스트레스, 우울감 감소, 관계에 대한 행복감과 만족도 향상, 수면의 질 향상, 심지어는 면역 기능 개선까지 경험하게 된다. 이 모든 장점이 현실이 된다고 상상해 보라. 당신의 삶은 얼마나 달라질까? 아마도 아이와 현재에 더 충실하고, 파트너와 더 가까워지며, 스스로를 돌보는 데 더 많은 시간과 에너지를 투자하는 당신의 모습을 그려 볼 수 있을 것이다. 이러한 미래의 가능성을 마음을 챙기는 부모가 되려는 노력의 동기로 여겨 보라.

이제 마음챙김 두뇌 훈련소에 가야 할 때

모든 마음챙김 기반 두뇌 재배선 활동에는 '사고, 감정, 감각과 연결된 후, 주의를 다시 현재로 부드럽게 가져오도록 연습'하는 활성화 단계가 포함되어 있다. 이 장에 있는 마음챙김 활동들, 그리고 당신이 그 활동을 실제 삶에 통합시키는 것은 다른 어떤 일보다도 오래 걸린다는 점을 참고하라. 어떤 일은 사람 많은 거리를 걸으면서도 충분히 할 수 있는 일이다. 하지만 또 어떤 일은 외부의 산만한 요소가 없는 조용한 공간을 필요로 한다. 체육관에 다양한 운동 장비와 수업이 있는 것처럼, 마음챙김 두뇌 회로를 활성화할 수 있는 방법 역시 다양하다.

종종 우리 내담자들의 마음챙김 활동 참여를 방해하는 것은 '마음챙김은 이런 것이어야 한다.', '이만큼의 연습이 필요하다.'와 같이 사전에 형성된 생각들이었다. 여기에서 관련된 글들을 충분히 읽어서, 이미 굳어진 생각과 기대에 도전하는 것에 대해서는 잘 알고 있을 것이다. 어떤 상황이든 상관없이 '바로 지금'이 마음챙김 연습을 시작할 수 있는 최적의 시간이라는 것을 유념하며 이 장을 읽어 나가면, 향상된 유연성과 자기연민을 얻고 정진할 수 있다.

스스로에게 이 연습을 위한 공간을 만들어 주기 바란다. 먼저, 현실적으로 달성할 수 있는 목표를 설정하라. 우리는 이 장에서 당신과 같이 바쁜 부모들을 위한 마음챙김 활동을 소개하려고 노력했다. 당신에게 주말 동안 조용한 도피를 할 수 있는 시간이나 감정의 폭이 있을지는 잘 모르겠지만, 그래도 스스로에게 하루에 단 몇 분이라도 마음챙김 근육이 움직일 수 있는 시간을 주라. 당신 스스로, 그리고 당신이 사랑하는 사람들에게는 현재에 더 충실하고, 감정적으로도 연결될 수 있고, 현실에 기반한 당신을 마주할 자격이 있다.

첫 번째 활동은 하루에 간단하게 할 수 있는 마음챙김 연습을 자리잡게 하는 데 도움이 될 것이다. 많이 할수록 당신의 건강에 훨씬 더 좋다. 하지만 적게 한다고 하더라도 도움이 되는 것은 마찬가지이다. 아침이나 저녁처럼 정해진 시간, 아니면 매일 다른 시간에 연습해도 상관없다. 다만, 어떤 사람들에게는 규칙적인 시간을 정해 두는 것이 도움이 될 수 있다는 사실을 참고하라.

마음챙김 연습 공간은 단순하지만 편안해야 한다. 다른 누군가에 의해 방해받지 않아야 하는 곳이다. (아, 당연히 어렵다는 걸 안다. 물론이고 말고 이건 아마도 무리한 요구일 것이다.) 가능하다면, 다른 일을 할 때 사용하지 않는 공간을 찾아보라. 꼭 방 전체가 아니어도 된다. 사람들 대부분 보통 앉는 공간이 아닌 침실의 좁은 구석을 고르거나, 밖에 심어진 나무 한 그루를 바라볼 수 있는 창가 앞 등 적절한 장소를 잘 찾는다. 그저 당신의 마음챙김 훈련만을 위한 특별한 공간을 찾으면 된다. 찾았으면, 깔고 앉을 쿠션 하나를 집어 들고(의자에 앉는 것이 더 편하다면 의자에 앉아도 된다.), 당신의 시선이 향하는 곳에 마음을 가라앉히게 해 주는 물건을 두라. 등산하다가 주운 돌이나 가장 좋아하는 피규어 또는 양초가 될 수도 있다. 다른 사람과 함께 쓰는 공간이라면, 마음챙김 훈련이 끝났을 때 그 물건을 치우고, 다음 훈련 시간에 다시 가져오면 된다.

이제 본격적으로 마음챙김 정신 근육 훈련을 시작해 보자.

양육 두뇌 재배선 활동: 마음챙김 입문

1. 타이머를 2분으로 맞춰 놓으라. 마음챙김 활동 참여에 시작하는 단계 초기라면 이 연습 시간은 짧을수록 좋다. 또한 마음챙김 정신 근육 훈련의 첫 단계는 오래 걸릴 수도 있다.

2. 눈에 보이는 곳에 마음을 안정시키는 물건을 놓고, 마음챙김 자리에 앉으라.

3. 그 물건에 부드럽게 시선을 고정하라. 입을 살짝 벌리고, 숨을 부드럽게 들이쉬었다 내뱉으라. 그 물체에 개인적인 생각은 전혀 넣지 않고 인식하려고 노력하라. 마치 그런 것을 전에 본 적이 없어서 그에 관한 이야기는 어떤 것도 알지 못하는 또 다른 행성에서 온 외계인인 것처럼 바라보면 된다. 그저 그 물체의 모양과 색깔, 음영과 각도에만 집중하라.

4. 판단이나 생각을 하기 시작해 과거나 미래의 일에 관한 이야기에 빠져 버리게 될 때면, 당신의 마음이 어디에 가 있는지만 확인하고, 물체의 성질에 주목하는 것에 주의를 다시 집중시키라. 생각 자체를 막는 것이 아니라, 단순히 어떠한 개인적 판단 없이 그 물체를 관찰하는 것, 그리고 집중을 방해하는 것에 의해 넋을 잃지 않고 마음이 어디로 가는지에 주목하여 현재의 순간으로 되돌아오는 것을 배우고 있는 중임을 기억하라.

예상할 수 없는 것들을 예상하라. 마음챙김을 안내하는 기록이나 지침서가 있건 없건, 당신은 마음챙김 활동에 참여할 때는 모든 종류의 경험을 하게 될 것이다. 어떤 날 드는 생각은 저 깊은 땅속에서부터 빠져나오는 것이 불가능해 보이는 폭풍우처럼 보일 수 있다. 또 어떤 날에는 당신의 생각과 감정이 평화롭게 하늘을 둥둥 떠다니는 구름에 더 가까워 보일 수도 있다. 어느 누구에게나 폭풍우 같은 연습도, 평온함의 오아시스 같은 연습도 존재한다. '감정적 비'에 얼마나 흠뻑 젖어 있는지와는 상관없다. 그저 자신의 자리에 나타나 현재의 순간으로 돌아가는 연습을 하는 것이면 된다. 이를 통해 당신은 두뇌를 재배선하고 수많은 사람이 마음챙김 훈련으로부터 얻었던 이점을 실현시키고 있는 것이다. 실제로, 당신의 가장 폭풍우 같은 연습 세션이 궁극적으로는 가장 큰 재배선 혜택을 가져다줄 수 있다.

기억하라. 마음챙김 훈련의 본질은 불편한 생각과 감정을 제거하는 것이 아니라, 당신의 생각과 감정이 현재에서 벗어날 때에 주목하여 현재로 다시 부드럽게 데리고 오는 것이다. 즉, 바로 여기, '현재'에 있는 능력을 키우는 것이다.

두뇌의 구별 능력을 키울 것

두뇌는 간혹 위험과 위협을 살피는 것에 실패해서, 실제로는 안전한데도 당신이나 당신이 사랑하는 사람들을 위험에 빠지게 할 수도 있다. 이러한 정신적 소음은 종종 잠재적인 문제 구역에 대해 경고하는 두뇌의 잘못된 알림일 수 있다.

대부분의 부모와 같이, 제니도 가족과의 시간을 즐기고 싶을 뿐인데 두뇌에 흘러 들어오는 정신적 소음을 경험한 적이 있다. 아바의 피아노 연주회에서 관중석에 앉아 있을 때, 제니는 머릿속에서 아들의 사회적인 삶과 관련된 소음이 점점 커지는 것을 알아챘다. 속으로 벤을 그곳에 데리고 올 때의 대화를 다시 재생하기 시작했다. 그러면서 벤이 수줍은 태도에서 벗어날 수 있을지 의심하고, 심지어 그가 거기에서 벗어나지 못한다면 대학에서는 과연 잘할 수 있을지까지 걱정하기 시작한다. 걱정이 커지자 그녀의 머릿속에는 더욱더 끔찍한 상황이 나타났고, 그녀의 두뇌는 아들의 행복에 대해 잘못된 경보를 울리고 만다. 벤은 그 연주회에서 제니의 바로 옆자리에 안전하고 무사하게 앉아 있었는데도 말이다. 실제로 벤의 사회적 삶에서는 제니의 즉각적인 조치를 필요로 하는 것이 아무것도 없었다. 제니는 불안과 절망을 느꼈다. 아바가 몇 개월 동안이나 연습해 왔던 피아노 연주곡보다도, 그렇게 특별한 날 본인의 머릿속에 있는 생각들에 더 집중하여 아들의 행복에 대해 불안해하고 있다는 사실에 실망했다. 제니는 스스로가 정신적 소음에 사로잡혀 자신이 되고자 했던 '현재에 충실하고, 힘을 주는 부모'가 될 수 없을 것 같다고 생각했다.

제니는(그리고 그녀와 같은 수많은 부모는) 다음의 활동을 통해 정신적 소음이 발생할 때를 포착하고, 쓸모없는 경보에서 벗어나 현재의 순간에 다시 집중할 수 있다.

양육 두뇌 재배선 활동:
정신적 소음에서 벗어나 다시 현재의 순간으로 돌아가기

다음 날 활동을 위해 우선 달성해야 할 목표는 정신적 소음에서 가능한 한 여러 번 벗어나는 연습을 하는 것이다. 하루 평균 당신의 머릿속에는 수백 가지의 생각이 침입하여 현재의 순간에서 벗어나고 그들이 가자고 하는 곳으로 가 버릴 것이다. 이런 생각들에 대해 다음과 같은 연습을 해 볼 수 있다. 가끔 당신은 그런 생각들에 자동으로 너무나 빠르게 휩쓸려서 그것이 어디에서 나타났는지 확인할 기회조차 얻지 못할 수 있다. 하지만 또 어떤 때에는 정신적 소음이 시작될 때 바로 알게 되는 경우도 있다. 마음챙김 능력 향상 연습에는 모든 것이 도움이 된다. 정신적 소음에서 벗어나는 연습을 하기 위해 그저 다음 순서대로 따라 해 보라.

가끔 우리 내담자들은 정신적 소음에서 벗어나기 위해 다음의 지시 사항을 포스트잇에 쓰거나 컴퓨터 화면보호기로 사용하여 하루 종일 되새기기도 한다. 참고하라.

1. 정신적 소음이 나타나서 당신을 끌고 가려고 할 때를 알아차리는 연습을 한다.

2. 다음을 되새겨 정신적 소음으로부터 벗어나는 연습을 한다.

   • 이 생각은 매우 긴급한 것처럼 느껴지지만 실제로 당신은 안전하고 아무런 이상이 없다.

   • 해결해야 할 즉각적인 위험이나 상황은 없다. 당신은 두뇌 스팸 메일을 받았을 뿐이고, 그것을 순간 긴급 메시지로 착각한 것이다.

3. 부드럽게, 하지만 적극적으로 주의를 집중해 정신적 소음이 나타

나기 전 당신이 하고자 했던 것으로 다시 돌아가, 스스로 현재의 순간으로 돌아가는 연습을 한다.

4. 연습이 끝나면, 활동하면서 든 생각이나 주요 학습 내용을 〈훈련 일지〉에 작성해 본다.

다음은 제니가 작성한 〈훈련 일지〉의 예시이다.

1. 정신적 소음을 알아채는 연습: 우리 벤은 왜 항상 내가 데리러 가는 차 안에서 조용히 있는 걸까? 아이들이 벤에 대해 많은 이야기를 하는 것 같던데. 아이들이 벤을 존중하지 않는 것일까? 아니면 벤에게 그저 흥미로운 이야깃거리가 없는 것일까? 아이들이 고등학교에 갈 때 벤과 친구로 남아 있기는 할까? 벤이 뒤처지면 어떡하지? 어느 순간 벤이 완전히 사회적으로 고립되어 방에서도 나오지 않으면 어떡하지?

2. 정신적 소음에서 벗어나는 연습: 바로 지금, 나는 내 양육 두뇌가 벤의 사회적 기능과 벤이 10대 때 겪을 수 있는 또래 친구들과의 문제에 관해 무시무시한 생각을 하고 있음을 알게 되었다.

3. 현재의 순간으로 되돌아오는 연습: 바로 지금 이 순간, 벤은 내 차의 뒷자리에 앉아 있다. 야구 연습이 끝난 벤을 집으로 데리고 가는 길이고, 내 눈에 보이는 한, 현재 위험은 존재하지 않는다. 평온하고 화창한 날이고, 교통 체증도 별로 없다. 우리는 안전하고 무사하다. 나는 방금 내 생각에 사로잡혀 진실과 두뇌 스팸을 헷갈려했다. 이제 나는 주의를 다시 현재에 집중시키고, 벤을 데리고 가고 있는 이 순간에 감사할 것이다.

양육 두뇌 재배선 활동: 원치 않았던 파티 참석자

당신이 파티를 열었는데 파트너가 동료 한 명을 초대한 것을 알게 됐다고 가정해 보자. 파트너는 그 동료가 향후 진행될 프로젝트에서 중요한 역할을 하는 사람이며, 일터 밖에서도 그와 친해지려고 노력해야 좋을 것이라고 설명한다. 그런데 그 동료가 사실은 무례하고 거들먹거리며, 칵테일 한 잔 하면서 대화하고 싶은 사람이 전혀 아니라는 사실을 알게 됐다고 상상해 보라. 자, 이제 당신에게는 세 가지 선택지가 있다. (1) 파트너에게 그 손님을 되돌려 보내라고 말하는 것, (2) 그 사람과 더 이상 마주하지 않기 위해 파티를 취소하는 것, 아니면 (3) 그 사람이 도착했을 때 고개를 끄덕이며 인사를 건네고, 당신이 이야기를 나누고픈 사람들에게 집중하는 것이다. 그 옆을 지나가며 와 주셔서 감사하다는 뜻으로 짧은 미소를 건넬 수도 있다. 꼭 멈춰서 그와 대화를 나눌 필요는 없다. 그에게 꼭 직접적으로 무례하게 굴거나 무시하지 않아도 된다는 뜻이다. 주의를 줄 필요도 없다. 다음은 주의를 산만하게 하여 당신을 현재의 순간에서 빼앗아 가려는 생각과 감정을 처리하는 데 꼭 필요한 방식이다.
다음 순서대로 따라 해 보라.

1. 타이머를 5분으로 맞춘다.

2. 그 5분 동안, 설거지나 요금 납부, 해야 할 일 목록에 있는 어떤 것이든 당신이 끝내야 하는 과업에 주의를 집중시킨다.

3. 새로운 생각이나 감정, 느낌이 나타나 바로 앞에 놓인 과업에서 주의를 뺏어 갈 때마다 마음을 챙겨 그 과업에 집중한다.

4. 반갑지 않은 정신적 손님에게 파티에 와 줘서 감사하다는 뜻의 짧은 미소를 지어 주는 연습을 한다. 그 생각과 싸우거나 씨름하려고, 혹은 무시하려고 하지 말고, 그저 "안녕하세요. 오신 것 확인했어요."라고 빠르게 이야기하고 나서 조심스럽게 작업 중이던 과

업으로 주의를 되돌린다.

5. 이 과정이 끝나면, 활동하면서 든 생각이나 주요 학습 내용을 〈훈련 일지〉에 작성하라.

마음챙김 능력을 더욱 키울 수 있는 꿀팁

마음챙김 연습을 시작하는 것이(그리고 유지하는 것은) 위협적으로 느껴질 수 있다. 하지만 중요한 것은, 마음챙김 연습에 걸리는 시간이 꼭 길 필요나, 그 연습이 힘든 일이 되어야 할 필요는 없다는 것이다. 우리는 당신이 지금도 이미 충분히 바쁘다는 것을 안다. 다음은 일상생활에 마음챙김을 자연스럽게 끼워 넣을 수 있는 꿀팁이다.

마음을 챙기라고 스스로에게 신호 보내기

스스로에게 하루 종일 마음챙김을 연습하라고 상기시킬 수 있도록, 우리는 자동 알림 장치를 설정하기를 권한다. 휴대전화에서 알람을 설정해 놓거나 달력에 이벤트로 적어 둘 수 있다. 아니면 직접 쓴 메모를 하루 종일 볼 수 있도록 전략적으로 배치해 둘 수도 있다(커피 메이커, 지갑, 욕실 거울 등에 메모로 붙여 놓을 수 있다.). 이 알림들을 볼 때에는 그저 주변 환경에 주목한다. 그리고 거기에서 오는 당신의 모든 감각을 개인적인 판단

없이 확인하고, 주의를 현재 순간에 일어나고 있는 것으로 다시 조심스럽게 가져오라.

마음챙김 주문

현재에 집중할 수 있도록 도와줄 수 있는 단어나 구절은 하나의 주문으로서 현재의 순간으로 되돌아오게 하는 생명선이 될 수 있다. 특별한 의미를 지녔을 수도 있고 그저 간단한 신호일 수도 있지만, 어찌 됐든 당신의 마음챙김 근육을 쓰게 하면 된다. 그런 주문을 하나 선택해서 쉽게 기억할 수 있도록 어딘가에 써 두라. 그다음 현재 순간에서 벗어나게 될 때, 다시 현재로 되돌아올 수 있을 때까지 그 주문을 반복해서 외우라.

다음은 시도해 볼 수 있는 몇 가지 마음챙김 주문이다.

- 바로 지금 여기에 있으라.
- 거기서 벗어나 다시 현재에 집중하라.
- 잘못된 경고다.
- 중요한 정보가 아니라 두뇌 스팸이다.
- 삶은 지금 일어나고 있는 일을 말한다.
- 현재로 다시 돌아가라.

마음을 챙기는 식사

가족과의 식사를 즐길 때든, 정신없이 간식을 먹을 때든 상관없이, 다음부터는 마음을 챙기며 식사할 수 있도록 노력해 보라. 주의를 산만하게 하는 것을 무시하고, 그 순간에 음식을 통한 영양분 섭취 경험에 집중해 보라. 한 입, 한 입 천천히 씹으며 당신이 먹고 있는 음식의 질감, 향, 맛 등 모든 것에 세밀하게 집중하라. 그 음식을 좋은 것이라거나 나쁜 것이라고 판단하려고 하지 말고, 그저 당신의 모든 감각을 사용하여 그 음식에 대해 설명해 보라(바삭바삭하다, 차갑다, 짜다, 맵다, 톡 쏜다 등). 음식을 꼭꼭 씹으면서 맛이 입안 전체에 퍼질 때까지 어떤 변화가 느껴지는지도 감지할 수 있을 것이다.

양육 두뇌 재배선 활동: 마음챙김 양육

마음챙김을 하나의 연습이자 일상생활에서 내가 가지고 있는 스킬을 사용할 수 있는 방법이라고 이해했다면, 이제는 부모로서의 삶에 적용해야 할 때이다. 아마 아직은 스스로가 마음챙김 전문가처럼 느껴지지 않을 수 있다. 하지만 우리 대다수가 전문가는 아니다! 마음챙김은 마음가짐을 필요로 하는 지속적인 연습이다. 이제 당신은 마음을 챙기는 부모로서 현재를 살 수 있는 탄탄한 기반을 갖춘 상태이다. 보통의 양육에 빡빡한 의제와 정신없이 몰아치는 생각들, 멀티태스킹이 가득하다면, 마음챙김 양육에는 바로 현재 아이를 비롯한 가족과의 친밀감, 성취감, 즐거움의 향상이 가득하다. 다음 두 파트로 나뉜 활동을 완료하고, 두 파트에서 나타나는 차이에 제대로 주목해 보라.

A 파트

1. 아이와 함께 앉아서 아이의 하루가 어땠는지 물어보라.

2. 아이에게 그날 하루에 대해 1분 동안 간단하게 말해 보라고 요청하라.

3. 아이가 말하는 것에 어느 정도 집중하면서, 그와 동시에 나타나는 다른 생각과 감정들에도 집중해 본다. 해야 하는 일, 그날 할 다른 일들, 이게 시간을 잘 활용하고 있는 게 맞는지 등에 대해 자유롭게 생각해 본다.

B 파트

1. 아이에게 하루에 대해 이야기하는 것을 1분 동안 또 해 보라고 요청한다.

2. 이번에는 아이가 이야기하고 있는 것에 마음을 챙겨 집중하는 연습을 해 본다.

3. 당신의 생각과 감정이 나타나서 현재의 순간을 침범하려 할 때, 그 생각과 감정을 눈치채고 인정하라. 그다음, 아이와 아이가 당신에게 공유하고 있는 것에 대해 조심스럽게 다시 집중해 본다.

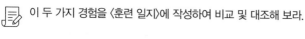 이 두 가지 경험을 〈훈련 일지〉에 작성하여 비교 및 대조해 보라.

보너스 활동

- 두 파트로 이루어진 활동을 한 다음, 아이가 두 번 얘기할 때 어떤 정신 상태(마음을 챙기지 않은 상태 또는 마음을 챙긴 상태)가 있었는지 질문하라.

- 역할을 바꿔 당신은 말하는 사람이 되고, 아이에게 당신의 이야

기를 듣게 한다. 아이가 마음을 챙기든 챙기지 않든, 둘 중에 한 자세를 택해 당신의 말에 집중하게 한다. 그다음 아이가 어떤 정신 상태였을지 추측해 본다. 마음을 챙기지 않은 집중보다 마음을 챙긴 집중을 받는 입장에서 어떤 느낌이었는지, 그리고 마음 챙김 여부와는 관계없이 집중을 하는 사람으로서는 어떤 느낌이었는지에 관해 논의해 본다.

이 활동을 완료하자마자, 활동하면서 든 생각이나 주요 학습 내용을 〈훈련 일지〉에 적어 본다.

양육 두뇌 재배선 활동:
전경과 배경 사이를 전환하는 주의력

잠시 당신 주변에 나는 다양한 소리를 듣는 시간을 가져 보라. 아마 에어컨이 돌아가는 소리, 다른 방에서 드라이기로 머리 말리는 소리, 당신의 강아지가 헐떡거리는 소리가 들릴 수 있다. 그중 하나를 선택해 당신의 모든 주의를 그 소리에 집중시켜 보라. 완전히 집중하면 그 소리가 더 크게 들리는가? 이 활동을 시작하기 전에는 그 소리가 당신의 주의를 얼마나 사로잡았는가?

이제 독서나 휴대전화로 재미있는 영상을 감상하는 것처럼 주의 집중을 요하는 활동을 선택해 1분 동안 참여해 보자. 배경음에서 주의를 거두면, 그 소리가 더 희미해지는 것처럼 느껴지는가? 당신의 주의를 새로운 자극에 바로 집중시키면, 배경 소리는 더 커지는 느낌인가, 아니면 더 조용해지는 느낌인가?

이와 동일한 개념을 정신적 소음에 적용할 수 있다. 침범하는 생각과 감정에 모든 주의를 집중시키면, 이는 점점 더 커지는 것처럼 보일 것이다. 당신이 주의를 현재의 경험과 이 순간에 관한 어떤 것에든 집중시키면, 그러한 정신적 개입은 배경처럼 희미해지고 그 뚜렷함 또한 점차 사라질 것이다.

이 활동을 완료하자마자, 활동하면서 든 생각이나 주요 학습 내용을 〈훈련 일지〉에 작성해 보라.

양육 두뇌 재배선 활동:
정신적 소음을 보는 것 vs. 정신적 소음이 되는 것

정신적 소음에 과하게 집중하지 않으면서도 관찰할 수 있는 방법을 학습함으로써, 감정적 에너지를 최대한 비축하고 이를 삶에서 중요한 것들에 투자할 수 있다.

1. 큰 포스트잇에 당신이 최근 경험한 두뇌 스팸/정신적 소음 메시지를 쓴다.

2. 그 포스트잇을 눈에 보이는 곳에 붙여 놓는다.

3. 정신적 소음에 과하게 시달릴 때 시야가 얼마나 가려지는지 확인한다. 두뇌 스팸에 녹아들어 갇혀 버리는 경험을 할 때 놓친 것은 무엇인가?

4. 다음으로, 손에 두뇌 스팸 메시지가 적힌 그 포스트잇을 들고 팔을 넓게 쭉 펴 본다.

5. 이렇게 팔이 멀리 떨어져 있는 상태에서 두뇌 스팸 메시지가 보일 때, 시야는 얼마나 가려지는가? 그렇다. 정신적 소음은 여전히 그곳에 존재한다. 하지만 당신이 보고 집중하게 되는 것들로는 또 어떤 것들이 있는가?

이러한 마음챙김 활동들에 참여하여 양육 두뇌를 재배선함으로써, 주의 전환 능력이 개선된 두뇌 운영이 가능해진다. 이제 과민하게 갈팡질팡하는 정신이 선택한 방식에 수동적으로 끌려가는 대신, 주의력을 어디에 두어야 할지 선택하는 것을 더 잘 할 수 있게 되었을 것이다. 정신적 소음을 알아챈 후 마음을 챙겨 현재의 순간으로 되돌아가는 연습을 하면 할수록, 이 과정은 더욱 자동적으로 이루어질 것이다.

마음챙김 활동의 작동 원리

양육 두뇌의 마음챙김 능력을 키우고, 당신은 이 능력을 사용해 현재의 순간에 더 오랫동안 집중할 수 있다. 마음챙김을 연습함으로써 편도체 활동을 줄이고 전전두피질(PFC)의 참여를 늘릴 수 있다. 즉, 불안이나 감정적 반응으로 인해 꼼짝하지 못하는 게 아니라, 현재의 순간에서 명료하게 생각하고 결정할 수 있는 능력이 향상된다는 것이다. 부모가 되면 훨씬 더 많은 시간과 에너지, 주의가 필요하다. 그래서 당신을 무수한 방향으로 이끄는 생각과 감정의 끝없는 흐름 때문에 마음을 챙기지 못하는 삶을 사는 대신에, 부모가 제공해야 하는 놀라운 순간들을 최대한 활용해야 마땅하다. 마음챙김을 연습하기 위해 해야 할 일을 줄이거나, 아이가 더 자라고 삶이 덜 바빠질 때까지 기다릴 필요가 없다. 마음을 챙기는 양육 두뇌는 그 순간이 어떠하든 현재의 순간 그대로를 받아들이니 말이다.

Chapter 5.

과거로부터
자유로워질 것

다음 이야기는 양육 두뇌 기본 상태가 매우 다르게 발전한 두 여성의 이야기이다. 이들이 각기 다른 기본 상태를 형성하게 된 것은 아주 다른 개인적 역사를 기반으로 하고 있다.

캐롤라인과 에이미는 같은 로펌에 다니는 동료 사이이다. 둘은 신입 사원으로 처음 만났고, 지난 몇 년 사이 동료에서 가장 가까운 친구로 발전했다. 같은 로펌에서 일하기는 하지만, 둘은 다른 경로를 통해 풀타임 변호사이자 엄마인 현재의 모습이 되었다. 캐롤라인은 가족 중 변호사와 성공한 사람들이 많은 반면, 에이미는 가족 중 처음으로 대학 학위를 취득한 사람이었다. 캐롤라인과 에이미가 경험한 다른 삶은 세상을 바라보는 각자의 렌즈를 다른 색으로 칠했다. 그래서 둘은 24시간 동안 매일 변호사이자 엄마로 일하면서도, 각각 다른 관점과 경험을 가지고 있다.

캐롤라인의 양육 두뇌 기본 상태: 정서적 회피

캐롤라인은 오랫동안 완벽주의자이자 성공한 사람이었다. 그녀의 부모님은 캐롤라인을 비롯한 모든 자식에게 높은 기대를 가지는 것으로 사랑을 표현하셨다. 아이들이 여러 가지 활동을 할 때마다 이곳저곳 데려다주고, 자식들도 각기 최선을 다했다. 축구부터 테니스, 합창단에서 토론팀까지, 캐롤라인은 스스로에게 특출나게 잘할 것을 요구했다. 하지만 간혹 성공이 그녀를 빗겨 가는 순간도 존재했다. 캐롤라인은 부모님이 바이올린 레슨에 등록해 주셨을 때를 기억한다. 아무리 열심히 연습을 해도 음을 구별하는 것조차 하기가 힘들었다. 부모님은 어떻게 보아도 실패인 듯한 이 상황에, 조용하지만 영혼이 무너지는 듯한 실망감을 보였다. 하지만 캐롤라인에게 직접적으로 '부족하다'고 이야기하지는 않았다. 그래도 캐롤라인은 부모님이 보고 계실 때면 항상 스스로에게 부족함을 느꼈다. 열심히 한다면 결국 부모님을 기쁘게 해 드릴 수 있을 것이고 부족하게만 느껴지는 것도 끝날 것이라고, 캐롤라인은 스스로에게 계속해서 이야기했다. 캐롤라인은 부모님께 감동을 드리고 부모님의 부정적인 평가를 피하려고, 그렇게 몇 년 동안이나 어마어마한 시간과 에너지를 투자하며 부단히 노력했다.

결국 목표를 달성하려는 캐롤라인의 노력은 그녀에게 좋은 도움이 되었다. 캐롤라인은 성공적인 변호사이자 똑똑하고 성실한 두 아이의 엄마가 되었고, 자신을 사랑해 주는 한 남자의 부인이 되었다. 캐롤라인의 삶은 기름칠이 잘된 기계처럼 작동했고, 그녀는 그 기계 작동의 책임을 맡았다. 하지만 엄청난 생산력을 자랑하다가도 가끔 한 번씩 기계 작동을 중단할 때면, 그녀의 신경을 갉아먹는 불안감이 파고들었다. 아주 깨끗한 삶의 표면 아래에, 혼돈이 자리하고 있는 것만 같았다. 캐롤라인은 이런 생각을 너무 오랫동안 골똘히 하면 그 감정의 저류에 빨려 들어갈까, 그래서 스스로와 가족을 위해 그렇게나 노력한 삶이 끝나게 될까 두려웠다. 한 번에 하나씩 하라고, 힘든 느낌은 곧 사라질 것이라고 스스로에게 계속해서 말했다.

캐롤라인은 자신의 불편한 생각과 감정들로부터 달아나, 가족을 둘러싼 완벽함의 기운을 유지하려고 모든 노력을 다했다. 그런데 즐거운 주말이 끝나 가던 어느 일요일 밤 10시, 캐롤라인의 13세 딸이 감정적 붕괴를 겪기 시작했다. 캐롤라인은 부엌에서 딸 루시가 포스터 보드 옆에 서서 식탁 위에 펼쳐져 있는 종이 무더기와 풀, 가위 사이를 샅샅이 뒤지는 것을 목격했다. 루시가 무거운 한숨과 멀리서도 들리는 훌쩍거림을 번갈아 가며 보여 주자, 캐롤라인은 얼굴이 빨개지면서 식은땀이 나고, 가만히 있을 수 없었다. 루시가 과학 프로젝트 과제를 몇 주 동안이나 미뤘던 것이다. 동아리 활동, 과외 활동, 사교 행사로 너무나 바빠서 과학 프로젝트를 처리할 시간이 없었기 때문이다. 캐롤라인은 중학교를 다니던 당시 자신의 모습이 생각났다. 항상 꽉 차 있는 일정에, 자신의 능력을 뛰어넘을 정도로 정말 열심히 했지만, 그럼에도 항상 위기일발이었다.

루시는 갑자기 "나 이거 못하겠어요!"라고 소리를 치며 의자에 푹 앉아, 한 무더기의 종이를 바닥으로 쓸어 떨어뜨려 버렸다. 그러고는 양손에 얼굴을 묻고 흐느껴 울기 시작했다. 캐롤라인은 주방으로 서둘러 가 루시의 팔을 감싸 주었다. 루시는 흐느껴 우는 와중에도 월요일 1교시까지 그 프로젝트를 내야 하는데, 이런 속도로는 그 시간까지 완성할 수 없을 것이라고 말했다.

루시는 "진짜 못하겠어요, 진짜로."라고 말하며 울었다. 캐롤라인은 루시를 달래려 해 보지만 자신이 어렸을 때 24시간 내내 모든 걸 해내려고, 항상 최고가 되려고 노력했던 당시의 느낌을 기억하면서 구역질이 올라오는 것을 느꼈다. 딸이 그렇게 고통스러워하는 모습을 보자 가슴 깊이 고통이 가득해졌다. 그리고 루시를 구해 주고 싶다는 강한 모성애적 욕구를 느낀다.

캐롤라인은 루시의 눈물을 닦아 주며 말했다. "있잖아, 딸. 그냥 올라가서 자는 게 어때? 응? 여기서부턴 엄마가 처리해 줄게." 루시의 눈물은 단 몇 초 만에 쏙 들어갔고, 루시는 그렇게 위층으로 올라갔다. 자신의 포스터 보드가 월요일 1교시까지 제시간에 완성될 것이라고 믿으면서 말이다. 캐롤라인은 새벽 2시까지 자지 않고 그 판지들을 자르고 풀로 붙여 딸의 과학 프로젝트 과제를 완성했다.

식탁에서 늦은 밤까지 불을 밝히고 앉아 있던 캐롤라인의 머릿속은 현재 일어난 일에 대한 생각들로 넘치고 있었다. 한편으로는 딸을 그런 고통의 순간에서 구해 줄 수 있게 되었다며 크게 안도했다. 캐롤라인이 도움을 주겠다고 다가가자 루시의 눈물이 쏙 들어가 버렸으니까. 하지만 캐롤라인은 그와 동시에 루시를 구해 주는 것이 최선의 결정이 아닐 수도 있었겠다는 생각을 떨칠 수가 없었다. 그 감정 때문에 루시가 문제들을 해결할 수 없다고, 다른 사람이 그녀를 구해 줘야 한다는 메시지를 받게 된 것은 아닌지 의심스러웠다. 딸의 고통을 줄여 주고 어려움으로부터 보호해 주고 싶었지만, 한편으로는 딸이 회복력을 키워 삶이 자신에게 내던지는 것들을 처리할 수 있다고 믿게 되기를 바랐다. 캐롤라인은 이런 생각과 감정들을 샅샅이 들여다보면서, 자신이 어렸을 때 과한 일정을 소화하며 압도되었던 경험이 딸을 순간적인 고통으로부터 구해 주고자 했던 욕망에 과연 얼마나 영향을 주었는지 궁금해졌다.

에이미의 양육 두뇌 기본 상태: 정서적 수용

에이미가 변호사이자 엄마가 되는 길은 쉽지 않았다. 에이미의 부모님은 에이미를 사랑해 주셨지만 먹고살기 위해 추가 교대 근무까지 자주 하게 되면서, 상대적으로 에이미와 같이 있어 주지는 못하셨다. 그렇게 녹초가 다 되어 집으로 돌아오신 에이미의 부모님에게는, 에이미의 요구를 들어줄 수 있는 정서적 에너지가 거의 남아 있지 않았다. 에이미는 부모님이 자신의 응석을 받아 줄 시간, 심지어는 자신을 돌봐 줄 시간조차 거의 없는 가정환경 속에서 자라며, 항상 자족적인 태도를 최우선으로 삼았다. 학교생활은 물론 사회생활도 열심히 하며, 이미 지쳐 있는 부모님께 또 다른 짐을 지워 드리지 않으려 노력했다.

에이미에게 과외를 받을 수 있는 기회는 거의 없었다. 에이미의 집에는 학교가 아닌 다른 곳에 투자할 돈과 시간이 부족했기 때문이다. 하지만 에이미는 항상 소프트볼을 좋아했다. 부모님은 그런 에이미가 학교에서 소프트볼을 할 수 있는 기회를 갖도록 애쓰셨다. 에이미는 원정팀에 속한 적도 없었고, 자신의 또래 소프트볼 선수들이 경험하는 특별 캠프나 클리닉에 가 본 적도 없었다. 그저 시즌 중에 학교팀에서만 활동했다. 시간이 갈수록 같은 팀에 속한 다른 여자아이들은 정규 시즌 이외에도 투자한 시간과 돈 덕분에 실력이 일취월장하는 것이 보이면서 에이미의 불리한 점은 더욱더 두드러졌다. 에이미는 소프트볼을 잘하고 싶다는 자신의 열정과 실제 자신의 실력 사이 격차가 점점 더 커지던 것을 아직도 기억한다. 같은 팀 친구들과 상대 팀 친구들 모두 자신보다 잘하는 것만 같다는 생각에 느껴졌던 고통스러운 자기의심과 수치심 또한 여전히 기억한다.

에이미의 아들이 축구를 한 지는 몇 년 됐다. 시간이 갈수록 아들의 축구 세계에 더 많은 기회가 펼쳐지면서, 에이미는 아들이 캠프, 클리닉, 원정팀 등 자신이 어렸을 때 하지 못했던 것들에 참여할 수 있도록 해 주었다. 아들이 고등학교 입학 전 축구팀 테스트를 볼 때는, 오히려 에이미가 숨도 제대로 못 쉴 정도였다.

아들의 실력과 자신이 눈여겨보던 다른 아이들의 실력 간 격차를 줄이려고, 아들의 축구 커리어에 시간과 에너지, 그리고 솔직히 돈도 어마어마하게 투자했다.

테스트 마지막 날, 에이미는 주차장에 차를 세우고는 불안한 마음으로 아들이 운동장에서 걸어 나와 주차장으로 오는 것을 기다렸다. 다른 선수들이 한두 명씩 손에 흰 봉투를 들고 주차장으로 나오는 것을 바라보면서 그들의 표정을 읽으려 해 보았다. 어떤 선수가 축하 소식을 들었는지, 또 어떤 선수가 마음 아픈 탈락 소식을 들었는지 궁금해하면서 말이다.

그리고 아들이 차로 걸어오는 모습을 보며 에이미의 마음은 쿵 내려앉았다. 땅만 보며 발을 질질 끌고 걸어오는 아들의 모습이, 어떤 결과를 받았는지 그대로 보여 주고 있었다. 차 뒷좌석에 탔을 때에는 어떤 말도 필요하지 않았다. 에이미는 눈물이 차올라 입술을 꼭 깨물고 있는 아들의 모습을 보았다. 안 좋은 소식을 들었을 때의 찌릿함은 에이미 모자에게는 새로운 것이자 고통스러운 것이었다. 에이미는 가슴이 미어지는 듯했고, 심장이 마구 뛰기 시작했다. 속으로 헤드코치에게 보낼 못된 이메일 내용을 써 보기 시작한다. 교장 선생님에게 전화해 학교 축구팀 속에서 벌어지고 있는 무시무시한 정치질에 대해 불만을 제기하는 상상도 해 본다. 이런 끔찍한 생각들이 자신의 머릿속에 흘러 들어오는 것을 알아챈 에이미는 깊은 한숨을 내쉰다. 그리고 자신이 사랑했던 스포츠가 10대 후반 그녀의 마음을 얼마나 아프게 했는지, 또 얼마나 외롭게 했는지를 떠올렸다. 물론 에이미는 다른 누군가의 도움이나 구원을 받을 필요 없이 그 경험을 스스로 겨우 잘 이겨 냈고, 그로부터 본인이 성장했다는 것도 기억하고 있었다. 그리고 자신이 가진 회복력을 아들도 똑같이 가질 수 있다고 믿어야 한다는 것 또한 알고 있었다.

에이미는 또 한 차례 깊게 숨을 쉬고 나서, 뒷좌석에 앉아 있는 아들을 향해 몸을 돌렸다. 그리고 사랑을 가득 담아 말한다. "아들, 넌 이겨 낼 수 있을 거야. 말하고 싶지 않으면 굳이 말하지 않아도 돼. 엄마가 네 옆에 있잖아, 알지?"

집에 가는 길 내내, 에이미는 고통스러워하는 아들을 구해 주고픈 충동을 느끼지만, 아들을 구해 줄 필요가 없다고, 아들이 이 순간의 고통을 이겨 내고 힘든 순간을 헤쳐 나갈 수 있을 것이라고 스스로에게 되새긴다. 에이미는 아들을 이런 고통의 감정으로부터 직접 구해 주려고 하기보다 그저 옆에서 묵묵히 있어 주면서 이 시간을 잘 보낼 수 있도록 도와주는 것이 자신의 역할임을 알고 있었다. 또, 아들이 에이미에게 보여 준 모습을 기억했다. 아들은 열정적이고, 운동도 잘하고, 결단력 있는 아이였다. 비록 지금은 상처를 받았지만 말이다. 그리고 그 상처는 운동선수로서 에이미 본인의 삶에서도 느껴 보았던 감정이었다. 에이미는 아들의 실망감과 자신의 정서적 고통 모두 지나갈 것이라고 믿었다. 그녀는 살면서 경험한 것들로부터 어려운 시간을 애써 이겨 내는 것이 절대 유쾌하지만은 않지만, 회복력과 내면 강화에 중요한 교훈을 준다는 것을 배웠다.

캐롤라인과 에이미 모두 각자의 자식을 도우려 노력했고, 온갖 잠재적 고통으로부터 자식을 보호하고자 하는 강한 욕망을 느꼈다. 높은 기대와 조건부 사랑으로 가득했던 캐롤라인의 인생 초기 경험은 딸을 미루고 미뤘던 학교 프로젝트 때문에 느껴지는 순간적인 고통으로부터 구하게 만들었다. 딸이 직접 그 문제에 대처하고, 그로부터 배워 성장할 수 있을 것이라고 믿는 대신에 말이다. 에이미도 마찬가지로 아들이 학교 축구팀 입단 테스트에서 떨어졌을 때 이와 비슷한 불안감을 느꼈다. 에이미 역시 아들이 겪고 있는 어려움, 그리고 그와 관계된 모든 이에 대항하고 싶은 충동을 느낀다. 하지만 이를 자신과 아들 모두의 회복력을 키울 수 있는 기회로 사용한다. 자신이 살면서 어려운 순간을 헤쳐나갔던 것처럼, 아들도 자신과 똑같이 해낼 수 있다고 믿었던 것이다. 에이미는 삶의 모든 영역에서 아들을 도우려고 진심을 다해 노력했다. 의미 있는 삶을 살려면 고난과 어려움이 꼭 필요한 것임을 이해하고 있었던 것이다.

정서적 고통 관리법 학습하기

당신은 아마 어린 시절부터 남아 있는 마음의 응어리를 극복하려고 이미 많은 시도를 해 보았을 것이다. 다른 많은 사람처럼 당신도 스스로의 정서적 고통을 극복하거나, 도전하거나, 아니면 그 주변으로 돌아가려고 해 보았을 가능성이 크다. 고통스러운 순간 중에서도 다른 순간보다는 극복하기 더 쉬운 순간들이 있다. 그러나 어떤 고통의 기억들은 노력하더라도 극복하기 어렵다는 것을 확인한 적이 분명 있을 것이다. 당신이 과거의 한계에서 벗어날 수 있을 만큼 충분히, 열심히 노력하지 않은 것은 아니다. 오히려 실제로는 할 수 있는 한 온갖 노력을 하고 있다.

이번 장의 활동을 통해, 과거로부터의 자극과 그로부터 수반되는 힘든 감정을 피하기 위해 더 이상 노력하지 않아도 될 것이다. 그렇게 되면 최선을 다해 '오늘'을 살 수 있는 시간과 에너지가 더 많아질 것이다. 에이미가 어렸을 때 겪었던 수치심과 당혹감을 마주했을 때 그것을 알아채고 헤쳐 나갈 수 있었던 것과 유사하게, 당신도 스스로의 고통을 확인하고, 감내하고, 넘어설 수 있다. 그 고난을 통해, 자신과 아이를 비롯한 주변 모든 사람, 그리고 당신이 현재의 삶에서 가치 있게 여기는 모든 것을 더욱 온전하게 대할 수 있다.

이번 장을 통해 배울 수 있는 것들은 다음과 같다.

- 과거의 아픔에 다가가고, 그로부터 배우고 극복하기
- 과거의 위협과 현재의 위협을 구별하는 능력 키우기
- 과거의 아픈 상처와 마주했을 때, 편도체에 실제 위험에 처한 것이 아니라고 신호 보내기
- 피하고 싶은 것 대신, 내가 원하는 것과 일치하는 삶의 결정 내리기
- 내가 정서적으로 진정 얼마나 강하고 단단한지를 양육 두뇌에 알려 줌으로써 향상된 회복력 경험하기

삶 속에서 벗어날 수 없는 과거의 고통

인간이라면 어느 정도의 정서적 고통을 겪을 수밖에 없다. 누구나 살면서 한 번쯤은 상실감, 실망감, 영혼을 무너뜨리는 타격을 경험한다. 3장에서 논의했듯, 인간의 두뇌는 (다른 동물들의 두뇌와는 다르게) 고급 사고 능력, 검토 능력, 평가 능력을 갖추고 있다. 전전두피질(PFC) 덕분에 아무리 고통스러운 기억일지라도 이전 삶의 경험으로부터 배운 주요 학습 내용을 기반으로 미래에 필요한 것을 계획할 수 있다. PFC의 고급 사고 스킬 덕분에, 과거에 대해 곰곰이 생각하고 난 후, 그것이 미래에 미칠 영향력을 고려할 수 있다. 창의적인 문제 해결에는 이런 이점도 있지만, 한편으로는 정서적으로 고통스러운 기억을 생각하고 검토해야 한다는 문제도 있다. 이번 장에서는 당신이 그런 과거의 아픈 상처들을 확인하고, 처리하고, 헤쳐나갈 수 있도록, 그리고 더욱 완전한 현재를 살 수 있도록 도울 것이다. 그러기 위해 과거의 상처에 대한 두뇌의 민감성과 해석의 정확도를 키우는 활동들을 해 볼 것이다. 현재의 삶을 온전하게 즐기며 살 수 있도록 말이다.

스트레스와 기억, 그리고 두뇌

스포츠팀 입단 테스트에 지원한다거나 아주 큰 스트레스를 주는 과제를 완료하는 것과 같이, 힘든 일을 경험할 때 몸 전체를 타고 흐르는 스트레스 호르몬은 어떤 사건을 처리하고 저장하는 해마의 능력을 일시적으로 중단시킬 수 있다. 그래서 불안감이 높은 사건의 경우에는 명시적 기억보다는 '암묵적 기억'으로 저장될 수 있다. 암묵적 기억은 어떤 사건의 모든 측면을 의식적으로 인식하지 않고, 그에 대한 감정과 생각, 감각으로 저장된다. '명시적 기억'은 더 자전적인 특징을 지닌다. 어떤 사건에 대해서 조각처럼 떠오르는 세세한 부분들을 종합하여 말할 수 있다(Siegel, 2020). 가령, 아이와 있는 상황에서 스트레스가 크지 않은 사건을 경험했을 때를 생각해 보라. 아이와 아침 식사를 함께한다거나, 주말 계획에 대해서 이야기할 때와 같은 상황 말이다. 그다음에는 그보다 많은 스트레스를 받았던 순간을 생각해 보라. 아픈 아이의 증상을 주치의에게 급히 연락해 말하고 응급실을 가야 할지 말지를 결정해야 했던 순간처럼 말이다. 이런 기억들의 질이 얼마나 다양한 양상으로 나타나는지 확인해 보라. 아이와 주말에 뭐 할지 이야기하는 기억은 마치 짧은 한 편의 영화처럼 음성과 영상이 가득하게 나타날지 모른다. 하지만 아이를 응급실에 데려가야 할지 말지를 결정해야 했던 기억은 더 단편적이고 균일하지 않을 수 있다. 몇 가지 대사와 이미지들만 기억날 수도 있다. 이때 당신의 호흡은 더 가빠지고, 어깨는 긴장하고, 갑작스러운 공포감이 다가오기도 한다. 즉, 몸이 그 기억에 전체적으로 더 강렬하게 반응할 수 있다는 것이다.

　암묵적 기억이 침범하면, 현재 놓인 상황에 놀라울 정도로 과한 반응을 보이게 되기도 한다. 이성적으로는 과잉 반응임을 알고 있다고 하더라도, 온갖 크고 불편한 감정들을 느끼는 것이다. 예를 들어 보자. 캐롤라인의 전전두피질(PFC)은 그녀의 딸이 과제를 미루고 미뤄 지각 제출을 하게 된다고 해서 세상이 무너지지 않는다는 것을 알면서도, 편도체는 마치 그녀의 아이를 더 중대한 위험에서 구해 줘야 하는 것처럼 반응한다. PFC가 진실이라고 생각하는 것과 편도체가 진실이라고 느끼는 것이 일치하지 않는다면, 당신은 아직 완전히 처리되지 않은 힘든 순간에 대해 '암묵적 기억'을 불러일으켰을 가능성이 높다. 그러면 편도체는 당신이 여전히 활발한 위협을 경험하고 있다고 믿는다. PFC가 '너 과잉 반응하고 있어!'라고 편도체에 알려 주려 해도, 항상 편도체가 이길 것이다. 생존이 걸린 문제의 경우, 행동 지향적인 편도체가 명령하듯 이야기하는 태도의 PFC보다 항상 강력할 수밖에 없다. 사실 타당한 것이다. 생존 평가가 잘못되지만 않았다면 말이다.

당신이나 당신의 아이들이 불이 난 건물 안에 있다고 가정해 보라. 이런 경우 PFC가 우세하여 여러 안전 경로에 대한 찬반 의견을 하나하나 지적해 주기를 바라는가, 아니면 당신이 아이를 데리고 가능한 한 빠르게 달아날 수 있도록 편도체가 강력하게 작동하기를 바라는가? 이런 경우 중요한 것은 그 상황이 '얼마나 위험한가'이다. 모든 삶의 순간에서 우리의 생존은 위태롭다. 다음에 어떤 게 올지 장담할 수 없고, 그렇기에 삶의 매 순간에 존재하는 낮은 수준의 위협을 감내하는 법을 배워야 한다. 계속해서 편도체가 활성화되어, 당신과 당신이 사랑하는 사람들이 마주할 수 있는 잠재적 위협을 모두 지적하는 삶을 산다고 상상해 보라. 과연 그게 괜찮을까? 가족이 마주하게 될 모든 위험에 항상 초경계 태세를 유지하고 있다면 아이가 웃는 소리를 듣거나, 아이와 소파에 함께 파묻혀 가장 좋아하는 TV 쇼를 볼 수 있는 여유도 느낄 수 없을 것이다.

현재를 침범하는 과거

스트레스가 높았던 순간의 암묵적 기억들은 가끔씩 나타날 수밖에 없다. 물론 평생 갈 수도 있다. 딸과 딸의 친구를 학교에서 데리고 돌아오는 차 안이라고 상상해 보라. 아이가 학생회에 들까 생각 중이라고 이야기를 했더니, 딸의 친구가 학생회가 얼마나 '멋없는' 일인지를 지적한다. 그러자 딸이 "농담한 거야! 진짜로 들지는 않을 거야. 말이 그렇다는 거지."라고 반박한다. 당신은 가슴 속에 돌이 내려앉는 느낌과 함께 서글퍼지기 시작한다. 게시판 앞에 서서 어떤 활동에 등록할까 고민해 보지만, 친구들과의 관계에 미칠 영향을 고려하여 원하는 걸 포기하고 다른 사람들을 기쁘게 하려던 어린 시절 자신의 모습이 떠올랐기 때문이다. 아마 당신은 집에 돌아가서, 딸에게 다른 사람들이 어떻게 생각할까 두려워하면 신나고 흥미로운 활동을 놓치게 될 수 있다고 이야기할 것이다. 그다음 딸이 어떤 결정을 내리든 존중할 것이고, 내 말을 들어주어서 고맙다고 이야기할 것이다.

이 상황에서 당신은 자신이 겪었던 고통의 순간으로부터 현재와 미래의 삶을 더욱 효과적으로 관리할 수 있는 방법을 배운 것이다. 하지만 암묵적 기억이 침범하는 것은 도움이 되지 않고 오히려 힘든 일이 될 수도 있다. 캐롤라인이 자신의 고통스러운 기억들로 인해 성장 기회가 될 수 있는 것으로부터 딸을 차단하게 되었을 때처럼.

이번 장에서는 전전두피질(PFC)이 충분히 이해하지 못한 과거의 고통에 의식적으로 집중할 수 있도록 도울 것이다. 개방적이고 위축되지 않는 PFC의 시선을 통해 흐릿하고 명료하지 않은 암묵적 기억의 내부 메시지가 아니라, 명시적 기억의 형태를 갖춘 사용 친화적 정보로 바꿀 수 있다. PFC가 그 고통들을 관찰하고 그것들과 연결되게 함으로써, 이런 어려운 순간들이 과거의 일일 뿐이고, 지금의 위협과는 더 이상 관련이 없다는 사실을 편도체에게 알려 줄 수 있다. 그렇게 되면 편도체는 당신, 그리고 당신이 사랑하는 사람들이 안전하고 무사한 상태임을 바로 이해할 수 있게 되고, 그래서 에너지를 비축해 실제 위험을 위해 쓸 수 있게 될 것이다.

그러면 편도체는 당신이 과거의 위협과 연관된 상황에 마주하게 될 때마다 경보를 울릴 필요가 없어진다. 투쟁-도피-경직 스트레스 호르몬과 감정들로 더 이상 약해지지 않으면, 그러한 문제들을 더 잘 관리할 수 있게 될 것이다. 당신의 두뇌는 해결되지 않은 정서적 반응에 휘말리는 대신, 당신이 그와 관련된 교훈을 사용해 현재와 미래의 문제들을 헤쳐 나가도록 도와줄 수 있다. 과거의 고통스러운 순간들로부터 지혜와 지침을 얻을 수 있는 것이다.

고통을 감내하는 것이 아이와 부모에게 미치는 영향

어려운 기억을 처리하고 고통스러운 감정을 느끼는 것은 쉬운 일이 아니다. 몇 년 동안이나 과거의 고통스러운 일들로부터 피해 있었다면, 그 일들을 헤쳐 나가려고 시간과 에너지를 들이는 것에 대해 상상하는 것조차 힘들지 모른다. 본인이 그런지 확인하고, 만약 그렇다면 왜 그런지 그 이유를 생각해 보라. 왜 당신은 이 책을 선택해서 마음을 더욱 챙기고 현재에 기반을 둔 부모가 되려고 했는가? 우리가 함께한 많은 부모는 그 '이유'에 스스로와 스스로의 행복을 포함시켰다. 반면, 아이와 가족들을 이유로 드는 부모들도 있었다. 과거의 고통스러운 것들을 처리하기 위해 노력하는 것은 당신뿐 아니라, 아이를 비롯한 나머지 가족들에게도 도움이 될 것이다.

과거의 고통을 다루고, 처리하고, 지나감으로써, 스스로 현실에 더 기반을 두고 정서적으로 조절된 삶을 살 수 있다. 한때 자극을 했던 무엇인가가 더 이상 이전과 같은 정서적 반응을 이끌어 내지 않는다면, 한때 불안감을 최고에 달하게 했던 상황에서 차분하고 이성적으로 행동할 수 있다. 그리고 (스트레스 가득한 상황이나 불안감을 유발하는 상황에 직면했을 때조차) 차분하고 이성적으로 행동하는 부모의 모습을 아이가 보게 된다면, 그 아이도 차분하고 이성적으로 행동할 가능성이 더욱 높아진다. 당신이 차분하고 현실에 기반을 둔 반응을 하면, 아이의 상황 처리 능력에 대한 당신의 확신, 그리고 스스로와 아이, 그리고 가족들의 회복력에 대한 당신의 믿음을 키울 수 있다. 이로써 당신을 비롯한 가족들 모두 그러한 상황을 두려워하여 회피하기보다는 용기와 회복력으로 대처할 수 있게 될 것이다.

당신의 고통 감내 능력은 시간이 흐를수록 아이가 스스로의 능력에 대해 가지고 있는 믿음을 더욱 굳건하게 만들어 줄 것이다. 힘들거나 고통스러운 상황에서도 자신에게는 충분한 회복력이 있다고 믿으며 그 순간을 헤쳐 나가, 어떤 감정이 나타나더라도 감내할 수 있게 된다는 뜻이다.

바로 지금, 잠시 눈을 감아 보라. 그다음 차분하고, 자신감 있고, 유능함을 느끼고 있는 (당신 자신을 포함한) 가족 구성원 각각의 모습을 머릿속으로 그려 보라. 그리고 당신이 아이를 믿는 것만큼 강하고 회복력을 갖춘 당신의 아이가 (어려운 상황에서도) 스스로를 믿는 것을 보게 된다면 어떨까? 이번 장을 읽으며, 이런 상상들을 당신이 전진할 수 있게 하는 원동력으로 삼아 보라.

불편함을 회피하려는 것은 타고난 특성

지금까지 이 모든 것이 그저 단순하게 들렸을지 모른다. 당신이 해야 할 일은 과거의 고통스러운 순간들과 접촉하여, 편도체가 과거의 위협을 현재의 위협으로 착각하여 잘못된 신호를 보내는 것을 더 이상 하지 못하도록 막는 것이다. 그런데 우리는 왜 아직도 이걸 해내지 못했을까? 그렇게나 떠올리고 싶지 않은 고통스러운 기억들이 왜 아직도 떠오르는 걸까? 사실 스스로를 과거의 고통스러운 기억들에 노출시킬 기회를 적극적으로 찾아 나선다는 것 자체를 직관적으로 이해하기는 힘들다. 신체적으로든 정서적으로든 고통과 접하는 걸 회피하는 것은 자연스러운 일이다. 두뇌는 타고나기를 당신이 기분 좋고 안전하게 만드는 상황을 찾는 것에 보상을 주게 되어 있다. 즉, 불편하고 잠재적으로 위험할 수 있는 상황을 피한다는 말이다.

'도파민'이라고 알려진 두뇌 속 신경전달물질은 당신이 편안하고, 안전하고, 만족스러운 것을 찾도록 하는 한편, 불편하고, 위험하고, 불만족스러운 것은 피하도록 자극하는 역할을 한다. 두뇌는 항상 경험하고, 학습하고, 이후에 보람 있거나 불편하다고 느껴지는 것을 구별한 후, 고통보다는 즐거움을 향해 나아갈 수 있도록 해 주는 것을 당신에게 상기시킨다. 불편한 상황에 마주하여 한 발자국 뒤로 물러날 때, 도파민은 당신의 두뇌를 기분 좋게 해 주는 화학물질로 가득 차게 만듦으로써 보상을 해 준다.

이 모든 게 상대적으로 타당하고 효과적으로 들릴 수도 있다. 그렇다면 여기에 안 좋은 점도 있지 않을까? 당연히 없을 리가 없다. 두뇌가 도파민으로 가득 차게 되면, PFC의 논리적 사고가 훨씬 힘들어진다. 즉, 도파민 유도 상태에서는 잘못된 경고의 상황을 진짜 위험한 상황이라고 알려 줄 가능성이 높아진다는 것이다. 그리고 두뇌가 판단하기에 위험한 상황이 많아질수록, 두뇌는 당신을 취약하다고 볼 가능성이 높아진다. 두뇌가 당신이 위태로운 상황이라고 생각하는 순간이 많아질수록 위험 경보는 더욱 자주, 강렬하게 울리게 될 것이고, 그에 따라 당신이 경험하게 될 스트레스와 불안도 더욱더 커질 것이다. 불행하게도, 이러한 과정은 당신과 당신을 둘러싼 세상에 대한 부정적인 믿음을 심어 준다. 도파민을 기반으로 한 회피를 충분히 겪은 이후에는, '당신은 어려운 상황, 피할 수 없는 고통에 대처할 수 없다.'는 잘못된 메시지를 믿게 될 것이다.

저항할수록 계속된다

축축하고 어두운 지하실에 오래된 앨범을 보관하고 있다고 상상해 보라. 이제, 그 앨범에 삶의 가장 즐거운 순간들을 담고 있는 사진과 수집품이 아닌, 가장 고통스러운 기억들을 떠올리는 것들로 가득 차 있다고 상상해 보라. 그렇다면 당신은 매일 그 지하실 문 옆을 지나며 '저기 내려가는 건 너무나 두렵고 끔찍해. 내려가서 저 고통스러운 기억들로 가득한 사진 앨범을 보게 된다면 회복하기 어려울 거야.'라고 생각할 것이다. 이번에는 그 지하실 문이 주방 바로 옆에 있다고 상상해 보라. 그럼 주방을 들어갔다 나올 때마다, 무엇을 하든지 그 지하실에는 내려가서는 안 된다는 생각이 자꾸 들 것이다.

만약 이 주방과 지하실, 앨범이 진짜 모두 당신의 것이라면, 그 앨범에 담겨 있는 과거 어려운 순간들을 떠올리는 것을 피할 수 있을까? 그냥 그 지하실로 걸어 내려가서 앨범들을 옮기면, 과거로부터 더 이상 괴롭힘당하지 않을 수 있지 않을까? 참 쉬운 해결책이다. 이번 장에서 당신이 할 일은 정확히 이것이다. 이번 양육 두뇌 재배선 활동에서는 우선 당신의 두뇌 지하실로 내려가 볼 것이다. 그다음 때때로 침범하는 과거의 아픔들에 대한 당신의 생각과 감정, 기억들과 접촉한 후, 회피를 위한 정서적 에너지가 그렇게 많이 필요하지 않은, '새로운 저장 공간'을 찾을 것이다.

양육 두뇌 재배선 활동:
과거의 아픔으로부터 받는 영향이 어느 정도인지 평가하기

다음은 사람들이 과거의 고통이 현재에 영향을 미칠 때 흔히 느끼는 감정들이다. 다음을 검토하고, 자신의 감정과 일치하는 항목이 있다면 〈훈련 일지〉에 작성해 보자.

- 과거의 고통스러운 경험들은 내가 삶을 온전하게 살기 힘들게 한다.

- 과거의 고통스러운 순간과 관련하여 화가 나는 생각이나 이미지들이 내 머릿속에 느닷없이 나타나 나를 현재와 괴리시킨다.

- 나는 때때로 과거의 어려운 순간들에 관해 안 좋은 꿈이나 악몽을 꾼다.

- 가끔 나는 고통스러운 순간에 다시 살고 있고, 여전히 거기에서 벗어나지 못하고 있는 듯하다.

- 나는 어떤 어려운 순간들이 자꾸 생각날 때면 급 화가 나거나 불안해지곤 한다.

- 이렇게 떠오르는 것들 때문에 심장 박동이 빨라지거나, 땀을 흘리거나, 몸이 긴장되는 것과 같은 신체적 반응을 겪고는 한다.

- 나는 어려운 기억들에 대해 생각하지 않으려 하고, 그로부터 오는 정서적 불편을 피하려고 노력한다.

- 가끔 나는 고통스러운 기억을 떠올리게 하는 활동이나 사람들, 공간을 피한다.

이 항목 중 어떤 것에든 '그렇다'고 답한 게 있다면, 그 어려운 기억들은 당신이 현재와 미래의 삶을 온전하게 살지 못하게 하는 원인이 될 수 있다.

적당한 수준의 도움 받기

인간인 우리는 고난을 경험할 수밖에 없다. 간혹 우리는 (우리가 이렇게 말해도 좋다면) 바로 당신이 읽고 있는 이 책처럼 하나의 책을 가이드이자 동료로 삼아, 스스로 과거의 정서적 고통 구역을 헤쳐 나가기도 한다. 옆에서 지켜보는 사람들로부터 약간의 도움이 필요할 때도 있다. 과거의 고통스러운 기억이 현재의 삶에 자주 침범하여 감정적 고통을 일으키고, 삶에서 주요한 것들에 대한 성과에 부정적인 영향을 준다면, 테라피스트를 만나 과거의 고통을 치료함으로써 도움을 얻을 수도 있다. 도움을 구하는 것은 당신이 나약하다거나 실패했다는 것을 의미하지 않는다. 오히려 그것과는 거리가 멀다! 우리 모두가 살다가 어느 순간에 이런 치료의 도움을 받을 수 있다. 정신건강 문제의 정도가 중간에서 더 심해져 심각에 도달한 경우, 훈련받은 전문가의 지도와 함께라면 회복 속도가 더욱 빨라짐은 물론, 곧 고통도 넘어서게 될 것이다.

과거 넘어서기

과거의 고통에 대해 이야기하거나 생각만 해서는 그 정서적 무게를 가볍게 할 수 없다. 이건 살을 빼고 싶지만 체육관에 간다고 말만, 생각만 하고 실제로는 가지 않는 것과 비슷하다. 여기에는 전전두피질(PFC)

을 기반으로 하여 '행동'하는 것이 필요하다. 의도적으로 그 어려운 순간들과 관련된 생각과 감정, 감각에 접촉함으로써, 두뇌에 당신이 안전하고 무사하다는 것을 알릴 수 있다. 이런 불편한 생각과 감정들이 생기려 하면, 더 이상 위협적인 순간을 겪지 않을 수 있다는 것이다.

과거의 고통과 관련된 암묵적 기억이 계속해서 침범할 때, 두뇌는 당신이 여전히 위험에 처해 있다고 믿는다. 그래서 두뇌는 당신이 경계 태세를 늦추면 안 되고, 그와 관련된 위협에 주의를 기울여야 한다고 추정한다. 이 장 전반에 걸친 활동을 통해 과거의 고난들이 힘들고 고통스러운 것이었지만 결국에는 당신이 그들로부터 살아남았고, 초경계 태세에서 물러날 수 있음을 알게 될 것이다. 이러한 고통스러운 기억들에 의식적으로 집중하면, 당신의 해마가 이 정보를 해독하여 적응적이고 더욱 정확한 명시적 기억을 만들 수 있도록 유도할 것이다. 그렇게 당신은 초기 삶에 겪었던 고통과 괴로움에 관해 새롭고 힘 있는 관점을 얻을 수 있다. 이 힘든 작업을 통해, 당신의 두뇌는 집중이 필요한 현재의 위협과, 그저 과거의 경험과 관련되어 오래도록 남아 있을 뿐인 것들을 더 잘 구별할 수 있게 될 것이다.

관찰력 키우기

암묵적 기억이 현재를 침범할 때를 알아채는 능력을 키우는 것이 중요하다. 과거의 고통에 의도적으로 주의를 기울이거나 그것을 '추적'함으로써, 당신은 이 정서적 고통의 포로에서, 정서적 고통의 사건을 해결하는 형사로 바뀔 수 있다. 그리고 다음의 양육 두뇌 재배선 활동을 통해, 현재를 침범하는 과거의 고통스러운 것들에 대해 더욱 기민한 관찰자가 될 수 있다.

양육 두뇌 재배선 활동: 나의 경향과 패턴 알아보기

1. 앞으로 며칠 동안, 〈훈련 일지〉에 당신의 현재를 침범하는 불편한 생각 이나 감정, 감각들을 추적하여 기록해 보라. 이 활동을 잘 활용하려면, 당신에게 가장 큰 고통을 유발하는 불편한 내적 경험에 초점을 맞추는 것이 가장 좋다. (0점에서 10점의 단위를 기반으로) 5점 이상의 고통을 유발하는 것으로 관찰되는 것들에 대해서만 자유롭게 기록하라. 다음의 추적 데이터도 포함하여 작성해 보자.

- 일자/시간:
- 상황:
- 생각(들):
- 감정(들):
- 감각(들):
- 정서적 고통 수준: ＿＿ /10
- 보통 사람의 정서적 고통 추정치: ＿＿ /10

2. 〈훈련 일지〉에 기록한 고통들에 대해. 보통의 사람들은 이 동일한 시나리오를 경험하는 경우 0~10점 사이에서 어느 정도의 정서적 고통을 겪을 것으로 예상하는가?

3. 만약 당신이 경험하고 있는 정서적 고통과 보통 사람들의 경험 사이에 차이가 있다면, 그것은 아마 '과거의 고통이 침범해서'일 것이다.

자주 경험하는 과거에 대한 생각과 감정, 감각에 대해 인식함으로써, 가장 처리가 시급한 암묵적 기억을 정확히 찾아낼 수 있다. 다음은 캐롤라인이 기록한 내용이다.

- 일자/시간: 7월 19일 오후 2시
- 상황: 상사와의 중요한 업무 회의 중
- 생각(들): 상사는 내가 준비가 안 되어 있고 내가 무슨 말을 하는지 모른다고 생각한다.
- 감정(들): 겁이 남, 불안함, 조마조마함
- 감각(들): 머릿속에는 긴장이 느껴졌고, 숨을 깊게 쉬기 어려웠으며, 손은 차갑고 저렸다.
- 정서적 고통 수준: 7/10
- 보통 사람의 정서적 고통 추정치: 4/10

- 일자/시간: 7월 21일 오후 4시
- 상황: 튜터링 수업에 딸을 데려다주던 중
- 생각(들): 딸이 공부를 전혀 하지 않고 아무런 준비도 되지 않은 채로 수업에 임해서, 튜터링 선생님께서 내 딸이 프로그램에 충분히 열심히 임하고 있지 않다고 말할 것 같다.
- 감정(들): 걱정스러움, 당황스러움, 스트레스받음

- 감각(들): 혼란스럽고 머릿속에 긴장이 느껴졌다.
- 정서적 고통 수준: 6/10
- 보통 사람의 정서적 고통 추정치: 2/10

깊은 생각이 필요한 질문
- 당신의 정서적 고통들 사이에는 공통된 주제가 있는가?
- 당신의 생각과 감정, 감각 사이에 연관성이 있는가?
- 그 고통이 하루 중 어떤 특정한 시간이나 상황에 유발되는가?
- 계속해서 나타나는 기억이 있는가?

노출 및 반응 방지법

이제 편도체에 과거 고통과 관련된 생각과 감정, 감각이 불편하기는 하지만 '위험하지 않은 것'이라고 알려 주어야 할 시간이다. 여기서는 '노출 및 반응 방지법(Exposure and Response Prevention, ERP)'이라는 강력한 인지행동치료(CBT) 기법을 사용할 것이다. ERP에서는 두려운 생각과 감정, 감각, 외부 자극을 점진적으로 마주하는 동시에, 회피 또는 안전 행위에서 벗어난다. ERP의 목표는 두려움의 대상인 자극에 접촉하여 의도적으로 불안감과 불편함을 유발하고, 경험을 통해 두뇌에게 그와 연관된 불편함을 받아들일 수 있다고 알려 주는 것이다. 당신의 양육 두뇌는 이런 생각과 감정, 감각이 불편하지만 위험하지는 않은 것이고, 어떤

수를 써서라도 피해야 하는 것이 아니라는 것 또한 학습하게 될 것이다.

이 기법으로 인해 두려움을 느끼게 될 수도 있다. 의도적으로 정서적 불편함을 유발하는 활동에 참여해야 한다는데 주저하지 않을 사람이 있겠는가? 당신이 현재를 침범하는 과거의 고통으로 인해 이미 불편함과 괴로움을 느낄 수 있다는 것을 안다. 그리고 당신이 거부하면 할수록, 그 고통은 더욱더 침범하려 들 것이다. 하지만 ERP를 통해 이런 불편한 생각과 감정, 감각이 언제, 어떻게 나타날지 스스로 결정할 수 있다. ERP에 관한 수년간의 연구 끝에, ERP가 현재에 침범하는 내적 경험과 연관된 정서적 고통 감소에 매우 효과가 높다는 사실이 증명되기도 했다(Fabricant et al., 2013).

회복력 좋은 두뇌 만들기

'정서적 고통에 대한 정서적 고통'의 순환을 끊으려면, 불편한 생각이나 감정을 가지는 것에 대해 위험하거나 비극적인 것은 없다고 두뇌에 알려 줘야만 한다. 정서적 회피를 비롯한 기타 통제 전략에서 벗어나면, 스스로에게 고통스러운 생각과 감정을 직접 경험하게 할 수 있다. 이를 통해 당신의 두뇌에게 생각과 감정, 기억으로 남아 있는 것은 위험하지 않다는 것을 알려 줄 수 있다. 그리고 두뇌 재배선을 통해 과거의 정서적 불안을 관찰하고 경험하여 곧 극복하는 방법을 학습할 수 있을 것이다.

정서적 불안을 피하지 않고 감내하는 법을 배움으로써, 스스로와의 결실 없는 싸움에 소모할 에너지 낭비를 줄이고, 오히려 회복력이 더 좋은 두뇌를 갖게 된다. 연습을 통해 더욱 풍성하고, 만족스러운 삶에 가까이 다가갈 수 있는 것이다. 살면서 울퉁불퉁한 길을 피해야 할 필요가 없어지게 되니 말이다. 예상치 못한 움푹 패인 구멍, 계속해서 변하는 기상 환경 탐색을 도와줄 수 있는 새로운 차에 탑승했으니, 이제 안전벨트부터 꼭 매기 바란다. 그리고 앞으로는 당신만의 방식대로 의미와 모험, 삶을 찾아 나가길 바란다.

내가 처리할 수 있는 게 무엇인지 알기

초기 삶의 유전적 구성과 학습 경험은 당신이 불편함이나 새로운 상황에 어떻게 반응할지에 영향을 준다. 만약 나이에 맞게 따라오는 문제들을 스스로 헤쳐 나갈 수 있도록 다정한 도움과 격려를 제공하는 환경에서 자란 사람이라면, 이미 두뇌에게 불편한 것을 처리하는 방법에 대해 알려 주는 힘든 작업을 하고 있을 수도 있다. 하지만 그와는 반대로, 만약 두뇌가 어렵다고 느끼는 상황에서 자주 '구조되는' 환경에서 자랐거나, 당신이 겪고 있는 불편함을 인정해 주지 않고 그런 상황에 너무 극단적으로 몰려 '극복할 수 없는' 환경에서 자란 사람에게는 본인의 회복 역량을 효과적으로 키울 기회가 더 적었을 것이다.

시작점이 어디였건 간에, 이제 두뇌에게 '두뇌 너는 강하고 유능해!'라는 것을 알려 주어야 할 때이다. 회복력을 키우기 위한 두뇌 재배선의 첫 단계는 두뇌와 스스로에게 매일 이미 얼마나 큰 불편함을 겪고 있는지를 알려 주는 것이다. 정서적 고통이 참을 수 없는 것이고, 어떤 수를 써서라도 피해야 하는 것이라고 나쁘게만 생각하는 것은 흔한 일이다. 하지만 정서적 고통도 물리적 고통과 같이, 주목할 만한 일이 발생했고 당신이 그 일을 주의를 기울여 처리해야 한다는 신호를 주려는 좋은 의도를 가지고 있다. 이러한 관점에서 당신이 그동안 처리할 수 있었던 불편함이 얼마나 되는지, 그리고 이것이 삶에서 결코 이상적이지 않은 순간들에 대처할 수 있는 당신의 능력에 대해 무엇을 알려 주는지 생각해 보라.

양육 두뇌 재배선 활동: 나는 불편함에 대처할 수 있다!

이 재배선 활동에 집중할 수 있도록 조용한 공간을 찾아보라. 이제, 당신이 자주 경험하는 모든 불안한 감정에 대해 생각해 보라. 지난 몇 달간, 다음 중 한 가지라도 경험해 본 적이 있는가?

- 너무 덥거나 너무 추운 것
- 종이에 손 등을 베이는 것
- 두통이나 편두통
- 무엇인가에 발가락이 부딪쳐 다치는 것
- 어딘가에 머리를 부딪치는 것
- 감기나 독감
- 뼈가 부러지거나 삐는 것
- 식중독

- 총상
- 치과 진료
- 열심히 운동하는 중 또는 운동한 후에 가벼운 통증을 느끼는 것

당신은 이러한 감정의 불편함을 감내하고, 삶을 계속해서 살아 나갈 수 있을 만큼 충분히 강인한가?
다음번에 발가락을 어딘가에 찧이는 등 또 다른 신체적 불편함을 경험하게 되었을 때, 당신의 몸을 쭉 살피며 이런 힘든 감정들을 가지는 것이 어떤 느낌인지에 대해 진지하게 생각해 보라. 그리고 그 다음번에는 '감정적 고통'을 느낄 때 이와 똑같은 작업을 해 보라. 그 감정이 신체적 불편함을 겪었을 때와 동일한가, 아니면 다른가? 주요 학습 내용에 대해 곰곰이 생각한 후, 〈훈련 일지〉에 작성해 보자.

정서적 고통이 또 다른 불편함의 유형이며 매일 대처해야 할 수도 있는 것이라고 인식하는 법을 배운다면, '정서적 회복력'을 기르는 것부터 시작해야 할 것이다. 정서적 불편함을 두려워하지 말라고, 아니면 너무나 강력해서 도전할 수 없는 것처럼 대하지 말라고 두뇌에게 가르쳐 주라. 그러면 두뇌는 재배선을 시작하여 정서적 불편함을 당신에게 무언가를 가르쳐 주는 또 다른 형태의 입력 데이터로 간주하고, 당신이 더 효과적으로 전진할 수 있도록 도와줄 것이다.

정서적 고통에 대한 정확하지 않은 믿음

정서적 고통보다 신체적 고통에 대한 대처 능력이 더 잘 갖춰져 있다고 느끼는 일은 흔하다. 우리 내담자들도 종종 두려움이나 슬픔, 수치심과 같은 고통스러운 감정을 계속해서 견뎌 내는 것보다는 차라리 신체적 고통을 겪는 게 더 낫다고 말하기도 한다. 최근 한 내담자는 "다리가 부러졌거나, 어떤 심장 문제를 겪어야 하는 상황이라면요. 그 어떤 것이든 이런 두려움과 곧 닥칠 것만 같은 비운을 느끼는 것보다는 나을 거예요."라고 말하기도 했다.

신체적 불편함보다 정서적 불편함이 더 두려워서 피하고 있다면, 정서적 고통의 경험에 관해 쓸데없고 정확하지 않은 믿음을 갖고 있을 가능성이 높다. 종종 이런 생각들은 당신의 정서적 고통 회복력에 대해 '최악'을 가정한다. 그래서 삶이 주는 모든 것을 감내하겠다는 당신의 동기 부여와 자신감을 약화시킨다. 결국 그 고통에서 벗어날 수 없게 되어, 삶을 더 살 만한 가치가 있는 것으로 만들어 줄 중요한 것들에서 멀어지는 듯한 느낌을 받는다. 이로 인해 당신은 아이를 비롯한 다른 가족들과의 귀중한 순간들을 놓치게 될 수도 있다. 예를 들어, 너무나 불안해서 이제 갓 태어난 아기와 놀이 수업에 참여하지 못하는 초보 부모는 아이와 유대감을 쌓을 수 있는 기회는 물론, 다른 부모들과 친밀해질 수 있는 기회도 놓친다. 저녁 식사에서 스트레스에 압도된 부모라면, '혼자만의 생각에 빠져 있어' 온전히 현재에 집중하여 아이나 배우자와 함께 웃고 친밀하게 식사를 할 수가 없다.

아마도 정서적 고통에 대한 믿음은 당신이 현재를 온전하게 살아낼 수 없게 하거나, 어떤 상황에 대처할 수 있는 당신의 능력에 의문을 제기하게끔 할 것이다. 다음 목록을 읽어 보고, '정서적 고통'에 대한 다음의 흔한(하지만 정확하지 않은) 믿음 중 본인이 하나라도 가지고 있는지(혹은 과거에 가졌었는지) 생각해 보라.

- 나는 과거로부터 여전히 고통을 느낀다. 하지만 내가 여기서 더 대처할 수 있는 방법이 있을까?
- 시간이 많이 지났으니, 그 고통을 간신히 지나갈 수 있었을 뿐이다.
- 내 스스로가 정서적 고통을 진실하게 느끼도록 하면, 나는 완전히 통제력을 상실할 것이다.
- 정서적 고통을 느끼도록 스스로를 내버려 둔다면, 난 제대로 기능하거나 대처할 수 없을 것이다.
- 나는 여기서 살아남지 못할 것이다.
- 나는 여기에 대처할 수 없다.
- 그 고통은 참을 수 없는 고통이다.
- 나는 절대 나아질 수 없을 것이다.
- 그 불편함은 절대 끝나지 않을 것이다.
- 다른 사람들은 내가 감정에 너무나 취약한 사람이라고 판단할 것이다.
- 나는 이렇게 기분이 좋지 않으면 다른 사람들 주변에 있을 수가 없다.

이러한 믿음을 가지고 있을 때 문제는, 불편할 수 있는 감정을 가져올 지도 모르는 상황에 대한 편도체의 두려움 반응을 높인다는 것이다. 이미 알다시피, 어떤 상황이 위험하다고 인식하면 두뇌에는 불안감이 생긴다. 그래서 우리가 그 상황뿐 아니라, '그 상황에 대한 우리의 정서적 반응'도 위험하다고 인식하는 경우('아, 안 돼. 나는 학부모 회의가 너무 싫은데. 거기 참석하면 너무 불안하고, 그런 불안감을 느끼면 어떻게 해야 할지를 모르겠어. 그걸 어떻게 참아!'), 편도체의 두려움 반응은 높아지고, 우리의 전반적인 고통도 늘어난다. 전전두피질(PFC)이 당신의 정서적 고통 처리 능력에 대해 편도체에 진실이 아닌 메시지를 보낸다면, 편도체는 당신이 틀림없이 위험에 처했다고 추정하여 두려움으로 반응한다. 결국 당신은 속으로 '나는 이 감정에 대처할 수 없어!'와 유사한 대사를 내지르는 것 말고는 할 수 있는 게 없을 것이다. 분명 정말, 정말 안 좋은 일이다.

양육 두뇌 재배선 활동:
정서적 불편함에 대한 잘못된 믿음에 도전하기

이제 삶에서 얼마나 고통스러운 순간이든, 정서적 고통을 경험하는 것이 실로 얼마나 안 좋은 것인지 각자 현실적으로 평가해 보아야 할 시간이다. 전전두피질(PFC)의 힘을 이용하여 불편한 생각과 감정을 기쁘지는 않지만 '대처할 수 있는 것'으로 보는 시각으로 전환함으로써, 걸핏하면 공격하려 하는 편도체를 안정시킬 수 있다. 아마도 PFC는 편도체에게, '넌 이 고통스러운 감정의 순간에 대처할 수 없어. 이런 순간들이 얼마나 힘들었는지 이와 비슷한 때를 모두 기억해 봐.'라고 말하는 대신에, '이건 힘든 일이야. 그리고 넌 네가 전에도 그랬던 것처럼 이것도 이겨 내게 될 거야.'라고 말할 것이다.

향후 '정서적 불안'을 경험할 때 당신의 두뇌가 주는 생각들을 인식해 본다. 다음 날 활동에 쓸 수 있도록 〈훈련 일지〉에 기록해 보자.

1. 당신에게 고통을 주는 상황에 대해 설명하라.

2. 그에 대해 곰곰이 생각해 본 다음, 정서적 불편함에 관해 당신이 가지고 있는 부정확한 믿음과 관련된 모든 생각을 작성한다.

3. 전반적인 고통의 수준을 0~10점 기준으로 평가해 본다.

4. 당신의 부정확한 믿음에 도전하는 현실적이고 균형 잡힌 생각에 대해 작성해 본다.

5. 이제 다시 한번 고통의 수준을 0~10점 기준으로 평가해 본다.

다음은 캐롤라인의 예시이다.

1. 상황: 나는 아이의 학교에서 진행하는 학부모 모임에 대해 생각 중이었다.

2. 정서적 불편함에 관한 부정적인 믿음: 정말 어색한 자리가 될 것이다. 다른 부모들에게 할 말도 없을 것이고, 결국에는 당혹스러움에 그곳에 갇혀 있는 듯한 느낌을 받을 것이다. 끔찍하다.

3. 고통의 수준(0~10점): 9/10

4. 이에 대항하는 현실적이고 균형 잡힌 생각: 이런 학교 행사에 가야 할 때마다 매번 두렵고, 다른 부모들과 어색하게 있는 스스로의 모습을 상상한다. 참을 수 없을 것이라고 생각하기는 하지만, 결국에는 매번 꽤 괜찮은 결과를 마주하게 된다. 그리 유쾌하지는 않지만, 내가 대처할 수 없는 정도는 절대 아니다.

5. 다시 생각해 본 고통의 수준(0~10점): 5/10

일주일 후, 이 활동으로 다시 돌아와서 깊게 생각해 보라.

- 정서적 불편함에 대한 부정적인 믿음을 인정했을 때 어떤 느낌이었는가?

- 정서적 고통을 감내하고 살아남을 수 있는 본인의 능력에 대해 스스로 더욱 균형 잡히고 현실적인 평가를 한 후에는 어떤 느낌이었는가?
- 전전두피질(PFC)이 당신 앞에 놓인 문제들에서 살아남을 수 있는 능력에 대해 덜 비관적인 예측을 제공하기 시작하고 나서는 편도체가 안정되었는가?

단기적인 고통, 장기적인 이득

인지행동치료(CBT)를 하는 의료진으로서, 우리는 어마어마한 장기적 혜택을 위해 약간의 단기적 고통('불편함'에 더욱 가깝지만 그건 '혜택'과 리듬을 맞출 수 있는 두 글자가 아니니까 여기서는 '고통'이라고 하겠다.)을 참아 내는 것을 신봉하는 사람들이다. 이건 노출 및 반응 방지법(ERP)이라는 강력한 도구를 통해 과거의 아픔으로부터 자유로워지는 형태로 평생의 혜택을 얻을 수 있게 된다는 것이다.

한번 가정해 보자. 더 나은 몸매를 얻기 위해 규칙적으로 수영을 시작해 보려고 하는데, 수영장 아래로 몸을 가라앉히면 물이 너무나 춥게만 느껴진다. 수영을 하는 대신 물에서 나와 따뜻한 타월로 몸을 두르고 누워서 책을 읽을 수도 있다. 아마도 그 순간에는 기분이 더 나아지겠지만, 신체적으로는 더 건강해질 수 없을 것이다. 반면, 물에 풍덩 들어가 처음 느껴지는 차가운 물의 충격을 참아 내고, 원하는 몸을 만들어 내겠다는 목표에 곧바로 적응하는 쪽을 선택할 수도 있다.

참고로, 노출 과업은 혼자 참여할 수 있다. 하지만 그 노출 경험을 당신에게 딱 맞게 창의적으로 맞춰 주고 책임지고 격려도 해 줄 수 있는, 그리고 당신이 성공하도록 도와줄 수 있는 ERP 전공 테라피스트의 도움을 받는 것이 좋을 수도 있다.

양육 두뇌 재배선 활동: 과거의 아픔에 다가가기

이번에는 깊은 생각이 필요한 〈훈련 일지〉 기록 활동이다. 10~15분 동안 멈추지 않고 다음 '깊은 생각이 필요한 질문들'에 대한 답을 〈훈련 일지〉에 작성해 보라.

먼저, 어떠한 방해도 받지 않을 수 있는 편안한 공간을 찾으라. 과거의 고통스러운 경험에 대해 생각해 보는 활동이 당신에게 버겁게 느껴질 수 있음을 이해한다. 하지만 이게 불편할 수는 있어도 위험하지는 않다고 양육 두뇌에 조심스럽게 되새기라.

타이머를 1분으로 맞추고 눈을 감으라. 그리고 어린 시절 당신의 모습을 그려 보라. 그 시절 당신의 모습과, 당신이 견뎠던 감정적 또는 신체적 고통의 경험에 관해 생각해 보라. 다른 사람들이 그것을 트라우마라고 생각하지 않아도 상관없다. 그것이 당신에게 고통스러운 것이라면 지금 이 활동을 하기에 충분한 이유가 된다. 그저 그 상황에 있는 어린 자신의 모습에 대해 곰곰이 생각해 보라. 당신은 무엇을 하고 있는가? 어디에 있는가? 당신의 표정을 보려고 해 보라. 추가적인 세부 사항을 확인할 수 있도록 떠오르는 이미지를 샅샅이 살펴보라.

당신의 경험에 대해 깊이 생각한 후, 〈훈련 일지〉에 다음의 질문에 대한 답을 작성해 보라.

- 당신의 경험에 대해 무엇을 알게 되었는가? 그 경험에 다가갈 수 있는가, 아니면 두뇌가 그것을 피하려고 하는가?
- 일부러 과거로 돌아가서 당신의 삶 속 고통스러운 순간에 대해 생각할 자리를 마련해 두는 활동이 어땠는가?

이제, 정서적으로 고통스러운 과거의 순간에 대해 생각할 때 머릿속에 떠오르는 영상을 그림으로 그려 보라. 미술 작품인 것처럼 잘 그려야 할 필요는 없다. 이 활동은 그저 과거의 고통과 마주하기 위한 방법일 뿐이다.

- 그 기억에 대한 그림을 그릴 때 어떤 이미지들이 떠올랐는가?
- 머리부터 배, 그리고 발끝까지 온몸에 집중해 보라. 과거와 마주했을 때 몸에서 어떤 감각이 느껴졌는가? 무거움이 느껴졌는가? 긴장이 느껴진 신체 부위가 있었는가? 이 정서적 불편함을 감내하고, 아주아주 작은 방 한 칸을 내어줄 수 있는가?

양육 두뇌 재배선 활동: 나를 '고통'의 단어들에 노출시키기

1. 어린 시절 고통스러운 순간에 대해 생각할 때 속으로 떠오르는 단어 10가지를 써 본다.

2. 각 단어에 대해 그 단어나 어구가 당신을 얼마나 불안하게 만드는지 0~10점을 기준으로 평가해 본다.

3. 0점보다 큰 점수를 받은 단어들에 대해, 각각 소리 내어 크게 100번씩 말해 본다. 그리고 이 노출 활동을 하기 전과 후에 그 표현에 대한 불안감이 각각 어느 정도였는지 생각해 본다.

다음은 에이미의 활동 예시이다.

- 외로움: 노출 전 6/10, 노출 후 3/10
- 상실감: 노출 전 5/10, 노출 후 3/10
- 두려움: 노출 전 6/10, 노출 후 3/10
- 혼란스러움: 노출 전 7/10, 노출 후 2/10
- 사랑받지 못함: 노출 전 7/10, 노출 후 3/10

양육 두뇌 재배선 활동:
나를 나의 '고통스러운' 이야기에 노출시키기

1. 혼자 몇 분간 있을 수 있는 조용하고 개인적인 공간을 찾는다. 간혹 조용하고 개인적인 공간은 아이가 부모를 보러 오기에 힘든 곳이기는 하지만, 이 중요한 두뇌 재배선 작업을 하기 위해 그런 공간 하나를 시간을 들여 찾을 만한 가치는 분명 있다.

2. 어린 시절, 특히나 고통스러웠던 순간에 대해 생각해 본다. 그리고 그

때 어떤 게 보였고, 들렸고, 느껴졌는지를 돌이켜 생각해 보라. 이 기억을 마음에 두고, 고통스러운 경험 속에 있었던 사건들에 대해 간략하게 정리한 이야기 한 편을 작성해 본다. 한 편의 영화라고 생각하고, 그 순간 당신에게 그 사건이 어떻게 다가왔는지 자세하게 작성한다. 길이는 원하는 만큼 쓰면 된다. 다만, 1분 안에 다 쓸 수 있는 정도를 권장한다.

3. 고통스러운 기억을 담은 이야기가 적힌 종이를 들고 소리 내어 읽으며, 스마트폰이나 다른 녹음 기기를 활용해서 녹음해 본다. 처음 그 이야기를 소리 내어 읽었을 때의 불안 수준을 생각해 보고, 0~10점 중 어느 정도인지 점수를 매긴다.

4. 녹음된 파일을 듣고 몸에 어떤 느낌이 느껴지는지 확인해 본다. 지금은 불안 수준이 어느 정도인가? 불안 수준이 반 이상으로 떨어질 때까지 그 녹음본을 반복해서 들어 보라.

양육 두뇌 재배선 활동:
나를 더욱 온전한 삶에 노출시키기

1. 당신이 과거의 고통에서 오는 불편함에서 벗어나기 위해 피하고자 하는 상황과 환경에 대해 생각해 보라. 여기에는 관련된 공간이나 사람 등을 피하는 경우도 포함된다.

2. 나열된 1번의 답변에 대해 0~10점을 기준으로 각각의 점수를 매겨 보

라. 10점이 가장 피하고 싶은 상황이다.

3. 약~중 수준에 해당하는 불안 유발 상황(5점 이하의 상황이 좋을 것 같다.)을 하나 선택하여 언제, 어떻게 그 상황에 마주할지에 대한 계획을 세우라. 그리고 다음과 같이 상황이 어떻게 전개될지 생각해 보라.

- 상황: 아이의 스포츠 경기와는 관계 없이 다른 학부모들과 스몰 토크를 하며, 긴장과 어색함, 그리고 불안감을 느끼는 것
- 계획: 다음 주 토요일 제이콥의 야구 경기에서 나는 다른 부모들과 멀찍이 떨어져 앉지 않고, 그들의 바로 옆에 있는 접이식 의자에 앉을 것이다. 최소한 3이닝까지는 다른 부모들과 대화하려 노력할 수 있다. 분위기가 어색하고 할 말이 많지 않다고 하더라도, 나는 그곳에 참석하여 다른 부모들과 상호작용할 것이며, 그로 인한 불편함을 참을 것이다. 나는 내가 그 불편함에 대처할 수 있을 것임을 안다.

일단 목록에서 하나의 항목을 처리하게 되면, 불안 수준이 낮은 항목부터 높은 항목에 이르기까지 나머지 목록에 대한 처리도 시작할 수 있다. 마치 사다리를 타고 올라가는 것처럼 말이다. 그 상황을 피하지 않고 성공적으로 마주하게 될 때마다, 당신은 양육 두뇌 재배선에 성공하고 있는 것이다.

이런 상황들에 마주하게 되면 다소 불안감을 느낄 것으로 예상된다. 하지만 이 활동의 목표는 '불안감이 없는 상태가 되는 것'이 아니라, 두려움에 마주한 상황에서도 온전하고 귀중한 삶을 살며 자신이 어떤 것에든 진정 대처할 수 있음을 '스스로에게 증명하는 것'이다.

나만의 ERP 계획 만들기

　체계적이고 조직적인 방식으로 스스로를 과거의 고통에 노출시킴으로써, 두뇌가 과거의 잔재를 타고 흘러 보여 주는 정서적 반응을 비활성화할 수 있다. 자신에게 맞는 ERP 훈련 계획을 만들어 구현함으로써, 마치 하나의 도전으로 여겨지는 정도의 속도로 너무 쉽지도, 너무 어렵지도 않게 과거의 고통들에 차차 직면할 수 있게 될 것이다.

양육 두뇌 재배선 활동: 나만의 노출 계층 만들기

　'노출 계층'은 당신의 불안(이 경우에는 계속해서 현실을 침범하는 과거의 고통)을 조치와 측정이 가능한 행동 목표로 분해하는 단계별 계획을 말한다. 예를 들어, 당신이 강아지를 무서워한다고 해 보자. 그럼 처음에는 강아지의 사진을 보고, 그다음에는 강아지가 나오는 영상을 보고, 그다음에는 강아지 공원 울타리 밖에서 강아지들을 보고, 그다음에는 목줄을 한 강아지로부터 3m 정도 멀찍이 떨어져서 보는 것과 같이 쭉 이어지는 노출 계층을 만들 수 있다.

　현재를 침범하는 과거의 고통에 대한 노출 계층을 만드는 데에도 이와 동일한 절차가 필요하다. 아주 작은 정서적 불편함만 불러일으킬 것으로 생각되는 활동을 간략히 제시하고, 더 큰 정서적 불편함을 가져올 노출 활동들을 차례대로 하게 될 것이다. 가장 낮은, 가장 참을 수 있는 가로대에서부터 가장 높은, 가장 큰 불안감을 불러일으키는 가로대까지 이어지는 하나의 '사다리' 같은 노출 계층을 그려 보는 것도 도움이 될 것이다.

　이제 시작해 보자. 초점을 맞출 과거의 고통 한 가지를 선택하거나,

아니면 적절하다고 생각하는 여러 가지의 고통을 결합해도 괜찮다. 한 번에 한 가지를 처리하면 더 깊은 작업이 가능하다. 노출 계층에 있는 다양한 과거의 고통을 한 번에 처리하는 것은 더욱 종합적인 접근법이다. 그리고 0~10점에 이르는 수준의 노출을 가능케 할 '노출 활동'에는 어떤 것들이 있을지 생각해 보라. 정작 노출 순간에 불안감이 얼마나 느껴질지 확신할 수 없으니, 나타날 고통의 양에 대해 최선을 다해 예측해 보라. 이는 '주관적 고통 지수(Subjective Units of Distress, SUDS)'로도 알려져 있다. 이 책의 맨 뒤에 있는 캐롤라인의 노출 계층 예시를 가이드로 사용해도 좋다. 직접 채워 넣을 수 있는 노출 계층 서식도 활용해 보라.

나만의 ERP 훈련 계획에 참여하기

체계적이고 조직적인 방식으로 스스로를 과거의 고통에 노출시킴으로써, 두뇌가 과거의 잔재를 타고 흘러 보여 주는 정서적 반응을 비활성화할 수 있다. 자신에게 맞는 ERP 훈련 계획을 만들어 구현함으로써, 마치 하나의 도전으로 여겨지는 정도의 속도로 너무 쉽지도, 너무 어렵지도 않게 과거의 고통들에 차차 직면할 수 있게 될 것이다.

기하급수적인 발전

내담자들과 노출 기반 활동을 시작하려 할 때면, 하루 중 과거의 모든 고통을 처리할 수 있는 시간이 충분치 않기 때문에 노출이 끝없이 이어지지는 않을까 우려를 표하는 내담자도 있다. 하지만 노출 정신 근육을 움직일 때마다 두뇌는 재배선을 하고, 그로써 자신의 회복력을 인식한다. 이에 당신이 취약하다는 믿음을 버림으로써 그렇게 위험하지 않은 위험으로부터 당신을 보호해야 할 필요를 없앤다. 이러한 발전은 노출 활동을 계속해 나갈 때마다 폭발적으로 이루어진다.

또한 노출 계층을 통과하면서 과거 고통의 많은 항목이 자연스레 사라지고 더 이상 불안감을 유발하지 않게 된다는 사실을 알게 될 것이다. 각 항목에 대한 정서적 불편함의 정도를 평가해 보기를 권장한다. 그 정도가 굉장히 낮거나 불편함이 아예 존재하지 않는다면, 해당 고통에 굳이 직접 노출될 필요는 없다.

당신에게 효과 있는 노출 활동은 같은 고통으로 고군분투하고 있는 다른 누군가에게 가장 효과적인 노출 활동과는 다를 것이다. 하지만 '고품질 노출 활동'의 주요 성분은 누구에게나 똑같다. 방해나 주의 분산 없이 불편한 생각이나 감정, 감각이 가장 많이 불안감을 유도하는 측면에 '온전하고 열린 마음으로 반복해서 다가가는 것'이 바로 그것이다. 당신의 두뇌가 두려워하는 자극에 다가가면 다가갈수록, 두뇌는 그 자극들을 현재의 위협에 관한 주요 정보가 아닌 '오래된 소식'으로 인식하는 법을 더욱 효율적이고, 효과적으로 학습하게 된다.

과거의 고통에서 벗어나는 활동의 작동 원리

과거를 지울 수는 없다. 하지만 스스로를 더 잘 인식함으로써, 과거의 고통에 대응하는 방식을 선택할 수는 있다. 이 장 전반에 걸친 양육 두뇌 재배선 활동에 참여함으로써, 당신은 이러한 과거의 고통에 대해 이해하고 극복하는 능력을 키웠을 것이다. 이제 정서적 고통에서 회피하는 것을 벗어나, 비로소 나의 방식대로 삶을 살 수 있게 되었다. 두뇌와 몸이 과거의 순간을 현재의 순간으로 가져와야 할 때를 인식하고, 어떻게 반응할지도 선택할 수 있다. 과거의 고통에 의식적으로 주의를 집중하여 그로부터의 기억과 파편적인 정보들을 통합함으로써, 더 이상 과거의 스트레스 요인들이 지금 펼쳐진 일인 것으로 오해하지 않을 수 있게 되었다. 이제 인간으로서 피할 수 없는 고통에 대항함으로써 정서적 고통이 얼마나 커지는지 이해할 수 있다. 불편한 감정들을 거부하려고 싸우는 대신, 오히려 그것들에 다가가 받아들임으로써 정서적 고통을 줄일 수 있다는 것 또한 알게 되었다. 이러한 두뇌 회복력 강화로, 당신은 향후 펼쳐진 문제를 넘어 많은 것을 더 잘 헤쳐 나갈 수 있을 것이다.

Chapter 6.

나의 안정을
찾아서

데이비드와 올리비아 부부의 이야기는 이번 장에서 집중적으로 다룰 내용을 아주 잘 보여 준다.

데이비드는 헌신적이고 사랑스러운 아버지로서, 그의 양육 두뇌에는 주목할 만한 도전 영역이 한 곳 있다. 다른 많은 부모처럼, 데이비드도 자신의 아이들, 에덴과 네이트에 대한 실망감이나 우려의 순간에 스스로를 진정시키는 데 어려움을 겪고 있다. 수많은 양육 문제를 거치면서 인내심을 기를 수는 있었지만, 아이들이 타인에게 무례하거나 결례를 저지르는 모습을 보게 될 때면 여전히 감정의 소용돌이가 몰아쳤다. 본인은 평생 살면서 다른 사람에 대한 친절과 연민을 귀중하게 여겼고, 이 가치관을 아이들에게 물려주고 싶었다. 그래서 다른 사람들을 존중하고, 친절하게 대하며, 연민을 가지는, 아주 점잖고 예의 바른 아이들로 키우기로 결심했다. 부인 올리비아와 양육 여정을 함께 시작하면서, '이 아이들이 세상을 더 나은 곳으로 만들 좋은 인간으로 키울 수 있을 거야.'라고 확신했었다. 하지만 최근, 그는 정말 자신이 그렇게 할 수 있을지 스스로의 능력에 실망하면서 자신감도 줄어들었다.

데이비드의 양육 두뇌 기본 상태: 감정에 압도당함+반작용

몇 주 전 아이들을 학교에 데려다줄 때였다. 그런데 기분 좋은 운전 시간이 아주 끔찍한 시간으로 바뀌었다. 그리고 데이비드는 이를 계기로 스스로를 진정시키는 능력을 개선해야 할 때임을 알게 되었다. 상황은 이렇다. 데이비드는 운전을 하다가 아이들이 학교에서 어떤 친구가 얼마나 '이상하고 짜증나는지'에 대해 이야기하고 있는 것을 들었다. 그는 그들의 대화에 끼어들었다. "우리 가족은 다른 사람들에 대해 그런 식으로 말하지 않기로 하자." 이렇게 말한 데이비드는 백미러를 들여다봤고, 에덴과 네이트가 서로 곁눈질을 하며 시선을 주고받는 것을 발견했다. 둘은 '아빠의 말은 설득력 없어. 아빠는 세상이 실제로 어떻게 돌아가는지 아무것도 몰라.' 하고 조용하지만 명백한 신호를 서로 보내고 있었다. 데이비드는 깊게 숨을 내쉬고, 친절하고 양심적인 아이들을 키우겠다는 자신의 책임감을 다시 한번 되새겼다. 몇 차례 더 깊은 숨을 내쉰 데이비드는 "누가 너희에게 '이상하고 짜증난다고' 이야기하면 얼마나 기분이 나쁘겠냐"는 식으로 아이들과의 대화를 이어 가려고 해 보았다. 하지만 두 아이는 창밖을 내다보고 그의 말을 듣는 둥 마는 둥 했다. 데이비드는 갑자기 그 순간이 홍수처럼 몰려들어 잠겨 버린 듯한 느낌이 들었다. 그의 감정 온도는 0도에서 10도까지 올라갔다.

데이비드는 자신의 심장이 아주 강렬하게 쿵쿵쿵쿵 뛰고 얼굴은 점점 뜨거워지는 것을 느꼈다. 머릿속은 '왜 아이들에게 친절함을 가르치지 못했는지', '아이들이 성인이 되었을 때 공감 능력이 부족하게 되지는 않을지'와 같은 우려로 가득 찼다. 심지어는 자신을 존중하려 하지 않는 아이들을 키우기에 스스로가 얼마나 약하고 줏대가 없는 부모인지를 생각하는 지경에까지 이르렀다. 데이비드 본인은 아이들이 자신을 존중하지 않는 것처럼 부모님을 대해 본 적이 없었다. 그는 이 불편한 생각과 감정들을 억누르려 해 보았지만, 너무나 과해서 어떻게 할 수가 없었다. 그때, 그는 목소리를 높이고 아이들에게 정신없이 잔소리를 쏟아내기 시작했다. '스마트폰 만지는 시간에 제한을 걸어 두겠다', '외출 금지를 시키겠다'는 무의미한 협박과 함께 말이다. 그리고 아이들에게 타인을 제대로 대하는 법을 배우지 않고는 삶을 제대로 즐길 수 없을 것이라고 분명하게 이야기한다.

이후 따라온 것은 완전한 혼돈과 역기능적 상황이었다. 에덴과 네이트는 데이비드에게 소리치며 말대꾸하기 시작했다. 아빠는 정말 '너무 한 사람'이니, 이제부터 엄마가 학교에 데려다줬으면 좋겠다고 말이다. 네이트는 아빠가 정말 자기들이 다른 사람들에게 더 친절하기를 바라기는 하는 건지, 그렇다면 왜 그렇게 자기들에게 매몰차게 구는 것인지 물었다. 그 말은 데이비드에게 약간 날카롭게 다가왔다. 그리고 그때, 데이비드는 불만스러운 양육의 순간에 대처할 수 있는 더 좋은 방법을 찾아야 한다는 것을 깨달았다. 그는 아이들과 친밀해져 자신의 가치관을 아이들에게 심어 주고 싶었다. 이성을 잃고 통제 불가한 전투를 유발하는 대신에 말이다.

올리비아의 양육 두뇌 기본 상태: 차분하려는 노력+안정적

데이비드의 부인 올리비아는 데이비드가 가진 가치관 중 다수를 공유하고 있다. 그래서 그녀도 아이가 친절하고 공손하며, 주변 세상에 감사하도록 키우는 것을 우선순위로 두고 있다. 에덴과 네이트가 부적절하게 행동한다는 생각이 들때면, 그녀도 속에서 긴장과 불안이 부글부글 끓어오르는 것을 느낀다. 하지만 그녀는 데이비드와는 다르게 부정적인 생각과 감정에 압도되는 대신, 그것을 효과적으로 진정시키려고 지난 몇 개월간 두뇌를 재배선하는 데 최선을 다했다. 차분하고, 멋지고, 침착한 양육은 올리비아가 자연스럽게 할 수 있는 것은 아니었지만, 그녀는 두뇌를 재배선하고 행동을 바꾸기 위해 그러한 양육을 우선순위로 두었다.

올리비아는 아이들이 차 뒷좌석에 앉아 잘못된 행동을 할 때와 같이 스트레스 요인으로 자극을 받을 때, 몸과 마음을 안정시키는 능력을 키우려 노력해 왔다. 물론 그녀도 완벽한 사람이 아니다. 여전히 행동이 먼저 나가고 나중에서야 생각을 할 때도 있다. 하지만 그녀는 전반적인 양육 분위기에서 부인할 수 없는 변화를 경험했다. 감정이 지배하는 순간은 적어지고, 반응하기 전 잠시 정지 버튼을 누르고서 더욱 침착하고 논리적인 마음가짐으로 대처할 수 있는 순간이 많아졌다. 자신이 진정할 때 그 상황을 반작용보다는 지혜로 더 잘 대처할 수 있음을 알게 되었다.

이를 잘 보여 주는 사례가 하나 있었다. 지난주 아침, 올리비아가 아이들을 학교에 데려다줄 때였다. 차 안 정서적 분위기가 뚜렷한 이유 없이 바뀌었다. 에덴과 네이트가 서로 장난을 치다, 어느 순간 갑자기 서로를 찌르고 발로 차기 시작한 것이다. 둘은 상대를 울릴 수 있는 가장 모욕적인 말을 떠올리려 애썼다. 그렇게 스트레스 가득하고 불만 가득한 아침이 마무리되었다. 올리비아에게는 이 둘의 다툼을 참을 수 있는 여유가 거의 없었다. 그녀의 몸속 모든 세포가 차를 멈춰 세우고 내려서 그 혼란과 소음으로부터 도망치라고 꼬드겼다. 하지만 올리비아는 자신의 '진정하기' 도구상자에서 상황의 불편함을 인정하고 받아들이기, 심호흡 연습하기, 그 순간을 헤쳐 나갈 수 있도록 도와주는 다음 단계 선택하기와 같은 도구들을 꺼내 사용하기로 한다. 그녀는 진정하고 운전을 계속해서 아이들을 학교까지 안전하게 데려다주어야 하는 상황이었다. 그렇게 올리비아는 새롭게 익힌 대처 능력 덕분에, 감정을 기반으로 하는 편도체에 휘둘리지 않고 지혜를 기반으로 하는 전전두피질(PFC)이 두뇌의 운전대를 잡게 할 수 있었다.

스트레스 가득한 양육 순간에서 현재 당신의 처리 능력은 데이비드에 가까운가, 아니면 올리비아에 가까운가?

불만의 순간에 있는 스스로를 발견했을 때, 운전대를 잡는 것은 감정을 기반으로 하는 편도체인가, 아니면 지혜를 기반으로 하는 PFC인가?

통제가 안 되거나 불안정할 때 꺼내어 사용할 수 있는 '진정하기' 도구상자를 이미 가지고 있는가?

아직 맞춤형 '진정하기' 도구상자가 없다고 하더라도 두려워 말라. 이번 장에서는 그 상자를 함께 만들어 볼 것이다. 일단 그런 도구상자 하나를 갖게 된다면, 당신은 양육에서 오는 기쁨과 슬픔 속에서 스스로와 가족을 더 잘 인도할 수 있게 될 것이다. 또한 몸과 마음을 안정시킬 수 있는 중요한 감정 통제 스킬을 아이에게 가르쳐 주는 데 직접 모델이 되는 것보다 더 나은 방법은 없다. 무엇을 하라고 말하는 것과는 완전 다른 일이다. 무엇을 해야 할지 '몸소 보여 주는 것'이 훨씬 더 강력하다.

스트레스와 불안을 덜 느낄 수 있도록 두뇌를 재배선하는 데 중요한 단계 중 하나는 불쾌한(하지만 위험하지는 않은) 스트레스 요인에 대한 정서적 과잉 반응의 완화 방법을 두뇌에게 알려 주는 것이다. 차분하고, 쿨하며, 침착한 정신이 가까이에 있다면, 어려운 순간에 갇혀서 통제력을 잃는 대신 그 순간을 신속하게 잘 헤쳐 나갈 수 있을 것이다.

이번 장을 통해 배울 수 있는 것들은 다음과 같다.

- 감정 온도 조절하기
- '편도체 기반 운영 모드'에서 'PFC 기반 운영 모드'로 방향 전환하기
- 더 효율적인 방법을 통해 좌절과 두려움에서 차분함과 평화로움 쪽으로 움직이기
- 아이에게 효과적인 감정 조절 모델이 되기
- 정서적으로 자극적인 순간들에 대해 예측하고 사전에 계획 세우기

부지런한 편도체

어떤 부모는 쉽고 우아하게 좌절스러운 순간들을 헤쳐 나가는 것으로 보이는 한편, 또 어떤 부모들은 왜 그렇게 빨리 성미를 잃고 마는 것처럼 보일까? 사실, 보이는 게 다가 아니다. 어떤 부모들이 '더 잘'하는 게 결코 아니다. 사실 다른 사람들보다 더 부지런한 편도체를 가지고 태어나는 사람들이 있다. 만약 본인이 자기정체성이 불안하거나 매우 민

감한 사람이라고 생각한다면, 당신의 편도체는 잠재적인 위협에 과민하게 반응할 가능성이 높다. 이런 경향은 두뇌에 퍼져 압도되는 듯한 느낌이 들게 만들고, 때로는 흥분을 가라앉힐 수 없게 만든다. 전전두피질(PFC)이 편도체로부터 어마한 양의 정보를 받게 되면, PFC의 운영 효율성은 떨어진다. 그 홍수 같은 정보를 처리하고 이해하려 하기 때문이다. 감정적인 자극을 받았을 때 명료한 판단이 어렵다면 그건 당신 자신 때문이 아니다. 편도체가 위험 경보를 듣게 되면 누구나 명료한 판단을 하기 어렵다. 간혹 우리 두뇌는 이런 순간들을 컴퓨터에서 너무 많은 창이나 프로그램이 운영 중인 것과 같다고 느낀다. 두뇌를 포함한 모든 정보 처리 메커니즘의 경우, 한번에 너무나 많은 정보를 처리하려고 하면 오히려 역효과를 낳아 모든 속도가 느려질 수 있다. 그리고 우리 모두가 경험해보았다시피, 시스템이 과부하되거나 용량이 가득 차면 리부팅이 꼭 필요한 순간이 종종 온다.

감정 조절이 아이와 부모에게 미치는 영향

몸과 마음을 진정시키는 방법을 배우는 데 시간과 에너지를 투자하는 것에서 혜택을 얻을 수 있는 사람은 당신만이 아니다. 아이 또한 얻는 게 많을 수 있다. (아이의 나이에 상관없이) 당신과 아이 사이에서 작용하는 '거울 뉴런' 덕분에, 아이가 당신이 감정 온도를 낮추고 차갑게 만드는 것을 목격하면, 아이의 두뇌 또한 재배선되어 더 효율적으로 진정하고 자기 조절을 할 수가 있다. 당신이 감정 조절 능력을 키움으로써, 아이가 평온함과 안전함, 통제력을 느낄 수 있는 방법을 배우는 것도 도와줄 수 있다는 뜻이다.

　간혹 부모들은 아이와 정서적 고통 순환 고리에 빠진다. 그래서 아이와 서로 활성화된 감정 상태를 공유하며 그 순간 둘 다 진정하지 못하게 된다. 아이가 정서적으로 활성화된 상태라면, 당신이 스스로를 진정시킴으로써 그 순환 고리를 끊을 수 있다. 아이가 자기 조절 근육을 움직이는 부모의 모습을 관찰하면, 아이의 두뇌는 실제로 부모의 두뇌를 따라 하기 시작할 것이다. 그러니 소리부터 지르거나, 생각보다 행동을 앞세우지 말라. 대신, 여러 차례 천천히 부드럽게 심호흡한 후 스트레스 가득한 순간을 어떻게 처리할지 선택하면, 아이의 두뇌는 이와 동일한 운영 지시를 따라 할 것이다.

　아마 지금까지 당신은 아이와의 두뇌 기반 관계에서 한쪽 면만 경험해 봤을 것이다. 감정에 휘둘리는 당신을 목격하면, 아이도 통제 불능이 되어 버린다. 아이의 두뇌도 감정이 모든 것을 책임지고 지배한다는 것을 알게 된다. 만약 아이의 감정이 소리를 지르라고 말한다면, 아이는 소리를 질러야만 한다. 장난감을 던지라고 한다면 장난감을 던질 수밖에 없다. 하지만 당신이 스스로의 감정 조절 스킬을 연습하고 아이에게 그에 대한 본보기가 되어 준다면, 아이는 그런 순간에 '큰 감정들이 나를 통제하지 않을 수도 있구나.'를 배울 수 있다.

편도체 안정시키기

모든 인간은 평생을 살면서 다양한 감정 관리 방법을 배운다. 잠시 시간을 내서 높은 스트레스나 좌절감, 불안의 순간에 다음과 같이 비효율적인 대처 전략을 이끌어 낸 진정 방법들을 생각해 보라. 그리고 본인은 살면서 그것들을 어떻게 배우게 되었는지 생각해 보라.

- 자신을 자극하는 사람에 대해 감정을 방출하는 것(소리 지르기, 싸우기, 수동적 공격 성향 보이기 등)
- 고조된 감정을 유발하는 주제나 상황을 피하는 것(감정 억누르기, 지금의 상황 무시하기, 아무 말 하지 않기 등)

이런 전략들은 흔하기는 하나 슬프게도 비효율적이다. 지금 우리가 배우고 있는 것처럼, 스트레스와 좌절감, 불안감을 관리하여 양육 두뇌를 제대로 안정시켜서 더욱 탄탄하고 효과적인 삶과 양육 방식을 발전시킬 수 있는 방법은 더욱 많다. 이번 장에서는 '증거 기반 도구(실제로 작동한다는 의미)'를 전하고자 한다. 신경계에 침투해 '편도체 기반 운영 모드'에서 '전전두피질(PFC) 기반 운영 모드'로 더욱 신속하고 효과적으로 전환할 수 있도록 돕는 도구이다.

스트레스를 받을 때의 몸

스트레스 가득한 사건이 발생했을 때, 편도체는 시상하부에 고통스럽다는 신호를 보낸다. 요약하자면, 시상하부는 마치 '지휘 본부'처럼 작동하며 목마름, 배고픔, 기분, 성욕, 잠, 체온 등 중요한 신체 기능을 조절한다. 시상하부는 편도체에서 경고 신호를 받으면, 그 신호를 자율신경을 통해 부신에 전달함으로써 '교감신경계'를 활성화시킨다. 그러면 부신은 이에 반응하여 ('아드레날린'이라고도 알려져 있는) '에피네프린 호르몬'을 공급한다. 몸은 이러한 아드레날린의 솟구침에 대해 여러 가지 생리적 변화로 반응한다. 그리고 이러한 변화들은 '투쟁-도피-경직 반응'을 구성한다.

투쟁-도피-경직 반응의 생리적 변화

투쟁-도피-경직 반응이 유발되면, 인간의 몸에는 당장의 위험에 직면하는 것에 대비하여 살아남을 수 있도록 전반적인 생리학적 변화가 나타난다. 진화론적인 관점에서 보면, 이러한 생리적 변화는 논리적이고 합리적이다. 만약 투쟁-도피-경직 반응이 없었다면 우리는 하나의 종으로서 이렇게 오랫동안 살아남을 수 없었을 것이다. 하지만 편도체가 잘못된 경보를 받게 되면, 생리학적 변화는 아주 불편한 신체 감각을 만들어 낸다. 이러한 신체 감각들은 흔히 스트레스와 불안, 공황과 연관된다. 다음 목록을 쭉 읽으면서, 진화론적으로 유리한 프로세스가 당신(을 비롯한 다른 많은 사람)이 스트레스나 불안을 겪을 때 느끼는 불편함의 원인이 되지는 않는지 생각해 보라.

- **호흡률 상승 ⇒ 각성도 상승을 위해 두뇌에 산소 추가 공급**
  얕고 빠른 호흡, 과호흡은 숨이 막히는 듯한 느낌을 주거나 충분한 산소가 없는 듯한 느낌을 주어 생각하거나 집중하기 어렵게 만들어서 정신을 흐릿하게 하며, 말 그대로 '정신없게' 만든다.

- **심박동 수 증가 ⇒ 더 많은 영양소의 대근군(팔, 다리, 몸통) 도달 허용**
  빠르게 혹은 쿵쾅거리는 심장 박동과 가슴이 조여오는 느낌은 몸에 무언가 문제가 생긴 듯한 느낌을 준다.

- **발한 증가 ⇒ 과열을 피하기 위한 신체 온도 하향 조절**
  땀이 나거나 축축한 느낌이 든다.

- **동공 팽창 ⇒ 더 많은 빛과 위협에 대한 시각적 감지력 향상 허용**
  시야가 흐려지거나 왜곡되고, 자극에 과민반응하거나 과하게 대응하는 경험을 하게 된다.

- **근육 수축 ⇒ 내부에 있는 방패와 유사하게 상해나 고통으로부터 필수 장기 보호**
  몸 전체에 긴장과 뻐근함이 생기고, 근육통이 생긴다.

- **(소근군에서 대근군으로의) 혈류 변화 ⇒ 투쟁-도피-경직 모드에 필요한 행동을 활성화하기 위해 포도당이 풍부한 혈액을 팔과 다리로 추가 공급**
  몸이 떨리거나 초조하고 불안해지며, 얼굴은 창백하거나 붉어지고, 손과 발은 차갑고 저려온다.

- **(창자에서 대근군으로의) 혈류 변화 ⇒ 투쟁-도피-경직 모드에 필요한 행동을 활성화하기 위해 포도당이 풍부한 혈액을 팔과 다리로 추가 공급**
  배가 아프고, 설사나 구토 등 욕지기가 올라오고, 위장 장애를 경험하게 된다.

편도체가 결국 대처해야 할 직접적인 위협이 없다고 판단하면, 방침을 바꾸어 이번에는 시상하부에 '부교감신경계'를 작동하라는 신호를 보낸다. 부교감신경계는 아무 위험이 없을 때 에너지를 보존하고 신체 기능을 하향 조절한다. 부교감신경계가 생리학적 상태를 지배하고 있을 때에는, 심박동 수, 혈압, 호흡률은 느려지고, 혈류의 방향은 다시 위장을 비롯한 다른 더 작은 소근군(손이나 발 등)으로 향한다. 그렇게 되면 흔히 '휴식-소화 반응'이라고 알려진 상태로 되돌아간다. 이처럼 교감 및 부교감신경계는 자동차의 연료와 브레이크처럼 함께 작동한다. 교감신경계는 나의 엔진에 힘을 주는 연료이고, 부교감신경계는 나의 속도를 늦춰 주는 브레이크인 것이다.

스트레스를 받을 때 나의 몸은?

인간의 몸에는 투쟁-도피-경직 반응이 사전에 설정되어 있다(생존의 측면에서 맞춤화와 특별 요청이 절대 좋은 아이디어는 아니다.). 하지만 스트레스를 받을 때 인간마다 자신의 몸에서 느끼는 것들에는 미묘한 차이가 있다. 데이비드 같은 경우에는 화가 날 때 가슴에 묵직한 것이 생기는 듯한 느낌을 먼저 받는다. 시간이 조금 지나면 얼굴은 뜨거워지고 땀이 나는 듯하다. 하지만 올리비아가 흥분했을 때 가장 먼저 느끼는 것은, 명료하게 생각하고 정리하는 것에 어려움을 겪는다는 것이다. 그 이후 통제력을 잃고 주변 세상과 동떨어진 듯한 느낌을 받기 시작한다. 데이비드와 올리비아 모두 동일하게 투쟁-도피-경직 반응을 경험하는 것이다. 이 반응은 근면한 편도체에 의해 시상하부로 이어지고, 아드레날린을 퍼붓는 몸에 의해 완전 작동하게 된다. 그러나 데이비드와 올리비아가 동일한 반응을 보이고 있다고 하더라도, 생리학적인 상태와 삶의 경험이 다르기 때문에 교감신경계의 활성화도 각자만의 방식으로 경험하게 되는 것이다.

양육 두뇌 재배선 활동: 나의 투쟁-도피-경직 경험

잠시 시간을 내어 당신이 스트레스를 받는 상태에서 작동하고 있다는 것을 가장 잘 인식하게 해 주는 '투쟁-도피-경직 감각'에 관해 깊이 생각하는 시간을 가져 보자. 그리고 다음의 질문에 대해 생각해 본 후 〈훈련 일지〉에 당신의 답을 작성해 보라.

1. 스트레스를 받을 때 당신의 몸과 마음과 연관되는 감각은 다음 중 무엇인가?

- 숨이 막히는 느낌, 또는 숨을 쉬기 어려움
- 빠른 심박동 수
- 가슴이 죄여 옴
- 속이 뒤집어지거나 욕지기가 올라옴
- 손 및/또는 발이 저려 올 정도로 차가워짐
- 땀이 증가함
- 어지러움을 느낌

- 집중하거나 명료한 사고를 하기가 어려움
- 시야가 흐릿해지거나 변함
- 몸이 부들부들 떨림
- 통제력을 상실한 듯함

2. 이러한 감각을 발견하게 되면 얼마나 불편한가? 각각의 감각에 대해 0~10점을 기준으로 점수를 매겨 보자. 0점은 '불편함이 없다', 10점은 '매우 불편하다'를 의미한다.

3. 당신은 이러한 감각에 대해 어떻게 해석하는가? 이러한 감각을 경험할 때 나타나는 경향이 있는 생각 중에 특히 주목할 만한 것들이 있는가? 또한 비관적인 사고 패턴이 있는지 찾아보라.

4. 당신의 몸에서 스트레스 반응을 가장 잘 느끼는 곳은 어느 부위인가? 잠시 시간을 내어 스트레스를 받고 있는 자신의 몸을 〈훈련 일지〉에 간략한 그림으로 그려 보자.

다음은 데이비드가 그린 그림이다.

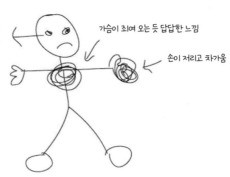

모든 게 시각적으로 강렬해지고, 세상이 나를 약간 궁지로 몰아 넣는 것처럼 보임

가슴이 죄여 오는 듯 답답한 느낌

손이 저리고 차가움

'휴식-소화 반응' 활성화하기

이 시점에서 우리는 당신이 균형을 맞춰 주는 휴식-소화 반응보다는, 몸의 투쟁-도피-경직 반응에 더 친숙할 것이라고 생각한다. 이번 장에서는 대처할 활성 위협이 없는 경우, 자율신경계와 관련 생리학적 반응을 통해 몸의 반응을 교감신경계에서 부교감신경계로 전환하는 활동을 소개할 것이다.

3장에서 연습했던 것처럼, 전전두피질(PFC)을 재배선하여 '비관적인 사고 모드'에서 '현실적인 사고 모드'로 손쉽게 전환함으로써, 편도체에 위험이 없다고 알릴 수 있다. 이렇게 나머지 신체를 안정시키기 위해 마음을 사용하는 것을, 편도체에 당신이 현재 안전하고 무탈하다고 알려줌으로써 감정 온도를 조절하는 마음 진정 접근법이라고 생각하라. 일단 편도체가 아무런 이상이 없다는 메시지를 받게 되면, PFC가 장악을 시작해 효율적인 문제 해결을 함으로써 당신과 아이가 스트레스 가득한 양육 순간을 헤쳐 나갈 수 있도록 안내할 것이다.

조심스럽게 진행하기

우리는 불안 대처 상담 초기에 항상 내담자들에게 증상에 대처하기 위해 이미 시도해 본 전략이 있는지, 만약 있다면 무엇인지 묻는다. 그

때 흔히 듣는 답은 '깊게 심호흡하거나 명상하는 것처럼 이완 활동을 시도해 봤지만 효과가 없었다'는 것이다. 실제로 내담자 중 이러한 노력으로 오히려 더 스트레스를 받거나 불안해졌다고 이야기하는 사람이 종종 있다. 억지로 평온한 상태를 이끌어 내려 하면 오히려 역효과가 발생할 수 있다. 안정을 찾는 것이 간절하고 불안해지는 것이 너무나 두렵다면, 진정해야 한다는 압박감이 과하게 높아진다. 그래서 많은 사람이 더 스트레스를 받게 되는 것이다.

만약 당신이 불안한 생각과 감정에 대해서 열려 있고 유연한 태도를 선택할 수 있다면, 그리고 스스로에게 '나는 진정하고 싶기는 하지만 그렇지 않다고(그러지 못한다고) 하더라도 위험에 처한 것은 아니야.'라고 말할 수 있다면, 부교감신경계의 휴식-소화 반응 활성화에 한 발짝 더 다가간 것이다. 그러니 이 장의 활동을 하나씩 끝낼 때마다, 당신은 본인을 진정시키기로 했다는 것을 기억하라. 꼭 진정해야만 하고, 그렇지 않으면 다른 끔찍한 일이 당신에게 생긴다는 것이 아니다. 대처해야 할 활성화된 위험이 없다면 휴식-소화 상태로 지내는 게 더욱 편안하고, 덜 에너지 집약적일 뿐인 것이다. 몸이 스트레스를 받아 활성화된 상태이든, 아이들이 쓰는 말처럼 '긴장을 풀고 진정한(chilling+relaxing=chillaxing)' 상태이든, 당신은 무사하고 괜찮다. 불안하거나 스트레스를 받는다고 해서 결코 위험한 것은 아니다. 단지 그 순간이 덜 유쾌하고 덜 즐거울 뿐이다.

천천히 심호흡하기: 감정 음량 다이얼

편도체에게 아무 위협도 없다고 말하여 제대로 안심시킬 때 가장 손쉽게 이용할 수 있는 강력한 도구는 '심호흡'이다. 5분만 천천히 심호흡을 해도 차이를 만들어 낼 수 있다. 낮은 강도로 더 천천히, 그리고 꾸준하게 호흡함으로써 부교감신경계를 활성화하면, 편도체에 다음과 같은 신호를 보낼 수 있다. '우리는 위험에 처해 있는 게 아니야. 그러니까 그렇게 빠르게 숨을 쉴 필요도, 추가 산소를 보충해 줄 필요도 없어. 뛸 필요도, 싸울 사람도 없어. 이 순간에 대처하기 위해 필요한 산소는 적으니까 천천히, 부드럽게 숨을 쉬는 걸로도 충분해.'

어떤 사람들은 두뇌가 여러 가지 주제 사이를 빠르게 헤맨다거나, 심호흡에 집중하는 바로 그 행위로 인해 의식이 과민해져 그들의 호흡이 부자연스럽고 긴장 상태임을 발견하기도 한다. 당신은 이미 4장에서 완료한 활동들 덕분에 두뇌 재배선을 통해 마음을 더 챙길 수 있게 되었다. 그래서 마음챙김의 순간을 위해 선택한 고정 대상으로 주의를 돌리는 방법을 이미 알고 있을 것이다. 그리고 이번에 나오는 호흡 활동에서, '호흡'이 바로 그 '고정 대상'이 될 수 있다. '이건 효과가 없어. 아니면 내가 지금 제대로 하고 있는 게 맞나?'와 같은 생각들과 함께 마음이 다른 곳으로 벗어나는 것을 알아챌 때마다, 그러한 생각을 인정하고, 주의를 조심스럽게 다시 심호흡으로 가져가면 된다. 그런 생각들과 싸울 필요도, 그런 생각들을 물리칠 필요도 없다. 그런 생각들이 나타났을 때 그저 알아채기만 하면 되지, 그 이상 관여할 필요가 없다는 것이다.

양육 두뇌 재배선 활동:
불안한 순간을 지나가게 해 주는 느린 심호흡

A 파트

다음 주 활동에 활용할 수 있도록 각각 5분씩 아침에 한 번, 저녁에 한 번, 총 하루 두 번 천천히 심호흡하는 연습을 하라. 시계를 볼 필요가 없도록 타이머를 설정하는 것이 도움이 된다.

1. 숨 쉬는 것에만 집중할 수 있는 조용한 공간을 찾는다.

2. 손을 부드럽게 배 위에 올리고, 3초간 천천히 숨을 쉰다. 손을 위로 올리면서 천천히 1… 2… 3…을 센다. 그리고 공기가 배에서부터 위를 통해 뇌까지 온몸을 통해 올라오면서, 결국 두뇌에 신선한 공기가 가득 차는 것을 상상해 본다.

3. 1… 2… 3…을 세며 3초간 부드럽게 숨을 참아 본다.

4. 1… 2… 3…을 세며 3초간 숨을 천천히 내쉰다. 손을 대고 있는 배가 부풀어 올랐다가 내려가는 것에 주목한다. 숨을 천천히 내쉴 때 입술을 부드럽게 오므린다. 산소가 머리 꼭대기부터 천천히 움직여, 몸 전체를 쭉 관통해 발바닥까지 내려오는 것을 상상해 본다.

5. 1… 2… 3…을 세며 3초간 부드럽게 숨을 참는다.

6. 지금까지의 활동을 똑같이 반복한다.

어떤 사람들은 시각적 신호를 기반으로 하는 것이 도움이 된다는 사실을 발견하기도 한다. 이 활동을 하는 동안 다음 이미지를 자유롭게 이용해 심호흡을 침착하게 진행해 보자. 활동을 진행할 때 각 사각형 위에 손가락을 부드럽게 올리고 한 사각형에서 3초간 멈춰 있다가 다음 사각형으로 움직이는 것도 도움이 될 수 있다. 5분 뒤 타이머가 울릴 때까지 그것을 반복하라.

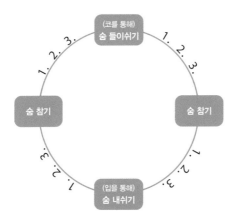

이제 〈훈련 일지〉를 꺼내 당신의 경험에 대해 깊이 생각해 보라. 활동 전, 활동 중, 활동 후에 어떤 느낌을 받았는가? 당신이 느낀 어떤 것이든 다 써 보자.

B 파트

이제 '천천히 심호흡하기' 도구를 실제로 사용해야 할 때이다. 스트레스나 불안, 불만이 몸에서 나타날 때면 언제든지, 어디에서든지 천천히 심호흡하는 방법을 사용해 보자. 이건 스트레스 가득한 양육 순간 동안 잘못된 신호를 보내는 편도체에 대한 제1방어선이다.

다음 주 활동에 활용할 수 있도록 새로운 심호흡 도구를 사용하여 스트레스 가득한 양육 순간을 헤쳐 나간 경험을 추적해 본다. 한 번의 순간을 경험할 때마다 그 상황에 대한 설명과 당신의 최초 반응, 그리고 고통 수준 점수를 기록한다. 5분 동안 천천히 심호흡을 한 후, 고통 수준 점수를 새로 적어 본다. 어떤 점을 발견할 수 있는가?

〈훈련 일지〉를 사용하거나, 이 책의 맨 뒤에 있는 '천천히 심호흡하기 기록지' 서식, 데이비드의 기록지 예시를 확인해 보자.

경험을 추적하면서, (〈훈련 일지〉 또는 빈 서식에) 다음의 정보를 기록해 본다.

- 일자/시간:
- 상황:
- 최초 반응:
- 천천히 심호흡하기 이전 고통 수준(0~10점):
- 천천히 심호흡하기 이후 고통 수준(0~10점):
- 스트레스받는 순간에 대처한 방법:

신경계의 긴장 풀어 주기

당신이 위험에 처해 있다는 것을 편도체가 알게 되면, 편도체는 시상 하부에 '교감신경계'를 활성화시키라는 신호를 보낸다. 앞서 이야기했던 것과 같이, 몸 전체의 근육은 심장, 폐, 신장과 같은 필수 신체 기관들을 외부 위협으로부터 보호하기 위해 수축하고 팽팽해진다. 하지만 반대 상황도 똑같다. 당신이 안전하다는 것을 확인할 때에도 편도체는 시상하부에 '부교감신경계'를 활성화시키라는 신호를 보낸다. 부교감신경계는 수축된 근육에 어려 있는 긴장의 이완을 시작한다. 두뇌는 당신이 긴장한 근육으로 이루어진 갑옷을 벗는 걸 택했음을 깨달았을 때, 이제 진정할 수 있고 잘 보존된 휴식-소화 시간의 일부를 흡수할 수 있는 안전한 순간임을 알게 된다.

이러한 안전/위험 신호는 양방향으로 움직인다. 긴장한 근육은 당신이 위험에 처해 있음을 편도체에게 알린다. 긴장이 이완되면 편도체에 아무 위험도 없다는 신호가 간다. 이러한 양방향 정보 교환을 통해 점진적 근육 이완법(Progressive Muscle Relaxation, PMR)을 사용하여 반복적이고, 체계적이며, 의도적인 방식으로 근육을 이완함으로써 필요에 따라 부교감신경계를 활성화할 수 있도록 한다.

점진적 근육 이완법: 신경계의 압력 밸브

지금까지 천천히 심호흡함으로써 투쟁-도피-경직 반응에서 휴식-소화 반응으로의 전환을 시작할 수 있는 방법을 알아보았다. '점진적 근육 이완법(PMR)'은 당신의 몸과 마음을 진정시킬 수 있는 또 하나의 간단한 활동이다. PMR에는 과장된 방법으로 당신의 모든 근육을 긴장 및 이완시키는 연습을 하는 것도 포함된다. 잠시 불안을 경험하고 있는 중이었다면, 당신의 몸은 더 긴 시간 긴장을 유지하는 것에 친숙할 것이며, 그 긴장을 이완할 수 있는 방법에 대한 훈련이 필요할 것이다. 체계적으로 긴장을 이완하는 연습을 함으로써, 편도체는 몸이 긴장을 풀고, 늘어져서, 진정해도 될 만큼 충분히 안전함을 느낄 수 있는 방식을 알게 될 것이다. 이에 따라 직접적인 위험도 없고, 투쟁-도피-경직 모드에 있을 필요도 없다고 신호를 보낼 것이다.

양육 두뇌 재배선 활동: PMR 연습하기

A 파트
긴장 및 완화 연습하기

1. 의자나 침대와 같이 앉거나 누울 수 있는 편안한 공간을 찾아본다.

2. 몸 근육 전체를 의식적이고 의도적으로 긴장시킨다. 주먹과 팔, 얼굴, 이마, 눈, 입에 긴장을 준다. 어깨에 긴장을 주면 어깨까지 올라간 듯한 느낌이 든다. 배와 엉덩이, 허벅지, 종아리도. 발가락에도 힘을 주어서 구부러지는 걸 확인한다. 그리고 그 긴장을 15초 동안 온전하게 유지해 본다.

3. 다음으로, 그 긴장을 푸는 연습을 해 본다. 헝겊 인형이나 너무 오래 익혀 버린 스파게티를 눈앞에 그려 본다. 긴장이 풀리면서 당

신 아래에 있는 침대나 의자로 가라앉을 때, 신체 부위의 무게를 느껴 본다. 잠시 시간을 내어 머리를 약간 돌리거나 배를 쭉 내밀어 본다. 아니면 양손을 흔들어도 좋다. 당신의 몸에 잠시 동안 딱 붙어 있던 긴장이 완화되어 저세상 밖으로 나가는 걸 상상해 본다.

4. 이 과정을 3회 더 반복한다.

B 파트

PMR 근육 기억 발달시키기

PMR 근육 기억을 키우기 위해, 2주차에는 PMR을 하루 2분씩 아침에 한 번, 자기 전에 한 번, 총 2회 연습하라. 그리고 〈훈련 일지〉를 사용 해 경험을 추적해 본다. 다음 내용대로 추적하기를 권장한다.

- 일자/시간:
- PMR 이전 스트레스 수준(0~10점):
- PMR 이후 스트레스 수준(0~10점):
- 기타 비고 사항:

다음은 올리비아가 기록한 예시이다.

- 일자/시간: 2월 15일 새벽
- PMR 이전 스트레스 수준(0~10점): 6/10
- PMR 이후 스트레스 수준(0~10점): 4/10
- 기타 비고 사항: 하루가 길고 일정이 꽉 찬 날을 앞두고 긴장감을 느끼며 잠에서 깼다. 침대에서 나오기 전까지는 내가 얼마나 긴장한 상태였는지 알지 못했다.

현실 세계에서의 PMR

상대적으로 평온함과 안정을 느끼고 있을 때 PMR을 적용하는 연습을 조금씩 해 보았다면, 실제로 스트레스 가득한 양육 순간에서도 PMR을 사용할 준비가 된 것이다. 아이를 학교에 데려다줘야 하는데 지각했다고 상상해 보라. 차를 타러 가려고 현관문을 나서는데, 아이가 수업 준비물이었던 악기를 가져와야 했다는 걸, 그 주의 연습 기록지도 아직 채우지 않았다는 것을 그제야 깨달았다고 말한다. 이 순간, 당신에게는 두 가지 선택권이 있다. 그 두 가지는 다음과 같다.

1. 아이를 붙잡고 더 준비성이 철저해야 했다고 말한다. 다음에 이런 일이 또 생기면, 악기고 일지 기록이고 뭐고 챙기지 않고 그냥 출발할 거라고 협박하면서 말이다. 자연스럽게 따라오는 결과가 아이들에게 더 계획적이어야 한다는 것을 알려 줄 것이다. 그렇지 않은가?
2. 잠시 가만히 있어 보자. 한 차례(약 15초 정도) PMR을 실행하여 몸에 생긴 약간의 긴장을 이완하고, 생각을 정리한다. 그다음, 차에서 기다릴 테니 위에 올라가서 준비물을 가지고 오라고 아이에게 차분하게 말한다.

1번을 선택한다고 해서, 아이의 학교, 그리고 직장에 더 빠르게 도착할 수 있을까? 아이에게 소리를 지르거나 불만을 표현한다고 해서 아이가 더 효율적으로 움직일 수 있을까? 아니면 그와 반대되는 패턴이 발견될까? 당신의 불만 폭발에 대해 아이가 압도되거나 방어적인 모습을 보일까? 종종 아이에게 불만을 표출할 때 날것 그대로의 감정을 마구 쏟아내는 것은 이미 지연된 절차를 더 느리게 만들 뿐이다. 잠시 동안 빠르게 PMR을 실행해 보라. 그럼 실제로 시간을 절약하면서도, 이와 같이 스트레스 가득한 양육 순간과 관련된 불편함도 줄일 수 있을 것이다.

양육 두뇌 재배선 활동: 빠르게 PMR 실행하기

다음 주 활동을 위해, 높은 스트레스를 받는 상황에 있게 될 때마다 한 차례의 PMR을 실행해 본다. 그런 순간이 몇 번 더 있다면, 신경계의 하향 조절을 위해 세 차례의 PMR 실행을 권장한다. 그리고 이전 활동에서 했던 것과 같이, (기회가 된다면 가능한 한 빠르게) PMR 실습에 대한 기록을 작성한다. 〈훈련 일지〉를 활용해 다음을 추적해 보자.

- 일자/시간:
- 스트레스받는 양육 순간/상황에 대한 설명:
- PMR 이전 스트레스 수준(0~10점):
- PMR 이후 스트레스 수준(0~10점):
- 기타 비고 사항:

다음은 올리비아가 기록한 예시이다.

- 일자/시간: 2월 24일 오후 4시 50분

- 스트레스받는 양육 순간/상황에 대한 설명: 에덴을 댄스 수업에 데려다주고 나서, 드레스 리허설이 있어 복장을 함께 보냈어야 한다는 것을 깨달았다. 에덴이 얼마나 당황했을지 느낄 수 있었고, 나 또한 그 문제에 당황했다.
- PMR 이전 스트레스 수준(0~10점): 7/10
- PMR 이후 스트레스 수준(0~10점): 4/10
- 기타 비고 사항: 내 자신이 현재에 충실한 것이 기분이 좋았고, 전략을 세워 그 순간에 대처할 수 있는 논리적인 다음 단계를 알아낼 수 있을 것 같았다.

PMR 작동 원리

느린 호흡과 근육 이완을 연습함으로써, 당신이 안전하고 무탈하다는 것을 편도체에게 알려 줄 수 있다. 그때부터 편도체는 시상하부에 투쟁-도피-경직 반응에서 휴식-소화 반응으로 전환하라고 신호를 보낸다.

마음 채널 변경

간혹 스트레스와 불안에 너무 시달려서 느린 호흡이나 PMR의 정서적 원천을 모으는 것이 비현실적으로 느껴질 수도 있다. 그래도 괜찮다.

그 고충을 우리는 이미 잘 알고 있다! 체력 단련 목표를 위해 노력하는 것과 같이, 두뇌 재배선 활동별로 투입할 수 있는 에너지와 능력이 다양할 수 있다. 어느 날 어떤 곳에 있든 상관없이, 당신은 더욱 차분하고, 현실을 더 잘 자각하는 부모가 되기 위한 의미 있는 단계를 나아가고 있다. 그 자체로 인상적인 일일 수밖에 없다. 물론, 항상 달라이 라마가 나타나 지혜롭게 양육 문제에 접근할 수 있다면 참 좋을 것이다. 하지만 고작해야 시트콤 〈사인필드(Seinfeld)〉의 '조지 코스탄자' 정도의 충동 제어 능력을 발휘할 수밖에 없는 순간이 여전히 존재할 것이다. (이 캐릭터에 친숙하지 않을 독자들을 위해 설명하자면, '갓난아기의 정서적 범위를 가진 성인 남성'을 생각하라고 말할 수 있겠다.)

어려운 감정을 극복할 수 있는 유일한 방법은 그것을 통과하는 것이다. 하지만 모든 것에는 그에 맞는 시기와 장소가 존재한다. 간혹 정서적으로 힘든 순간을 헤쳐 나갈 수 있는 가장 건강한 방법은 애써 계속 나아가는 것보다는 잠시 쉬어가는 것일 때가 있다. 감정적으로 압도되는 순간에는 절대 큰 결정을 내리거나 삶을 바꿀 수 있는 행동을 취하면 안 된다. 이런 순간에 떠오르는 생각들은 종종 극단적이고 정확하지 않다. 그러니 이런 순간들에 반응하여 애써 계속해 나가기보다는 잠시 정지 버튼을 누르려고 해 보라. 잠깐의 중간 휴식을 갖고 난 후, 차분하고 현실에 기반을 둔 마음 상태로 채널을 변경하여 다시 그 상황을 헤쳐 나가기 위해 노력할 수 있다.

이럴 때 딱 맞는 요령은 당신의 주의를 극단적인 생각과 감정 이외에

바깥 세계에 있는 어떤 것에든 집중시키는 것이다. 집중할 대상을 생각해 본다면, 하늘이나 의자, 강아지, 아니면 보풀 한 오라기 등이 있을 것이다. 당신의 주의를 극단적인 생각과 감정에서 벗어나게 해 주기만 한다면, 어떤 것에 집중하든 상관없다. 그리고 당신의 생각과 감정이 위험해서가 아니라, 그 순간 그 생각과 감정에 지배당하지 않는 것이 좋기 때문에 주의를 다른 곳으로 돌리는 것임을 기억하라. 공격하는 사람에게 달려드는 것, 아니면 공포심에 달아나는 것. 이 두 가지의 차이에 대해 생각해 보라. '달리는' 신체적 행위를 똑같이 한다고 하더라도, 편도체는 당신이 위험한 걸 피하는 대신, 일부러 선택한 귀중한 활동을 향해 달려가는 것인지 아닌지를 판단할 수 있다.

편도체가 당신이 통제할 수 없는 생각과 감정에서 벗어나려고 외부 자극에 집중한다고 생각하게 되면, 시상하부에 투쟁-도피-경직 반응을 보이라고 신호를 보낼 것이다. 예를 들어, 데이비드가 아이들이 싸우는 소리를 단 1초도 듣기가 힘들어 차 스피커의 볼륨을 올렸다고 해 보자. 그럼 데이비드의 두뇌는 그가 귀중한 것에 관여하지 않고 위험한 것으로부터 달아나려 한다고 이해하게 된다. 대신 데이비드가 음악을 틀고 스스로에게 "나는 가장 좋아하는 밴드의 음악을 들어도 돼. 아이들이 다투는 걸 통제할 수 없을 것 같지만, 나는 이 순간 내가 하는 일은 통제할 수 있어."라고 이야기한다면, 그의 편도체는 음악을 트는 행위가 중립적이고 경고를 할 만한 것도 없다고 해석할 것이다.

스트레스 가득한 양육 순간에 나타나는 불편한 생각과 감정에서 벗어나 풍부한 감각적 경험으로 주의를 돌리면, 몸과 마음이 충분히 받을 만한 자격이 있는 재가동과 재측정의 순간을 얻게 된다. 거기서부터, 당신은 더욱 손쉽게 스스로를 진정시키고 어떻게 대처할지 선택할 수 있을 것이다.

3-3-3 그라운딩 도구

의식을 현재의 순간으로 가져오는 것부터 시작해 보자. 발이 당신 아래에 있는 땅에 맞닿아 있는 것에 주목한다. 그다음으로는 다리 아래쪽에 있는 몸에 주목한다. 앉아 있든, 누워 있든, 가만히 서 있든 상관없다. 그리고 옆에 둔 팔의 무게에 주목한다. 다음으로 주변에 있는 공간을 바라본다.

1. 당신에게 보이는 것 세 가지를 이야기해 본다. 예를 들어, '침대 위의 내 강아지, 창밖의 파란 하늘, 소파 위를 덮고 있는 담요가 보인다.' 등이 될 수 있다.
2. 당신이 만질 수 있는 것 세 가지를 이야기해 본다. 예를 들어, '손일부를 감싸고 있는 내 스웨터 셔츠의 부드러운 소매가, 맨발 아래 카펫이, 손가락 끝 컴퓨터의 부드럽고 따뜻한 쇠의 느낌이 느껴진다.' 등이 될 수 있다.

3. 당신이 들을 수 있는 것 세 가지를 이야기해 본다. 예를 들어, '강아지가 귀를 긁을 때 목걸이가 달랑거리는 소리, 환기구로 공기가 통하는 소리, 바깥에 차가 지나가는 소리가 들린다.' 등이 될 수 있다.

기본적인 개념을 알아보았으니, 이제 이와 같은 3-3-3 그라운딩 활동을 시도해 보자. 바로 지금 당신이 볼 수 있는 것 세 가지, 당신이 만질 수 있는 것 세 가지, 당신이 들을 수 있는 것 세 가지에 주목해 본다. 크게 소리 내어 말해도 되고, 공공장소에 있다면 그저 머릿속으로 생각만 해도 된다. 그리고 필요한 만큼 많이 이 활동을 반복하면 된다. 우리 내담자 중 다수가 이 활동을 한 번만 해도 끝없이 뻗어 가는 생각과 감정을 단계적으로 줄이는 데 도움이 되었다는 반응을 보였다.

감각 경험의 변화

두뇌를 새롭고 기쁜 경험 및/또는 예상치 못한 감각 경험으로 놀라게 함으로써 정신적 채널을 변경할 수 있다. 다음의 감각 기반 활동 목표는 당신의 두뇌가 감각을 통해 현재의 순간에 온전하게 참여하도록 하는 것이다. 그렇게 하면 극단적인(그리고 과도한) 정서적 반응에 치우치게 되는 것으로부터 잠시 숨을 돌릴 수 있다. 다음의 항목들은 제안일 뿐이다. 다른 것들을 자유롭게 시도해 보아도 좋다.

맛볼 수 있는 것에 변화 주기

- 감각 경험을 계속하기 위해 민트나 껌을 가지고 다니기
- 부드럽거나 신선한 것을 마시기(스파클링 워터나 뜨거운 차, 레모네이드 등)
- 냉장고를 확인하고 한동안 먹지 않았던 것들을 약간 맛보기(피클, 샐러드 드레싱, 초콜릿 소스 등)

냄새를 맡을 수 있는 것에 변화 주기

- 라벤더 오일이나 가장 좋아하는 향을 가지고 다니기
- 매력적인 향이 나는 립밤 사용하기
- 가장 좋아하는 향의 로션을 늘 가까이에 두기

들을 수 있는 것에 변화 주기

- '마음 채널 바꾸기' 플레이리스트 만들기
- 따라 부르고 제대로 참여할 수 있도록 내가 가사를 외우고 있는 노래를 듣기
- 주변의 새로운 소리를 듣고, (그전에도 들어 본 적이 있다면) 마지막으로 그 소리를 제대로 들었던 적이 언제였나 생각해 보기(도로의 차 소리, 수도 에서 물방울 떨어지는 소리, 냉장고 돌아가는 소리)

촉감으로 느낄 수 있는 것에 변화 주기

- 강아지나 고양이(또는 다른 반려동물)를 쓰다듬거나, 부드럽고 편안한 감 촉이 느껴지는 천을 만지기
- 로션을 바르고 피부가 건조했다가 촉촉해지는 것을 느끼기

- 슬라임과 같이 손을 꼼지락거리며 가지고 놀 수 있는 장난감을 가지고 놀기(우리를 찾아오는 부모 내담자들과 같다면, 당신 집에도 이런 물건이 하나쯤은 있을 것이다.)

신체 자세에 변화 주기

- 본인이 서성거리는 것을 알게 됐다면 자리에 앉기
- 몸이 답답한 느낌이 들면, 팔 벌려 뛰기를 하거나 계단통이 있는 계단을 뛰어 올라가기
- 주먹을 꽉 쥐고 있다면, 손을 펴고 손가락을 쭉 늘이기
- 어깨가 올라가 있다면, 천천히 힘을 풀고 더 편안한 자세로 있기
- 팔짱을 끼고 있거나 팔을 옆구리 또는 가슴에 딱 붙이고 있다면, 팔을 천천히 옆이나 머리 위쪽으로 펴기

양육 두뇌 재배선 활동: 종이에 주의를 집중시키기

창의력을 발휘할 시간이다. 이 활동에 들어가기 전에 종이 한 장과 펜 또는 연필을 하나 준비한다.

방 안에 있는 하나의 물체에 주의를 집중시키는 것부터 시작하겠다. 그 물체를 어떻게 그릴지 계획하거나 '제대로' 그리려고 시간을 쓰지 말고, 그저 자유롭게 그려 보자. 여기서 중요한 것은 오로지 그 물체의 곡선, 직선, 패턴, 질감, 모양과 같은 모든 측면에 온 마음을 다해 주의를 집중시키는 것이다. 그리고 마음챙김 근육을 움직여 당신이 그린 그림이 '좋다'거나 '나쁘다'고 판단하고 싶은 마음에 저항하라.

그리고 그림을 그리는 느낌이 어땠는지 곰곰이 생각해 보라. 펜이나 연필을 사용하면서 얼마나 압박감을 느꼈는가? 그리고 그 펜이나 연필을 종이 위에 눌러 쓴 느낌은 어땠는가? 스스로에게 이런 것을 마지막으로 할 수 있게 해 준 때는 언제였는가?

매일 감정 조절 근육을 움직이라

이런 감정 조절 전략을 유념하여, 약간은 불만스러우나 꼭 해야 하는 일상의 과제를 한 가지 선택해 본다. 그리고 그 과제를 완료하기 전, 교감신경계가 지배하여 과도한 스트레스 반응을 느끼게 하고 있다는 것을 알게 된다면 어떤 전략을 선택할지 결정해 본다. 그리고 그 '격렬한' 생각이나 감정으로 인한 소모가 덜하다고 느껴질 때까지 그 전략 한 가지, 또는 여러 가지를 결합하여 사용해 보라. 가능성은 무한하다. 아이디어 추가는 언제든지 환영이다.

그리고 〈훈련 일지〉를 사용해 당신의 경험을 기록하고, 그 순간 그러한 감정 조절 전략을 이용하는 것이 어떤 느낌이었는지 깊게 생각하여 작성해 보라. 그 전략을 쓰고 나서 고통이 더 늘어났는가, 아니면 더 줄었는가? 혹시 발견되는 패턴이 있었는가? 하향 조절이 특히 더 쉬운 문제들이 있는가?

다음은 데이비드가 기록한 예시이다.

- 일자/시간: 3월 11일
- 스트레스받는 과제: 아이 학교의 픽업 차량 라인에 서 있을 때 업무 전화를 받는 것
- 사용한 감정 조절 전략: 3-3-3 그라운딩 도구
- 기타/관찰 내용: 전화를 받기 전에는 불안하고 머리가 흐릿해졌다. 3-3-3 그라운딩 도구를 사용한 이후에는 멀티태스킹을 하지 못하면 어쩌지 하는 불안한 생각에 빠지지 않고, 오는 전화에 더 집중할 수 있게 되는 듯했다.

우리가 상담하는 부모 중 일부는 자신이 사용하는 상위 세 가지 감정 조절 전략을 휴대전화 메모로 기록해 둔 것이 도움이 되었다고 말한다. 마치 심신 안정을 도와줄 수 있는 '과속방지턱'처럼 말이다. 전략 사용에 있어 주요한 문제는 감정이 과해지는 순간이 '갑자기' 다가온다는 것이다. 편도체가 지배하고 있다면, 감정적 브레이크에 접근할 수 있는 시간이 부족하다거나, 뚜렷한 정신이 있다고 느껴지지 않을 수 있다. 이런 활동을 정기적으로 연습하면 그 활동을 하는 것 자체에도, 강렬한 감정과 불편한 신체 감각을 줄이는 데에도 도움이 될 것이다.

안정 활동의 작동 원리

몸의 모든 세포가 활성화되어 투쟁-도피-경직 반응을 할 준비가 되었는데, 갑자기 방향을 전환해 부교감신경계의 휴식-소화 반응을 활성화하는 것은 어렵지만 불가능한 일은 아니다. 불필요하게 강렬한 감정의 소리를 줄이는 법을 배움으로써, 더 쿨한 사고방식으로 대처할 수 있

게 된다. 더 이상 감정적 반응에 휘둘리지 않고 말이다.

이번 장 전반에 걸친 활동들은 그 영향력이 굉장하다. 당신의 주의를 '신체 감각'에 집중시키기 때문이다. 주의를 현재의 감각 경험에 전환함으로써, 강렬한 감정에서 못 빠져나오게 하는 편도체의 경고 신호와 쓸모없는 생각들로부터 두뇌의 공간을 빼앗아 올 수 있다.

다음에 또 스트레스 가득한 양육 순간에 있는 자신을 발견하게 된다면, 스스로에게 이러한 감정 조절 활동 한 가지 이상을 선물로 선사하기 바란다. 짧은 휴식을 취하고 나면 당신의 몸과 마음이 진정되었음을 발견하게 될 것이다. 그다음에는 스트레스 가득한 상황을 효율적으로 헤쳐 나가는 방법을 선택할 수 있을 것이다.

Chapter 7.

통제 포기

이번 장의 이야기는 알리가 여동생인 자리아가 겉으로 보기에 피할 수 없는 문제처럼 보이는 '부모와 아이의 권력 다툼'에 대처하는 방법을 보고 교훈을 얻은 이야기이다.

알리는 질서와 통제 속에서도 잘 자랐다. 알리가 스스로를 과도하게 통제하는 사람이라고 생각하는 것은 아니다. 그저 모든 정상 참작 요인들에 대해 신중하게 계획하고, 운에 맡기는 것을 가능한 한 적게 하려고 노력하면서 스스로 (그리고 다른 사람들이) 성공할 수 있도록 부단히 노력해 온 것뿐이다. 그는 그런 자기 자신이 항상 성실하고 신중하다는 데 자부심을 가지고 있다. 까다로운 성미 덕에 학문적, 직업적 성공에서 후한 성과도 냈다. 알리는 양육 여정을 시작하게 되었을 때, 이러한 가치관이 자신을 '아빠'라는 새로운 역할을 잘 해낼 수 있게 도와줄 것이라고 확신했다.

알리와 그의 여동생 자리아는 사이가 매우 좋다. 둘 다 고등학생일 때 어머니께서 돌아가셨는데, 그 이후로 훨씬 더 가까워졌다. 둘은 도움이 필요할 때마다 서로에게 의지하고, 그럴 만한 일이 있을 때 서로에게 연락했다. 지금은 각자의 가정을 꾸리고 이웃으로 살고 있다. 자리아와 알리는 요리와 먹는 것을 매우 좋아하고, 그러한 관심사를 기반으로 더 가까워졌다. 둘은 야망에 대해서도 비슷한 믿음을 가지고 있다. 둘 다 삶이 공평하다거나 쉽지는 않다는 것을 알고 있기 때문에, 반드시 '변화된 삶을 살아야 한다'고, 그리고 '본인이 살고 싶은 삶을 만들어 나가야 한다'고 생각했다. 그래서 개인적으로나 직업적으로, 둘 다 삶에서 큰 성과를 얻기 위해 열심히 노력했다.

자리아의 아들인 에밋과 알리의 아들인 루카스는 두 살 차이이다. 둘은 사촌으로서 특별한 유대감을 공유하고 있다. 또한 수없이 많은 가족 모임에서 함께 놀며 자랐다. 이러한 가족 모임에서는 알리와 자리아의 양육 접근법 차이가 뚜렷하게 드러났다. 알리는 질서와 통제가 자신을 종종 성공으로 이끌었다는 사실을 알고 있어서 그 방식을 양육에도 똑같이 주입하고자 했다. 좋은 부모는 아이의 변덕과 순간적인 요구를 들어주지 않고, 아이가 삶을 어떻게 살아야 할지에 대한 규칙을 수립하고 예상 결과를 제대로 알고 있어야 한다고 믿었다. 아들이 큰 대가로 이어질지 모르는 위험과 건강하지 않은 영향력에 마주하는 것을 최소화하는 것이 아버지인 자신의 의무라고 생각했다. 결국, 그는 아들을 위해서 최고만 주고 싶었던 것이다.

어느 해 1월, 간밤에 큰 폭설이 내렸다. 다음 날 두 아이의 학교에서는 폭설로 인한 휴교령을 내렸다. 아이들은 하루 종일 집에서 TV도 보고, 이제 막 내려 산같이 쌓인 눈을 가지고 놀아도 된다는 사실을 알고는 좋아서 어쩔 줄 몰라 했다. 자리아와 알리도 출근을 할 수 없었기에, 아이들이 하루 종일 자유를 즐길 수 있도록 집에서 함께 일하기로 결정한다. 알리가 6세 루카스에게 고모와 에밋이 올 거라고 이야기하자, 루카스는 "정말 최고의 날이에요!"라고 소리를 질렀다. 알리는 루카스가 고모, 사촌과의 관계를 소중하게 여기는 것을 볼 수 있어 너무나 좋았다. 곧 자리아와 여덟 살 난 에밋이 알리의 집에 도착했고, 두 어른은 알리의 재택 사무실(주방)에 가서 일을 끝내려고 했다. 아이들은 학교에 가지 않아도 되는 예상 밖의 즐거운 하루를 어떻게 보낼지 고민하며 기쁨에 가득 찬 수다를 떠느라 정신이 없었다.

몇 시간이 지나고, 두 아이는 자리아와 알리가 일하고 있는 주방으로 불쑥 들어오더니 밖에 나가서 눈싸움을 하게 해 달라고 조른다. 자리아는 온라인 회의를 진행하던 중이어서, 알리가 아이들의 옷을 입혀 나가기로 한다.

알리는 루카스에게 방한바지와 코트를 입히고 모자와 장갑을 쓰게 하려고 했다. 그런데 루카스가 방한바지를 입고 싶지 않다며 불평을 쏟아내기 시작한다. 처음에 알리는 아들의 불만을 무시하고 계속해서 옷을 입혔다. 하지만 루카스의 떼쓰는 소리는 계속해서 커질 뿐이었다. 알리는 만족스럽지 못한 상황에 한숨을 쉬고, '다시 한번 해 보자……. 그런데 아들이 왜 내 얘기를 안 듣는 거지?'라고 생각한다. 이런 생각들이 떠오르자, 알리의 인내심이 끊어졌다. "방한바지 입어, 아니면 밖에서 못 놀아! 끝이라고!" 하지만 끝일 리가……. 루카스는 알리에게 말대꾸를 하기 시작한다. "싫어요, 아빠. 나 이 바지 입기 싫다고요. 간지럽고 불편하단 말이에요. 에밋도 안 입잖아요!" 알리는 조카에게도 방한바지를 입혀 본다. 하지만 불만을 쏟아내는 대상이 둘로 늘어나기만 했을 뿐. 둘 다 방한바지 때문에 칭얼거리며 눈물을 글썽이기 시작한다.

자리아가 와서는 그 상황을 목격한다. 그녀는 '권력 다툼'을 진정시키려 최선을 다해 본다. 밖에 나가서 편하게 더 오랫동안 놀 수 있도록 방한바지를 입었으면 하는 것이 어른들의 마음이기는 하지만, 결국 너희 몸이니 최종 결정은 각자 알아서 하라고 말한다. 아이들은 안도의 한숨을 쉬더니 바로 즐거워하는 모습을 보인다.

알리는 아이들에게 최종 결정권을 주는 자리아의 전략이 갈등을 완화하는 것을 볼 수 있었지만, 여전히 아이들이 젖은 옷 때문에 밖에서 추위에 떨 것이라는 사실에 안절부절못한다. 자리아는 자연스러운 결과에서 아이들이 배우는 게 있을 거라 확신하며 말한다. 너무 추우면 즐거운 것도 잠시, 안으로 금방 들어올 것이라고 말이다. 아마도 그다음에는 방한바지를 입거나 밖에 더 이상 나가지 않을 것이라고. 자리아는 아이들이 자신들에게 도움이 되는 선택을 할 것이라고 믿는다. 알리는 본인이 점수를 땄어도, 여전히 아이와의 권력 다툼 상황이 '부모: 0 vs. 아이: 1'인 것처럼 느껴진다.

자리아는 또 다른 관점을 공유한다. 그녀는 알리가 그런 식으로 느낄 것이라는 걸 알고는 있지만, 루카스와의 권력 다툼에서 빠져나옴으로써 본인의 정서적 에너지를 궁극적인 목적 달성에 더욱 효과적으로 쓸 수 있다고 알리에게 상기시킨다. 알리의 목적은 루카스를 보호하고 안전하게 하려는 것이었는데, 그와 싸우는 것 외에 이 목적을 달성할 수 있는 또 다른 방법이 있었을까? 아마도 알리가 더 차분했다면, 몸이 차가운 온도에 어떻게 반응하는지 이야기하고, 몸을 건조하고 따뜻하게 유지해야 밖에서 더 오래 있을 수 있다고 설명해 줄 수 있었을 것이다. 아마 직접 데리고 나가 썰매 타기를 함께할 수도 있었을 것이다. 알리도 자신의 방한바지를 입고 루카스에게 방한바지를 입을지 말지 결정하게 할 수 있었을 것이다. 아니면 그냥 루카스의 방한바지를 꺼내 놓고, 루카스가 축축하고 춥다고 불평을 하면 사랑을 담아 그 옷을 가져다줄 수도 있었을 것이다. 자리아는 삶의 특정 영역에 대한 통제권을 아이에게 더 내어준다고 해서 아이를 건강하고 행복하게 해 줄 수 있는 혁신적인 방법을 찾는 걸 그만두는 게 아니라고 설명한다. 이는 오히려 도구상자에 통제 기반 전략 이외에 더 많은 도구를 갖추게 되는 것과 같다. 굴복하거나 포기하는 것이 아니다. 오히려, 뒤로 가만히 물러나 아이에 대한 통제가 더 이상 효과적이지 않다는 것을 보고 있는 것이다. 한마디로, 다른 접근법을 취해야 할 때인 것이다.

알리의 양육 두뇌 기본 상태: 무슨 수를 써서라도 통제해야 해!

알리는 지쳤고 절망스러웠다. 마치 쳇바퀴를 달리고 있는 듯한 기분이었다. 루카스가 자신의 말을 듣게 하려고 하면 할수록, 과연 효율적으로 양육을 할 수 있을지 스스로의 능력이 더욱더 형편없게만 느껴졌다. 빠져나올 수가 없었다. 아이들에게 굴복하면 나쁜 아빠/삼촌이 된 것만 같고, 너무나 게으르고 비효율적이어서 아이들이 올바른 일을 하게 만들지도 못하는 사람이라고 느낄 것 같았다. 자신의 고집대로 아이들이 방한바지를 입지 않아서 밖에서 놀지 못하게 한다면, 시간 낭비와 아이들의 눈물만 늘어날 것 같았다. 재밌는 날도 긴장과 정서적 고통의 날로 변할 게 뻔했다. (그리고 다른 많은 부모도 그렇겠지만 스스로에게 정직해지자면) 그에게 이런 양육의 순간은 모두 패자가 되는 상황으로 느껴졌다. 현재 자신의 접근법이 확실히 제대로 작동하고 있지 않다는 걸 알았지만 다른 방법을 찾을 수가 없었다.

그래서 그는 자신의 양육 스킬에 대해 의심을 하기 시작한다. '뭔가 잘못하고 있는 것일까?', '그저 아들이 조카보다 고집이 더 셀 뿐인 걸까?' 에밋은 보통 본인을 잘 따라오는 반면, 알리는 루카스가 자신이 요청하는 것마다 다 반대하는 것 같이 느껴졌다. 알리는 자신의 여동생이 부모가 되기에는 엄격함이 부족하다고 생각했다. 너무 자주 아들에게 져 줘서 말이다. 종종 이것에 대해 자리아에게 잔소리를 하기도 했다. 가끔은 에밋이 스스로의 선택을 통해 배웠으면 하는 자리아의 의도가 있다는 것은 알지도 못하고, 그저 자리아가 '너무 게으르다', 아니면 '회피하려 한다'고만 생각했었다.

자리아의 양육 두뇌 기본 상태: 부모의 통제는 유연해야 해!

자리아는 알리와 동일한 양육 목표를 가지고 있다고 말했다. 그녀는 이 목표를 자기 삶의 최우선순위라고 생각해서, 아이에게 유능하고, 친절하고, 성공하는 사람이 될 수 있는 주요 기반을 제공하지 못하고 있었다. 조심스럽게 아들을 안내하기 위해 폭력을 제외한 도구들을 사용하면서도, 자리아의 두뇌는 그녀가 통제할 수 있는 한도 내에서 작동했다.

자리아는 아들이 눈 속에서 놀면서도 몸이 젖지 않고 따뜻한 상태를 유지하기를 바라는 만큼 방한바지가 벗기 힘들다는 걸 알았기 때문에, 자신이 통제할 수 있는 범위의 한계를 받아들이는 행동을 취하기로 결정한다. 에밋이 아기였을 때로 돌아가 생각해 보자. 만약 에밋을 겨울의 혹독한 요소들로부터 보호해야 해서 방한복을 입히기로 했다면, 에밋은 그녀의 결정을 거스를 수 없을 것이다. 하지만 이제 에밋은 8세이다. 자신이 원하는 대로 옷을 입을 수도, 입지 않을 수도 있는 것은 확실하다. 또, 자리아는 (몇 가지 경우를 제외하고는) 그가 날씨에 맞게 옷을 입는 것에 관해 잘못된 선택을 했을 때 따라오는 결과를 경험하기에 충분한 나이가 되었다고 생각했다.

에밋에게 방한바지를 입히기로 결정했다면, 자리아는 아주 오랫동안 크게 소리를 질러야만 에밋이 옷을 입게 할 수 있음을 알았다. 하지만 소리를 지르는 것은 그녀의 양육 가치관과는 맞지 않았다. 에밋이 자신의 말을 따를 때까지 대치하는 것은 그녀를 감정적으로 지치게 하고 아이들의 즐거움을 망쳐, 그날을 모두에게 실망스러운 날로 만들게 될 것임을 알고 있었던 것이다. 자리아는 업무에 쓸 에너지를 보존하고 싶었다. 나중에 쉬는 시간도 가지고 아이들과도 즐거운 시간을 보낼 수 있도록 말이다.

알리처럼 자리아도 종종 자신의 양육 요청에 대한 저항에 마주하곤 했다. 그녀는 그런 순간들을 통해 8세 아이가 한계를 시험하는 것이 자연스럽고 딱 그럴 시기라는 것을 스스로에게 되새겼다. 그리고 승산이 있는 걸 택하기로 했다. 어떤 상황에서는 에밋이 아무리 짜증을 내더라도 따를 수밖에 없다. 예를 들면, 더운 여름날에 선크림을 바르는 것과 관련해서 엄마의 말은 곧 법이다. 에밋은 아직은 너무 어려서 햇볕으로 인해 화상을 입으면 어떻게 되는지, 그리고 해에 노출되는 것과 피부암 사이의 상관관계가 어떤지를 이해할 수 없었다. 엄마로서 이걸 이해시키는 것이 자리아의 임무였다. 물론 에밋이 그런 것들을 이해할 수 있을 정도로 큰 상태였다면, 자리아는 그것에 대해 설명했을 것이다. 스스로 결정할 수 있을 정도로 큰 상태였다면 에밋이 자신이 알려 준 것을 기억하기만을 바랐을 것이다.

이런 방한바지 싸움과 같은 또 다른 시나리오에서 자리아는 아들과의 줄다리기를 포기하는 걸 택했다. 그녀는 특정한 순간에 아들이 그 권력 싸움에서 '이기도록' 내버려 둔다. 아들이 스스로의 건강과 안전에 대해 자주성과 책임을 확대할 수 있게 말이다. 특정한 상황에서는 통제를 포기하는 것이 그녀의 장기적인 양육 목표와 일치했다. 자리아는 시간이 흐를수록 아들의 자신감과 좋은 선택을 하려는 내적 동기가, 아이가 즐거움 가득하고 의미 있는 삶을 살게 해 주고픈 그녀의 목표와 일치한다는 것을 확인할 수 있었다. 자리아는 의도적으로 에밋에 대한 통제를 포기해야겠다고 확신할 때마다, 삶에서 닥쳐올 것들과 때때로 마주하게 되는 장애물 등 모든 것에 대처할 수 있는 에밋의 능력에 대해 더 확신을 갖게 되었다. 그리고 그가 자립을 향해 가는 여정에서 나이에 맞는 선택을 하는 연습을 할 수 있도록 그저 내버려 둘 때의 불확실성과 불편함을 감수했다. 자리아는 에밋이 자립할 때까지 필요하고 적절한 상황에서 그를 통제해 주고, 함께 그 여정을 즐기며, 그의 믿을 수 있는 삶의 조수 역할을 할 것이다.

자리아가 이해하고, 알리가 이제 막 시작한 것과 같이, 두뇌를 재배선하여 통제의 한계를 받아들이는 것은 전반적인 양육 스트레스 수준을 낮추고, 즐거움을 가져올 수 있는 삶의 다른 측면들에 대해 더 많은 에너지를 보존하는 데 도움을 줄 수 있다. 뿐만 아니라 아이에게도 엄청난 이점이 된다. 아이가 권력 다툼에서 벗어나 (주어진 나이에 적절한 방식으로) 상황을 어떻게 처리할지 선택할 수 있는 기회를 줌으로써, 당신은 아이에게 용기와 대담함이라는 재능을 주는 것이다. 그리고 이 중요한 행동 실험을 사용하여, 아이들은 어떤 선택이 그들을 성공으로 이끄는지, 아니면 부정적인 결과로 이끄는지 경험을 통해 알게 될 것이다. 그게 춥고 축축한 바지이든, 과제 지각 제출에 대해 더 낮은 점수를 받는 것이든 말이다. 아이가 신중히, 대처 가능한 방식으로 한 선택의 결과에 마주하게 된다면, 당신은 아이가 두뇌를 재배선하여 더욱 효율적이고 유능한 사람이 될 수 있도록 도와주고 있는 것이다. 아이가 다음에 또 유사한 상황에 처해 있는 자신을 발견했을 때 더욱 바람직한 결과를 얻는 방법에 대한 지침을 제공한다면, 아이가 직접적으로 경험하는 것보다 더 좋은 선생님은 없다.

이번 장을 통해 당신은 다음을 배울 수 있을 것이다.

- 통제를 포기하는 것에서 오는 이점 이해하기
- 통제된 결과를 간절히 원하는 편도체의 자동 반응 인정하기
- 패배감이나 자기만족 대신, 자율적인 수용의 감정을 향해 움직이기
- 안정되고 효과적인 방식으로 피할 수 없는 권력 다툼을 헤쳐 나가기
- 아이의 자아 발전을 도와주면서도, 아이와의 관계의 질 향상시키기

부모와 아이의 권력 다툼은 피할 수 없는 것

권력 다툼은 양육 과정에서 계속해서 일어나는 일종의 통과의례와도 같다. 여기서 중요한 것은 한 번의 권력 다툼이 발생할 때마다 놀라거나 실망해서는 안 된다는 것이다. 아이가 각 발육 이정표마다 새롭게 발견되는 자율성과 추리 기술을 탐색할 때 한계와 경계를 테스트하는 것은

아이의 발육상 적절하다. 예를 들어, 취학 아동이라면 스스로 놀고 싶은 친구를 선택할 수 있다. 10대 초반의 아이라면 힘들게 번 돈을 어떻게 쓸지 결정할 수 있고, 10대 중후반 아이들이라면 방과 후 활동을 선택할 수도 있다. 아이가 부모가 선호하는 결정을 내리지 않는다고 하더라도, 아이가 내린 결정의 정당성이 입증되면 아이는 자신의 의사 결정 능력에 대한 자신감과 신뢰를 쌓게 된다. 이를 통해 아이는 나이에 상관없이 자신이 유능하고 부모의 응원을 받고 있다고 느낄 수 있다. 문제를 마주할 때마다 도움과 지침을 얻으려 부모를 찾을 가능성도 더 높다.

당신도 당신의 문화와 커뮤니티 내에서 적절한 통제는 어떤 것인지 생각해 보고 싶을 것이다. 양육에는 완벽한 방법이나 정답은 없다. 하지만 당신은 당신과 당신의 가족에게 효과가 있는 건강한 균형을 찾을 수 있다. 부모이자 한 개인으로서 본인의 가치관과 일치하는 양육 스타일을 찾을 수도 있다. 그리고 양육 스타일에서 균형을 찾게 되면, 긍정적이고 의미 있는 부모-자식 관계의 발전이 가능해질 것이다.

양육 두뇌 재배선 활동: 나의 권력 다툼 추적하기

잠시 시간을 내어 당신과 아이가 흔히 겪는 양육 권력 다툼에 대해 곰곰이 생각해 보자. 그리고 다음 내용을 〈훈련 일지〉에 기록해 본다.

- 반복해서 나타나는 주제나 계기가 있는가? 흔한 싸움에는 음식, 입을 곳 고르기, 친구, 학교 숙제, 예절 등이 포함된다.
- 일주일에 몇 번의 권력 다툼이 일어나는가?
- 그러한 다툼이 일으키는 정서적 고통(0~10점)은 어느 정도인가?
  - 당신에게:
  - 아이에게:
  - 가족들에게:
- 당신의 부모 통제 행동은 얼마나 역효과가 나는가?
- 통제를 포기한다면 어떤 일이 일어날지 두려운가? 그리고 그러한 부정적 결과가 일어날 가능성은 얼마나 되는가? 통제를 포기할 때 부모로서의 죄책감이 생기는가?
- 통제를 단단히 하는 대신에, 이에 관한 대안으로 아이에게 할 수 있는 행동에는 어떤 것이 있는가?

아이와 아이의 기질에 대해 아는 것은 중요하다. 당신의 아이를 딱 '그 아이'로 만드는 요인은 무엇인가? 한 배에서 나왔어도 모든 형제가 똑같이 만들어지지는 않는다. 어떤 아이들은 양육 노력에 더 잘 순응한다. 그런데 이런 아이들을 과하게 통제할 경우 아이가 내적으로 자기 의심을 하게 만들어 본인의 지혜를 신뢰하기 어렵게 될 수도 있다. 또 어떤 아이들은 의지가 너무 세서 당신의 통제 노력에 정반대로 반응할 수도 있다. 아이가 ADHD나 집행기능 지체를 겪고 있는 경우, 아이의 잠재력 달성을 위해서는 질서와 체계가 더욱 요구될 수 있다. 아이에게 불안감이 있다면, 집 밖의 환경에 활발하게 참여할 수 있도록 더 많은 연민과 격려를 살짝씩 해 줘야 할 수도 있다.

당신 스스로의 통제 자질에 주목해 보라. 당신의 통제에서 부족한 것은 무엇인가? 부모가 된 이후 그 점이 바뀌기는 했는가? 한 발자국 뒤로 물러서서 덜 통제해야 할 필요가 있다는 것을 스스로가 인정할지도 모른다. 아니면 앞으로 더 나아가 구조를 잡을 수 있도록 도와줘야 할 수도 있다.

진정 통제력을 얻고 싶은가?

만약 아이에게 일어나는 모든 결과를 통제할 수 있고, 아이가 손해를 경험하는 것을 방지할 수 있다면 그렇게 할 것인가? 아마 다들 당연히 할 것이다. 아이를 통제하려는 당신의 모든 노력이 아이에게 더 안전하고 더 나은 삶을 살게 해 줄 수 있다면, 그럴 만한 가치가 있을까? 당연하다! 하지만 아이를 보호하려는 당신의 노력이 역효과를 낸다면, 다음의 결과로 이어질 수 있다.

- 아이가 당신과 더 멀어지거나, 당신에게 더 저항할 수 있다.
- 당신이 더 스트레스를 받거나 불안해질 수 있다.
- 아이가 자주성과 자립심을 기를 수 있는 중요한 학습 기회를 놓칠 수 있다.

양육이 아이와의 끝없는 줄다리기일 필요는 없다. 당신은 그 줄을 놓고 기권하는 선택을 할 수 있다. 아이와 즐길 수 있는 재미있고 흥미 가득한 게임은 훨씬 더 많다. 그러면 아이와 당신 둘 다 더욱 의미 있고, 성장에 영감을 주는 상호작용에 관여할 수 있는 에너지를 가지게 될 것이다.

양육 두뇌 재배선 활동: 밧줄을 놓을 준비가 되었는가?

잠시 상상해 보라. 셋을 세면, 당신이 아이의 선택을 통제하려고 투입하는 에너지의 양을 극단적으로 줄일 수 있다. 준비되었는가? 하나, 둘, 셋! 이제 이 제안을 받아들일 준비가 되었는가?
다음은 고려해 보아야 할 몇 가지 질문들이다.

- 이 변화에 대한 준비가 정말로 됐는가?
- 통제력을 잃는 것에 대해 생각할 때 어떤 것 때문에 두려움이나 주저함이 생기는가?
- 그렇게 하지 말라고 말하는 마음속 목소리가 혹시 들리는가? 그 목소리가 보호적이거나 비판적인가? 아니면 보살펴 주는 느낌인가? 그리고 그 목소리가 부모나 친구와 같이 당신의 롤모델과 닮아 있는가?
- 부모로서 통제력을 가져야 하는 것에 관해 당신이 가지고 있는 규칙을 설명해 줄 수 있는가?
- 이 선택을 단행하기로 한 것이 어렵게 느껴진다고 할지라도, 부모 통제 활동을 줄이는 것의 이점을 확인할 수 있는가?

다음은 알리가 작성한 이 활동에 대한 답이다.

> 난 아직 준비가 되지 않았다. 내가 노력하고 있는 부모 통제를 줄일 준
> 비가 아직은 안 된 것 같다. 이런 나의 노력은 우리 가족을 안전하게 해
> 준다. 우리 가족을 안 좋은 선택의 결과로부터 보호할 수 있다는 걸 아
> 는데도 왜 내가 통제력을 포기해야 하는 거지? 나는 내 아이나 아내가
> 나에게 실망했다고 느끼게 하고 싶지는 않다. 실패한 듯한 느낌을 받
> 게 하고 싶지도 않다. 루카스가 삶을 확 바꿀 만한 끔찍한 결정을 내린
> 다면, 내가 그 선택에 개입해서 아이가 더 나은 선택을 할 수 있도록 도
> 와주지 않았음을 알고도 어떻게 살 수 있을까? 아버지가 나에게 가족
> 의 행복에 대한 책임감을 가지라고 하시는 목소리가 들린다. 좋은 부모
> 는 아이를 보호하기 위해서라면 가능한 모든 것을 해야 할 것이다. 그
> 건 내가 지켜야 하는 규칙과도 같다. 이득이라면 아이와 싸움을 덜 하
> 는 정도일 것이라고 생각한다. 하지만 모든 게 다 잘되길 바라는 내 마
> 음의 평화를 위해 지불하는 작은 대가일 뿐이다.

통제에 대한 환상

우리가 내담자들에게 위와 동일한 질문들을 던지면, 보통은 바로 '그
렇다'고, 아이를 통제하는 것에 대한 본인의 요구를 포기하고 싶다고 답
한다. 또 양육 다툼에서 '승리'의 기쁨을 얻기 위해 고군분투하는 내내,
너무 많은 생각을 하는 두뇌와 통제하려는 절실한 노력에 의해 끊임없

이 괴롭힘을 당하는 것이 얼마나 지치는지도 설명한다. 그리고 종종 이 비효율적인 사고 스타일을 없애려고 열심히 노력한다. 하지만 실질적이고 일상적인 측면에서 이 사고 스타일이 어떻게 작용하는지 실제로 더 대화를 나누어 보면 다들 주저한다. 내가 내 통제력의 한계를 받아들인다면, 나는 [여기에는 비판적인 생각의 내용이 들어간다.] 할 거야. 반면, 내가 통제하기를 포기한다면, 내 아이는 [여기에는 비판적인 생각의 내용이 들어간다.] 하게 될 거고. 이런 식으로 너무 두렵다는 신호를 보인다.

통제를 위해 노력하는 것이 당신과 당신이 사랑하는 사람들을 계속해서 안전하게 해 줄 수 있고, 당신이 적절한 조치를 취할 수 있도록 동기를 부여하는 데 도움이 된다고 믿는 것을 흔히 볼 수 있다. 많은 부모가 삶의 다양한 측면에서 아이가 앞으로의 일을 어떻게 처리해야 할지 자신들의 말을 듣기보다 스스로 선택하게 할 때 잠재적으로 불길한 결과를 가져올 가능성을 높일 것이라고 두려워한다. 부모 통제를 포기하는 것이 아이의 현재 및 미래의 행복에 대해 본인이 훨씬 더 스트레스 받고, 불안해하고, 걱정하게 만들 것이라고 두려워한다. 하지만 통제를 하면 할수록, 통제를 못하는 듯한 느낌이 더 들 것이다. 알리와 자리아, 그리고 두려움의 대상이 된 방한바지가 이를 완벽하게 보여 준다.

부모-자식 간의 다툼에서 통제를 포기하게 되면, '나쁜 부모'가 된 것만 같은 걱정이 따라올 수 있다. 부모들은 내가 모든 통제력을 발휘하지 않고 아이를 부정적인 결과로부터 보호해 주지 않으면 아이가 결국 무너질 것이라고 걱정한다. 아이가 삶의 여러 측면에서 본인이 선택한 것에 어떻게 대처해야 할지 배울 수 있을 정도로 컸다면, 부모 본인의 관점을 '통제력을 최대로 유지하는 것이 부모의 일'이라고 보는 것에서, '통제를 지원하는 모드로 천천히 전환하는 것이 부모의 일'이라고 보는 것으로 바꾸기 위해 노력이 필요하다.

아이와 부모 둘 다를 위해 통제를 포기하기

아이의 행동을 통제하려 하면서 아이와 계속해서 다투면, 그 다툼은 부모와 자식 모두를 어쩔 수 없이 지치게 만든다. 부모-자식의 관계의 질은 통제를 위한 줄다리기가 발생할 때마다 영향을 받는다. 지치고 패배감을 느낄 때 내가 되고 싶은 부모가 되기란 어렵다. 아이 또한 자신이 어려움을 겪을 때 당신에게 도움 요청을 꺼리게 될 수도 있다. 과도한 부모 통제는 아이가 심판을 받는 듯한 느낌을 받게 할 수 있다. 끊임없이 비판을 듣거나 너무 자주 요구를 받게 되면, 아이는 당신에게서 숨거나 당신을 피하고 싶어 할지도 모른다.

대신 당신이 스스로의 양육 통제 한계를 받아들인다면, 당신과 아이 사이에 서로 반대로 나아가려는 이 힘을 극적으로 줄일 수 있다. 아이가 자신의 결정에 책임을 진다면, 저항은 줄고 자기 동기 부여의 가능성이 더 커진다. 향후 자신이 비슷한 상황에 어떻게 대처하고, 실험하고,

받아들일지를 부모가 믿고 있음을 안다면, 아이의 자아감, 부모의 회복력과 삶의 문제 탐색 능력에 대한 아이의 믿음이 향상된다. 그렇게 특정 양육 순간을 포기함으로써 아이에게 더 가까워질 수 있을 것이다. 아이는 자신에게 도움이 필요할 때 당신이 자신을 위해 있어 준다는 것을 알고, 자신의 자율성을 포기해야 한다는 느낌 없이 당신의 조언과 지침을 얻을 수 있음을 알게 될 것이다.

불편함과 불확실성 참아 내기

당신이 삽 말고는 아무것도 없는 채로 깊은 도랑에 빠졌다고 상상해 보라. 당신이 집중할 수 있는 유일한 것은 가능한 한 빠르게 그곳에서 탈출하는 것이다. 그렇다면 당신은 그 도랑을 빠져나가려 아주 열심히 땅을 팔 것이다. 그럼 어떻게 될까? 도랑에서 좀 더 자유로워질 수 있을까, 아니면 도랑에 더 깊이 빠져 버릴까? 불만스럽게 들릴지는 모르겠지만, 최소한 그 '삽'은 버려야 한다. 가만히 그 곤경을 받아들이라. 이제 당신은 그 도랑을 파서 빠져나가려고 아주 열심히, 비효율적으로 노력하는 대신, 다음 단계에 무엇을 해야 할지에 대해 곰곰이 생각하는 데 정신적 에너지를 온전히 집중시킬 수 있다.

부모 통제의 한계를 받아들이는 것은 그에 따라 따라오는 불확실성도 용인한다는 뜻이다. 특히 당신의 가장 가까이에 있는 제일 아끼는 사람들의 삶에 관해서는 이게 그리 쉬운 일은 아니다. 그래도 당신은 이걸 이미 평생 동안 해 왔다. 이미 당신은 불확실성에 대처할 수 있는 사람이다. 스스로에게 이걸 깨닫게 해 준 적이 있는가? 당신의 양육 두뇌가 통제를 유지하라고 부추긴다면, 당신은 인간 경험의 핵심에 있는 '확실성의 결여'를 받아들이는 데 문제를 겪을지도 모른다. 하지만 불확실성의 뒷면에는 경이로움과 기발함, 그리고 기쁨이 있다. 다음에 무슨 일이 전개될지 정확히 알고 있다면, 당신이 가장 좋아하는 책이나 영화가 그렇게 만족스러울 수 있었을까?

양육 두뇌 재배선 활동: 통제가 진정 당신에게 효과가 있는가?

어떤 일이든 상관없다. 살면서 어떤 결과를 바꾸려고 최대한 노력했지만, 그 결과가 결국에는 통제할 수 없는 일이었던 좌절의 순간에 대해 생각해 보라. 아마도 동료가 당신보다 먼저 승진했을 수도 있다. 아이가 몇 년 동안 축구를 열심히 하면서 놀라운 잠재력을 보여줬기에 계속했으면 싶었는데 축구를 그만두겠다고 말하는 경우도 있을 수 있다. 당신은 이미 일어나고 있는 일에 덤비려고 얼마나 많은 정서적 에너지를 투자했는가?

이제는 당신이 결과를 바꿀 수 없는 좌절스러운 상황을 받아들였을 때를 생각해 보자. 친구와 정치관으로 대립하는 순간들이 여기에 해당할 수 있다. 아이가 파자마 데이도 아닌데 파자마를 입고 학교에 가도록 내버려 둘 수도 있다. 어떤 상황의 불편함을 받아들인다고 당신이 그것을 용납하거나 동의하는 것은 아니다. 그 상황에 덤비는 것이 비효율적이고 시간이나 에너지를 투자할 만한 가치가 없음을 인정하고 그저 그 자체로 내버려 두는 것뿐이다.

그렇다면 그 상황들 중에서, 피할 수 없는 좌절감과 실망감뿐만 아니라, 엄청난 스트레스와 불안감이 추가로 따라온 경우가 있었는가? 만약 그렇다면 어떤 상황이었는가?

통제하려는 시도

통제 기반 양육에서 지원 기반 양육으로 전환하는 첫 단계는 당신이 관여하고 있는 다양한 통제 기반 양육 방식을 인식하고, 어떤 것이 역효과를 일으켜서 당신과 아이 사이의 거리감을 만들고 연결성을 떨어뜨리는지 평가하는 것이다.

다음은 흔한 부모 통제 행동의 예시이다.

- 그 나이에 겪을 수 있는 문제에서 아이를 구해 주려고 뛰어들거나, 문제를 대신 해결해 주는 것
- 아이가 괜찮은지 안심하려고 아이에게 질문 폭격을 던지는 것
- 어떤 일에 용인되는 방식이 다양한데 반드시 특정한 방식으로 하라고 아이에게 말하는 것
- 어떤 행동을 하라고 명령했는데 아이가 그 명령을 무시했을 때 똑같은 명령을 반복해서 하는 것
- 아이가 요청하지 않았는데도 조언이나 도움을 제공하는 것

- 아이에게 부모의 지침을 따르지 않았을 때 겪을 수 있는 부정적 결과에 대해 알려주는 것
- 아이가 그 나이에 맞는 결정에 따라 자신의 길을 나아가겠다는 선택을 했을 때, 암묵적이든 명시적이든 본인이 어떻게 생각하고 있는지에 대한 신호와 실망감을 보내는 것
- "네게 달린 일이야."라고 주장하거나 아이가 무언가를 하고 싶어 하는가에 대해 물어보았으면서도, 아이가 다른 방향으로 가면 말이나 비언어를 통해 실망감과 좌절감을 전하는 것

이와 같은 부모 통제 전략 중 혹시 당신과 관련된 것이 있었는가? 정서적으로 지치고 비생산적인 권력 다툼으로 이어지는 또 다른 상황이 있는가?

이런 행동들에는 모두 좋은 의도가 있다. 흔히 볼 수 있는 것들이기도 하다. 멋지고 사랑스러운 부모 내담자 중 굉장히 많은 사람이 이런 부모 통제 전략을 쓰고 있는 스스로를 발견한다. 하지만 여기에는 다음과 같이 아주 중요한 세 가지 단점이 있다.

- 당신의 두뇌는 아이의 나이에 맞는 행동을 통제하려는 당신의 시도를 꼭 필요한 것으로 인식하고, 아이가 실수를 하면 점점 더 비관적인 결과를 마주하게 될 것이라고 믿게 된다.
- 이러한 접근법은 당신의 아이에게 '지금 넌 위험에 처해 있어. 넌 부모님의 보호나 지도 없이는 삶에 대처할 수 있을 만큼 충분히 유능하고 강하지 않아.'라는 신호를 보내는 것이다.
- 당신의 귀중한 시간과 정신적 에너지를 아이와의 관계에 투자하면 그만한 수익도 없을뿐더러, 자산만 고갈되어 아이와의 친밀감이 조금씩 사라질 것이다.

부모 통제 행동은 단기간에는 당신의 두뇌에 약간의 안도감을 줄 수

있다. 편도체의 '뭔가 잘못됐어……. 아이가 추울 거야……. 저렇게 나가면 눈사람 만들다 몇 분 만에 얼어 죽을 수도 있어.'라는 신호에, 아이에게 "방한바지 입어."라는 행동을 명령하는 것으로 응답하면서 말이다. 당신의 두뇌가 아이의 생존에 꼭 필요한 것이라고 판단한 행동을 아이가 하게 할 수 있다면, 당신의 두뇌는 이제 아이들이 안전하다고 믿으며 잠시 동안은 진정할 것이다. 하지만 당신의 두뇌가 받게 되는 장기적 메시지는 '아이가 내 말을 듣지 않고 방한바지를 입지 않으면 안 좋은 결과를 경험하게 될 거야. 나는 이렇게 계속 아이가 내 명령을 따르도록 만들어야 해. 안 그러면 아이들은 살아남을 수 없을 거야.'와 같다.

그리고 당신은 두뇌를 재배선함으로써 당신이 아이의 삶에 있는 모든 부분을 통제할 수 없다는 것을(그리고 그러지 않아도 된다는 것을) 수용할 수 있다. 아이가 개입 없이 대처할 수 있도록 할 때, 당신의 두뇌는 아이가 (비록 추워하고 옷이 젖었을지라도) 실제로 괜찮다는 것을 학습하게 된다. 이와 같은 더 많은 순간을 통해 당신의 두뇌는 아이가 혼자 힘으로 걸어갈 때 얼마나 단단하고 유능해질 수 있는지를 경험할 수 있다. 당신의 두뇌는 진정할 수 있고, 스트레스와 불안도 덜 경험할 것이다. 그리고 결국 더욱더 많은 통제권을 아이에게 넘겨주면서 당신 스스로를 자유롭게 해, 아이의 모든 것을 일일이 관리하는 대신 아이와 함께 살아 나가는 즐거움을 누릴 수 있다.

받아들이는 것이 효과를 내도록 만들기

'수용'이란 부정적인 결과를 바라는 것을 뜻하지 않는다. 예를 들어 보자. 발가락을 어딘가에 찧었을 때 순간적으로 펄쩍 뛸 만한 고통으로 흥분하지 않을 수 없다는 것은 받아들일 수 있다. 하지만 이건 그런 상황이 벌어졌을 때 그 상황에 대치하기보다는 '그 상황에 열려 있다는 것'을 의미한다. 그래서 '내가 너무 서툴고 산만해서 주변 환경에 대한 주의력도 없는 거야.'라고 스스로에게 소리치고 나서 그 펄쩍 뛸 만한 고통 외에도 훨씬 더 큰 불편함을 경험하는 대신, 그저 '아, 내가 발을 찧었구나. 이제 잠깐의 고통을 견뎌 내야 해.' 하며 받아들일 수 있을 뿐이다. 신체적인 고통 위에 정서적 불편함을 쌓지 않는 편을 택할 수 있다. 이것은 심리학적 수용이다. 즉, 변화할 수 없는 것을 바꾸려고 싸우는 대신 피할 수 없는 것에 열려 있는 태도인 것이다.

목표는 그 상황과 싸우는 대신 그 상황을 수용하고 받아들이는 것이다. 발가락을 찧지 않았거나, 아이가 저 눈보라에 나가서 놀기 전에 방한바지를 입힐 수 있었다면 더 좋았을까? 당연히 그랬다면 좋지 않았을 리는 없다! 하지만 적극적으로 '수용'하는 태도를 선택하면, 당신의 지적·정서적·신체적 자원을 자유롭게 함으로써 당신의 삶에서 의미 있는 변화를 만들어 낼 만한 곳에 쓸 수 있다.

알리는 제한된 부모 통제를 수용하는 것을 나태와 회피로 보는 태도에서, 정서적 에너지를 어떻게, 어디에 투자할지 선택하는 적극적인 접근법으로 보는 태도로 전환하는 도전에 직면하게 되었다. 그는 이 도전으로 루카스가 나이에 맞는 선택을 하는 범위를 확장할 수 있도록 하게 만드는 몇 가지 작은 실험을 하게 됐다. 그리고 이러한 노력을 통해, 알리는 왜 수용 기반 양육에 수동적인 요소가 없는지를 직접 경험하게 되었다. 루카스가 치킨 너겟을 먹기 전에 과일 한 접시를 먹을지 말지를 선택하게 하는 것에는 힘들고 결단이 필요했다. 비록 알리의 두뇌에서는 '그 과일은 식사 후에 먹는 디저트야. 치킨 너겟 먼저 먹어야지!'라고 소리치고 있기는 했지만 말이다. 알리는 연습할수록 아들이 나이에 맞는 선택을 하는 실험을 더 잘할 수 있게 되었고, 그 결과가 알리의 두뇌가 과도한 걱정으로 내리는 지시와는 다를 때조차도 감내했다.

알리는 자신의 불공평하고 정확하지 않은 양육 판단에 대해 자리아에게 사과해야겠다고 다짐한다. 여동생이 에밋에게 스스로 선택할 수 있도록 허용할 때 어떤 일이 일어나고 있었던 것인지 이해할 수 있게 된 것이다. 앞서 살펴본 방한바지 사건과 같이 밧줄을 놓고 에밋이 선택하게 할 때, 그녀는 '부모 통제를 포기'하고 있었던 것이다. 그녀가 너무나 약해서, 아니면 게을러서 에밋이 방한바지를 입게 만들지 못한 게 아니었다. 그녀는 그저 에밋이 스스로의 선택으로 따라오는 결과를 경험하게 하고 싶었을 뿐이다. 알리는 전에 자리아가 이렇게 한다는 말을 들었지만, 그때는 전혀 이해할 수가 없었다. 그저 쉬운 길로 가려는 것에 대한 변명처럼 들릴 뿐이었다. 그리고 알리는 스스로 한 발자국 뒤로 물러나 루카스가 어떤 결정을 스스로 하게 하는 데 얼마나 많은 힘과 용기가 드는지를 경험하고, 좋은 부모가 된다는 것이 어떤 의미인지 더 잘 이해할 수 있었다. 좋은 부모는 언제 통제를 해야 할지를 알고 있는 것은 물론, 아이가 책임감, 자립심, 자신감 있는 성인이 되기 위해 필요한 성장 경험을 할 수 있도록 때에 따라 흔쾌히 통제하는 것을 포기한다.

선택적으로 부모 통제를 포기할 때, 당신은 아이와의 줄다리기에서 밧줄을 일부러 놓는 행동을 하는 것이다. 그리고 아이가 경험하고 있는 상황을 받아들이고, 당신이 아닌 아이 스스로가 원하는 것에 따라 결과가 펼쳐질 수 있도록 하는 것에는 큰 힘과 용기가 필요하다. 알리의 경우처럼, 선별적으로 부모 통제를 포기하는 것이 실제로는 왜 '약함'이 아닌 '강함'을 보여 주는 것인지를 두뇌가 이해할 수 있게 하려면 약간의 놀이와 실험이 필요할 수 있다.

하지만 통제 기반 양육에서 수용 기반 양육으로 전환하는 것은 스위치를 켜고 끄는 것만큼 쉬운 일은 아니다. 아이의 행동을 덜 통제하고 더 수용하는 노력을 하기 위해 양육 두뇌를 재배선하는 것은 직관에 반대되거나 두려움, 심지어는 완전히 잘못되었다는 느낌을 줄 수도 있다.

양육 두뇌 재배선 활동: 부모 통제에 관한 오해들

혹시 통제에 관한 다음과 같은 믿음들이 아이와의 권력 다툼에서 갇혀 있게 만드는가?

- 내가 충분히 노력한다면 아이가 내가 원하는 길을 따라오게 할 수 있을 거야.
- 통제하려고 싸우지 않는다면, 아이에게 결과 없는 잘못된 선택도 할 수 있다는 것을 보여 주는 것과 같아.
- 아이가 내 지침 없이 부정적인 결과로 이어질 수도 있는 걸 하게 내버려 둔다면, 나는 괜찮은 부모라고 할 수 없어.
- 아이의 선택을 받아들이기만 한다면, 내 아이는 자라서 무자비하고, 사려 깊지 못한 [다른 부적절한 특성] 사람이 될 거야.

통제 기반 양육의 가치와 필요성에 관한 이러한 믿음들을 제외하고, 당신의 수용 기반 양육을 시험해 볼 능력을 막고 있는 또 다른 믿음이 있는가?

양육 두뇌 재배선 활동: 수용, 왜 당신에게 가치가 있는가?

자, 매끄러운 부모 통제를 위해 고군분투해도 효과가 없다는 느낌, 끝나지 않는 줄다리기에 갇혀 있다는 느낌만 남긴다는 것을 알게 되었다. 그러니 이제 당신의 양육 두뇌를 재배선해 아이의 삶에 대해 지시

하는 대신, 아이를 지원하고 코치해 주었을 때 당신과 아이를 기다리
고 있을 의미 있는 순간들을 탐색해 보자.

- 아이와 당신의 관계는 어떻게 달라질까?
- 파트너나 가족 구성원과의 관계는 어떻게 변할까?
- 아이와 함께할 수 있는 활동에는 어떤 것들이 있을까?
- 양육에서 어떤 부분에 더 집중할 수 있을까?
- 이제 당신의 삶에서 어떤 중요한 부분들을 즐길 수 있게 되었는가?

수용을 통해 권력 다툼에서 벗어날 수 있다

겉으로 보면, 자리아가 에밋과 권력 다툼을 아주 매끄럽게 해낸 것
으로 보이지만, 잘 들여다보면 자리아는 여전히 에밋이 장애물을 마주
할 때마다 구해 주거나 올바르게 잡아 주고, 통제하고 싶은 충동에 굴복
하지 않기 위해 노력을 다해야 한다. 예를 들어, 최근에 자리아는 에밋
이 집에 친구들을 초대하는 것을 허락해 준 적이 있었다. 아이들은 모
두 흥분해서는 시끄러웠다. 가장 좋아하는 비디오 게임을 하면서 간식
은 또 얼마나 먹던지……. 자리아는 아들이 친구들과 친밀한 모습을 보
는 것이 너무나 좋았다(간혹 휴대전화든 컴퓨터든 화면을 통해서였을지라도). 자리아
는 이에 안심하며, 에밋의 여동생 마야가 낮잠을 자는 동안 가장 좋아하
는 팟캐스트를 들으면서 하루 중 휴식을 즐기기로 했다. 그런데 즐거웠

던 순간도 잠시. 에밋과 친구들이 무슨 게임을 하는지는 모르겠지만 하고 있던 게임에서 우승을 차지하려고 소리 지르고 환호하는 것 때문에 그녀의 휴식 시간은 방해를 받았다. 자리아는 소리 좀 낮추라고 몇 분마다 아래층으로 내려가서 아이들에게 주의를 줘야 했다. 아이들은 매번 알았다고 했다. 그때, 몇 분이 지나지 않아 특히 흥분을 잘하는 아이 하나가 또 소리를 지르기 시작했다. 자리아의 불만은 산처럼 우뚝 솟았다. 그 아이의 주의력 결핍, 겉으로 보기에 자신의 가족들을 노골적으로 무시하는 듯한 태도에 너무나 짜증이 났다. 아래층으로 쏜살같이 내려가서 비디오 게임을 끄고, 아들의 친구들에게 그렇게 무례하게 굴고 내 말을 듣지도 않을 거면 집에 가라고 이야기하고 싶은 마음이 굴뚝 같았다.

자리아에게는 두 가지 선택권이 있었다. 첫 번째, 에밋과 에밋의 친구들에게 (더욱 아동 친화적인 말을 사용해서) '더 이상 기회는 없고, 노는 시간은 끝났다'고 이야기할 수 있었다. 이렇게 되면 이제 남은 하루 동안 에밋은 절망감과 분노를 느끼는 상태로 남게 된다. 그건 자리아가 '나만의 시간'을 좀 즐겨 보려는 데 도움이 하나도 되지 않을 것이다. 또, 에밋은 결국 친구들에게 야유와 놀림을 받게 될 가능성이 높다. 다른 아이들은 소리를 크게 하든 작게 하든, 밤이든 낮이든, 거의 아무런 제약 없이 비디오 게임을 하는 게 가능한 것처럼 보일 것이다. 자리아는 아이의 비디오 게임 사용에 관한 자신의 입장에 대해 그렇게까지 할 준비는 되지 않았다. 하지만 여전히 아이가 그들이 사는 커뮤니티의 사회적 규범 내 어딘가에 속하는 사람이길 바랐다.

두 번째, 자리아는 헤드폰을 쓰고 팟캐스트를 들을 수 있었다. 마야가 낮잠에서 깬다고 해도 그건 세상의 끝이 아님을 받아들일 수도 있다. 자리아는 딸의 낮잠 루틴을 유지시킨 지 꽤 되었고, 이것은 이렇게 피할 수 없는 발전적 변화를 허용하기 위해 필요한 살짝의 변화였다. 마야는 이미 이 낮잠 루틴에 맞는 시기를 지나 버려서, 낮잠을 재우는 게 마야에게는 더 힘든 일이었다. 자리아는 마야의 낮잠으로 가능해진 고요한 시간을 그렇게 즐기고 있었지만, 점점 더 늘어나는 고난을 부인하고 있었던 것이다. 이제 수용 기반 양육이 마술을 부리게 할 때가 됐다. 즉, 에밋과 친구들의 시끄럽고 소란스러운 놀이 시간, 마야가 낮잠을 잘 때 느낄 수 있던 귀한 하루 중 휴식 시간을 잃게 되는 것 모두를 받아들여야 할 때였던 것이다.

자리아는 현실을 받아들이기로 한다. 아들의 친구들이 시끄러울 때 계속해서 주의를 주더라도 도움이 되어 보이지는 않았다. 아래층에 내려가서 소리를 줄이라고 이야기하고 통제하려 할 때마다, 아무 효과도 없이 그저 더 무력해지고 효과도 없는 듯한 느낌만 들었다. 그래서 자리아는 아들이 친구들과 유대감을 쌓고 즐거운 시간을 보내는 것을 보는 게 얼마나 큰 기쁨이 되는지에 집중했다. 자리아는 수용을 선택함으로써 부모 통제 노력의 한계와 대가를 인식할 수 있었다. 그녀는 자율성을 요구하는 아이에게 지는 싸움을 계속해서 하지 않았다. 이는 불만스럽지만 아이의 발달에 적절한 것이었다. 대신, 그녀는 팟캐스트에서 새로운 꿀팁을 얻는 것과 같이 더 생산적인 일에 에너지를 투자할 수 있었다.

수용 정신 근육을 유연하게 하는 연습을 함으로써, 당신도 양육에서 오는 통제할 수 없는 순간들을 감내하고 헤쳐 나갈 수 있다. 그 모든 것의 혼돈과 불안 속에서도 심지어는 경이로움과 기쁨을 발견할 수도 있을 것이다. 부모 통제 포기 능력을 강화하는 데에는 철학적인 변화만 필요한 것이 아니다. 아이에게 올바른 것을 알려 주거나, 명령하거나 구해 주고픈 끝없는 충동에 굴복하지 않고 참으면서도, 아이의 의사 결정 능력을 넓혀 가는 지속적이고 일관적인 연습이 필요하다.

양육 두뇌 재배선 활동: 밧줄 떨어뜨리기 연습하기

아이가 다음 주 피아노 레슨에 가고 싶지 않다며 징징대며 불평하고 있다고 상상해 보라. 당신은 그저 자기 전에 책을 읽으며 심신을 안정시키려 했는데, 너무나 실망스러울 뿐이다. 당신의 본능은 "레슨비를 냈고, 너는 수업을 들어야 해."라고 잘못된 상황을 바로잡으려 한다. 게다가 당신은 아이가 레슨 전에는 징징대는 경향이 있지만, 막상 레슨을 받고 나면 새롭게 배우게 된 것에 자랑스러워할 것임을 안다. 여기서 당신에게는 두 가지 옵션이 있다.

1. 실망한 듯한 목소리로 아이에게 레슨에 가는 수밖에 없다고 설명한다. 아이가 계속해서 가지 않겠다고 말하면, 레슨비를 어떻게 미리 낼 수 있었는지 알려 준다. 노력하려고 하면, 우리는 그 노력을 끝까지 해내야 한다고 말이다. 어느 날 직업을 갖고 거처할 곳을 마련하게 된다면, 피곤하거나 스트레스받거나, 원치 않을지라

도 어쨌든 힘든 일을 하는 방법에 대해 배워야 하니까.

2. 레슨에 가야만 한다는 것에 대한 아이의 실망감을 인정하고, 아이에게 레슨 일주일 전 잠들기 직전에 그 일에 대해 논의할 시간이 아님을 알려 준다. 피아노 레슨에 대해 아이가 어떻게 생각하는지 다른 때에는 대화를 나누어 볼 의지가 있지만, 그 순간에는 자기전이 긴장을 풀어야 할 때임을 아이에게 알려 주는 것이다.

첫 번째 옵션이 올바른 결정 같다고 생각하는가? 그렇다면 그다음에는 어떤 일이 일어날 것으로 예상하는가? 아이는 아마도 레슨에 가지 않고자 하는 목표를 달성하기 위해 자기주장을 계속할 것이다. 당신은 당신에게 통제권이 있고 아이를 위해 결정한 것이라고 계속해서 되새길 것이다. 그럼 아이는 당신을 '최악의 부모'라고 부를 수 있다. 다툼은 아이와 당신 둘 다 지칠 때까지 계속될 것이다. 결국 둘 다 안정과는 거리가 먼 기분을 느낄 것이다. 그럼 아주 긴긴밤이 될 것이다……. 두 번째 옵션은 힘든 선택이라는 생각이 드는가? 통제 시도를 포기한 것에 대한 불편함과 무슨 일이 일어날지 모른다는 불안함을 느꼈는가? 그런데 그다음에 일어날 수 있는 일은 당신을 놀라게 할지도 모른다. 아이는 아마도 자기 이야기를 부모가 들어주었기에 자신이 인정받았다고 느낄 것이다. 당신이 이해한다는 것을 표현만 해 주면, 아이는 더 이상 자기주장을 하려고 싸울 필요가 없게 된다. 그리고 그 순간, 당신은 그들을 인정하기로 결정한 것이다. 다음 주에 피아노 레슨을 가지 않아도 된다는 말을 듣기를 바라는 아이의 마음에 양보하지 않고 말이다. 그 순간 당신이 통제를 원하는 아이에게 그 통제권을 뺏기지 않으려 싸워야 한다는 것이 아니다. 당신은 부모이고, 아이가 당신의 권위를 인정하지 않는다고 하더라도 당신은 여전히 그 권위를 가지고 있는 것이니까.

양육 두뇌 재배선 활동: 통제하는 것과 통제하지 않는 것

A 파트

한 주 동안, 〈훈련 일지〉에 스스로가 아이와 권력 다툼을 하게 됐다는
것을 발견한 양육 순간에 대해 기록해 보라.
아이의 행동에 통제력을 발휘해야겠다는 필요성을 느낄 때마다 다음
단계대로 따라가 기록해 보라.

1. 0점부터 10점까지를 기준으로, 당신이 통제권을 가지고 있을 때
   얼만큼의 고통이 느껴지는지 기록해 본다.
2. 부모로서의 당신이나 그 상황에 대해, 불편하게 느껴지는 신체 감
   각이나 비관적인 생각들에 대해 기록해 본다.
3. 이 특정 상황에서 통제권을 쥐고 있는 것이 당신의 양육 가치관에
   더 가깝게 해 주는지, 아니면 그렇지 않은지 생각해 본다.
4. 당신이 이 상황에서 줄을 놓고 아이가 원하는 대로 선택하게 한다
   면, 실제로 아이가 얼마나 큰 위험에 처하게 될지 가늠해 본다.
5. 전체적인 테마나 패턴이 있는지 곰곰이 생각해 본다. 당신의 양육
   두뇌가 아이에 대한 통제력을 포기하려고 하는 것, 그리고 그 고
   삐를 놓고 아이가 주도하는 의사 결정을 허용하려고 두뇌가 애쓰
   는 것. 이 두 가지의 미묘한 차이와 대조점은 무엇인가?

밧줄을 놓기로 한 상황을 흔쾌히 선택하려는 마음에 관하여 어떤 생
각이 들었는가? 어떤 두려움이 당신 앞에 나타났는가? 선택한 영역
에 대한 통제권을 포기해서는 안 되는 이유를 정당화하려는 양육 두
뇌를 발견하게 됐는가? 아이의 생애 영역에서 부모 통제를 최대한으
로 유지하기 위해 이성을 기반으로 한 선택을 하는 것과, 두려움을 기

반으로 한 선택을 하는 것 사이의 차이를 보았는가? 감정적으로 반응하고 편도체가 활성화된 정신이 당신에게 어떤 일에 대해 '그 일을 계속해야 해. 그렇지 않으면 비관적인 결과가 일어날 거야.'라고 걱정스레 지적할 때 당신의 몸에서는 어떤 느낌이 드는가? 이를 양육 가치에 따라 이성을 기반으로 하고 PFC가 활성화된 정신이, 아이가 장기적으로 되돌릴 수 없는 결과를 가져올 만한 결정을 할 준비가 아직은 되지 않았다고 선언할 때와 비교해 본다.

B 파트

당신은 이번 활동을 통해 아이의 특정 삶의 영역은 지금으로서는 협상 불가하며, 그 부분에 관해서는 양육 가치관과 믿음을 기반으로 아이가 향후 발달 이정표에 다다를 때까지 본인이 의사 결정자로서의 역할을 계속해 줄 것임을 더욱 분명히 할 수 있다. 또한 당신은 통제를 포기하는 연습을 할 수 있고, 아이는 더 큰 개인의 책임감을 연습하는 것은 물론 자신의 결정에 따른 결과로부터 배울 수 있는 '건강한 도전 구역'을 찾는 데에도 도움이 될 것이다.

 〈훈련 일지〉에 '통제 양동이 세 개'를 나타내는 세 개의 원을 그려 보라.

1. 1번 양동이에는 아이와의 관계에서 (1) 당신을 짜증나게 하면서도 아이가 하지 않길 바라는 문제, (2) 당신의 통제를 벗어나는 문제를 나열해 보라.

   - 실망스럽기는 하지만, 이런 문제들은 노력할 가치가 없다. 당신이 통제권을 뺏기지 않으려 싸울 때 아이와의 갈등은 피할 수 없기도 하다. 이런 문제들로 따라오는 불편함을 당신은 감내할 수 있다.
   - 예시: 불량 식품을 먹는 것, 손가락 마디를 꺾어 소리 내는 것, 침구 정리를 끼먹는 것, 시작한 일을 끝내지 않는 것, 피아노 연습을 제대로 하지 않는 것

2. 2번 양동이에는 아이와의 관계에서 (1) 향후 문제가 되는 행동으로 이어질지 몰라 걱정되는 문제, (2) 가족의 가치 체계와 유연하게 부합하지 않는 문제[아이는 가족이 가진 가치관(가령, 종교)과는 다른 가치관을 택할 수 있다. 그래서 유연해질 수 있는 것이 중요하다. 그러나 (친절함과 같이) 사람들이 흔히 가지고 있는 핵심적인 가치관은 당신이 안내해 줄 수 있는 부분이다.]를 나열해 보라.

- 당신은 살짝 개입해서 아이가 더 적응적인 행동을 하게끔 도와줄 수 있다. 다만, 아이가 자연스러운 결과를 통해 배우고, (결국 그렇게 하기로 선택한다면) 변화의 내적 동기를 가질 수 있도록 해 주라. 그런 불확실성을 당신은 감내할 수 있다.
- 예시: 제시간에 잠을 자지 않는 것, 시험을 위해 공부를 하지 않는 것, 바람직하지 않은 친구들과 노는 것, 친구에게 무례한 발언을 하는 것

3. 3번 양동이에는 안전과 관련된 문제를 나열해 보라.

- 이 문제들은 협상이 불가하다. 당신이 적극적으로 끼어들어 통제해야 한다. 여기서 당신의 에너지가 효과적으로 사용될 수 있다.
- 예시: 가출, 공격적인 행동, 학교에서 낙제하는 것

가끔은 역할이 뒤바뀌었을 경우 당신이라면 어떻게 반응할지 생각해 보는 것이 도움이 된다. 누군가 당신의 선택을 통제하려고 했을 때로 되돌아가 생각해 보라. 아마 어렸을 때 미술사 연구에 집중하고자 하는 당신에게 대학에서 경영학 전공을 해야 한다고 말씀하시는 단호한 부모님이 계셨을지도 모른다. 그 압박감이 어떤 느껴졌었는가? 그게 대학에 관한 당신의 동기와 흥미에 어떤 영향을 주었는가? 아마도 그건 당신이 자신의 선택에 훨씬 더 단호해지게 만들었거나, 아니면 죄책감과 혼란스러움으로 당신을 채워 버렸을 것이다. 어쨌든 당신이 전공을 선택했다고 생각해 보자. 그 이후에 오는 문제들에 대해

서는 처리할 수 있는 능력을 갖추게 되었는가? 당연히 그랬을 것이다. 배운 교훈이 있으니, 해결책을 찾았을 것이다. 이제 스스로를 한 부모의 관점에서 보면, 당신의 부모님은 아마도 당신이 살면서 성공하기를, 안정되기를 바라셨다는 것을 알 수 있을 것이다. 그렇지만, 부모님의 의도가 당신이 삶의 경로에서 택하려는 단계를 통제하려는 좋은 의도의 통제임에도 불구하고, 부모님의 가치관이 효과적으로 삶을 사는 방법에 대해 궁극적으로 가르쳐 주었는가? 직접 살아 보는 방법 말고, 삶의 교훈을 배울 수 있는 더 나은 방법이 있었는가?

자율성이 높아진 상태에서 아이의 두뇌는?

양육 두뇌에게 아이의 역량을 더 신뢰하라고 알려 준다고 해서, 아이가 항상 올바른 선택을 할 것이라고 보장할 수는 없다(그건 누구에게나 불가능한 일이다.). 아이가 모든 부정적인 결과로부터 보호받을 수 있음을 의미하는 것도 아니다. 하지만 여기서 가능한 것은 역시나 주목할 만하다. 선택적으로 부모 통제를 포기하고 아이가 발달에 적절한 방식으로 자율성을 확장하도록 허용함으로써, 당신은 아이에게 '부모가 나를 믿고 있다.', '나를 유능하고 회복력 있는 사람으로 본다.'고 알려 줄 수 있다. 아이가 (계속해서 당신의 명령을 따르는 대신) 대처 방법을 선택할 때마다 효과적인 의사 결정 두뇌 회로를 향상시키게 되기도 한다. 아이가 옳은 선택을 할 때면 유사한 선택을 하는 법에 대해 배우게 되고, 잘못된 선택을 할 때면 다음에 오는 삶의 갈림길에서 부정적인 결과를 피하는 법에 대해 배우게 된다. 그렇게 쭉 올라간 아이의 자신감과 자아감은 안전하고 생산적인 삶을 구축하고 유지할 수 있는 아주 강력한 자원이 된다. 그래서 가끔은 아이의 옷이 젖고 아이가 추워하더라도, 아니면 숙제를 끝내지 않아서 휴식 시간 동안 집에만 있어야 한다고 하더라도, 스스로 선택해서 이런 상황, 그리고 이와 유사한 장애물을 넘을 수 있다는 것을 학습함으로써 효과적으로 문제를 해결하고 건강하게 대처하는 삶을 살 수 있을 것이다. 또한 아이가 나이에 적절한 선택을 할 수 있게 되는 것은 아이 자신에게도 이득이 될 뿐 아니라, 당신의 양육 두뇌가 스트레스와 불안을 덜 겪고, 즐거움과 경이로움, 기쁨의 순간을 더 많이 공유할 수 있게 해 줄 것이다.

양육 두뇌 재배선 활동: 나만의 부모 통제 포기 계획 세우기

자, 여기까지 한 모든 걸 조합해 봐야 하는 시간이다. 이제 당신과 당신의 아이가 권력 다툼에 대처하는 것을 더욱 쉽게 만들어 주는 맞춤형 양육 계획을 만드는 단계로 안내할 것이다. 이제 당신은 아이에 대한 의사 결정 권한을 포기해야 할 때와 아이가 더 자라서 성숙할 때까지 통제를 유지해야 할 때를 의식적으로 결정할 수 있다. 다음에 대해 생각해 보고, 〈훈련 일지〉에 기록해 보라.

- 아이의 기질, 특수한 성격, 강점
- 당신 자신의 기질과 양육 강점
- 당신의 가족과 문화적 가치관
- 당신의 양육 접근법에 도움을 줄 수 있는 사회 행사
- 공동 양육 문제와 성장 기회
- 당신의 양육 훈련을 방해할 수 있는 개인적 문제

위의 답변을 기준으로, 하루에 한 번 '부모 통제 포기하기' 정신 근육을 움직이려고 노력해 보라. 지금 바로 부모 통제를 최대로 유지하던 것에서 수용 기반 양육으로 180도 전환하여 빠른 성과를 봐야 하는 것은 아니다. 아이가 방과 후 간식으로 무엇을 먹을지, 학교에 어떤 옷을 입고 갈지 선택하도록 내버려 두는 것과 같이, 사소한(그렇지만 중요한) 단계부터 수용을 포용하는 쪽으로 천천히 걸어 나갈 수 있다. 목표는 낙하산 없이 절벽 낭떠러지로 떨어지는 것이 아니라는 점을 기억하라. 이 과정이 안전하고 믿을 수 있는 낙하산을 함께 만들어 나가는 과정이라고 생각하라.

통제 불가 사실을 수용하는 활동의 작동 원리

통제할 수 없는 것을 통제해 보려고 과한 정신적, 정서적 에너지를 흘려보내는 경우, 결국에는 스트레스받고, 지치고, 좌절하게 된다. 그리고 이 힘든 일 모두 당신이 되고자 하던 효과적이고 연민 어린 부모의 모습에서 더 멀리 떨어뜨려 놓을 뿐이다. 대신, 아이는 나이에 맞게 자율

성을 확대하고 효과적인 의사 결정을 연습하는 기회를 찾을 수 있다. 이런 기회는 아이에게 비효율적인 의사 결정은 물론, 효과적인 의사 결정에 따라오는 (작지만 의미 있는) 결과를 통해 아주 귀중한 삶의 교훈을 준다. 이는 당신의 양육 두뇌가 아이의 삶에서 현재로서는 협상 불가한 부분이 무엇인지 명료하게, 분명히 찾을 수 있도록 도와주기도 한다. 일단 아이가 당신이 진심을 말하고 있다는 것을 안다면, 자연스럽게 권력 다툼에 힘을 덜 들일 것이다. 아이는 언제 당신이 진심인지, 언제 당신이 흔들릴 여지가 없는지를 알 수 있다. 아이가 당신을 충분히 괴롭혔다면 스스로 선택하게 내버려 두면 된다. 아예 처음부터 삶의 다른 영역에 대해 통제권 포기를 기반으로 하겠다는 쪽을 택하는 편이 더 낫다. 그렇게 되면 모든 당사자의 스트레스와 불안이 훨씬 줄어들 것이다. 그렇게 아이와의 권력 다툼에 소요하는 시간이 적어지면, 당신은 멋진 삶을 사는 데, 그리고 아이가 당신과 같이 멋지게 살 수 있도록 가르쳐 주는 데 더 많은 에너지를 투자할 수 있을 것이다.

Chapter 8

나의 가치관에
부합하는 삶

다음에 나오는 두 엄마의 이야기는 당신의 아이가 학교 운동선수, 또는 온통 마음을 빼앗겨 다른 특별활동에 참여하고 있다면 친숙하고 도움이 될지 모른다.

모나와 젠에게는 각각 아들이 한 명씩 있다. 아들 두 명 모두 고등학교 2학년 학생들이다. 두 아이는 학교 대표팀에서 열정적이고 노련한 하키 선수로 활동 중이다. 두 엄마 모두 아들이 하키에 대해 가진 투지와 열정이 자랑스러웠다. 투자도 많이 했다. 매 연습과 경기 때마다 아이를 차로 데려다주고, 종종 대회가 있을 때에는 먼 곳까지 함께 갔다. 둘 다 하키를 하고자 하는 아들의 열정을 키워주기 위해 열심히 노력했다.

젠은 자신을 위한 시간을 가지려고 애썼다. 아이를 위한 간식을 챙기고, 경기장에 데려다주고, 자신의 직업적 삶도 계속해서 살아내느라, 종종 긴 한 주가 지나면 녹초가 되곤 했다. 젠은 다른 부모들은 정신을 차리고 살고 있는 것 같은데, 어쩜 그럴 수 있는지 이해할 수가 없었다. 모든 것에 100%의 노력을 들이는 것은 지속 가능하지 않았으니까. 그녀는 배우자한테서 방치된 느낌을 받기 시작하는 자신을 느낄 수 있었다. 업무상 마감 기한을 몇 번이나 놓쳐 동료들이 얼마나 짜증을 냈는지 말할 수 있었다. 하지만 젠은 아들 노아가 하키를 얼마나 사랑하는지 알고 있었고, 아들이 자신의 연습을 우선으로 할 수 있도록 도와주는 것이 너무나 좋았다. 노아가 점수를 내거나 팀 선수들과의 동지애를 보일 때에는 엄청나게 신나했다. 그런 모든 순간에 그녀는 자신이 있어 주고 싶었다. 노아가 성취감을 느낄 때면 젠도 그 성취감을 느꼈다. 노아가 경기에서 이길 수 있는 골을

넣지 못하고 패배감을 느낄 때, 젠도 그의 고통을 느꼈다. 다른 부모들을 위해 간식도 챙겨 주고, 하키 경기 순회도 짜 보고, 팀 선수들을 마치 가족처럼 챙겼다. 운동은 노아에게 너무나 중요한 것이었기 때문에, 젠은 노아의 운동을 위해 가능한 모든 것을 하는 데 자신의 온 마음과 정신을 쏟았다. 그에게 중요한 것이라면, 그녀에게도 중요했던 것이다.

모나도 아들의 학교 일정을 관리하고, 아들을 하키 연습 장소에 내려 주고 데려오고를 하며 일주일을 보내고 나면, 정서적으로나 신체적으로 온 힘이 다 빠지는 걸 느꼈다. 어느 날 금요일, 그녀는 그 주 초에 너무나 바빠서 스스로를 위한 시간을 가지지 못했다는 것을 깨닫는다. 그리고 자신이 도대체 왜 그렇게 지쳤다고 느끼는지 이유를 찾고는 다소 안심한다. 모나는 자신이 스스로를 돌보지 않고 일주일 중 어느 때에 자신에게 중요한 것에 닿지 못했을 때, 자신의 삶 속 다른 모든 게 더 혼란스럽고 관리하기 어렵게 느껴진다는 사실을 아주 힘들게 배우게 되었다. 모나는 멋진 엄마가 되려고 노력하면서도, 이 중요한 역할과 자신의 삶에서 귀중한 다른 부분 사이의 균형을 맞춰야 할 필요가 있다는 것을 알았다. 그녀는 뮤지컬, 베이킹, 야외 활동을 사랑하는 모험 추구자이기도 했다. 그런 그녀는 스스로의 이러한 모든 부분이 자신에게 힘과 성취감을 주는 데 꼭 필요한 부분임을 알게 된 것이다.

자, 어떻게 해야 할까? 두 엄마 모두 아들의 운동에 투자하는 시간을 줄일 준비가 되지 않았는데 말이다. 실제로 그렇게 한다고 생각하면 둘 다 기분이 훨씬 상했다. 둘 다 아들들이 하키에 투자하는 모든 노력에 함께하고 싶어 했다. 하지만 젠은 아들을 중심으로 하는 하나의 가치에만 아주 좁게 매몰되어 있는 한편,

모나는 스스로의 다른 중요한 부분을 돌봐야 한다는 것을 인식하고 있다.

젠의 양육 두뇌 기본 상태: 아이 중심의 삶

젠에게 문제는 자신이 노아의 운동을 우선시한다는 점이 아니었다. 자신이 그의 운동을 '과하게' 우선시한다는 점이었다. (가족과 업무를 돌보는 것은 말할 것도 없고) 한 주 내내 아이의 하키 관련 일을 처리하고 나면, 지치는 것은 물론 아주 조금의 억울함도 느껴졌다. 노아의 하키 커리어에 관여하는 것이 자신에게 중요함을 알고 있는데도, 신나는 마음보다 지치는 마음이 점점 더 자리를 잡게 되었다. 젠은 다른 하키 선수 엄마들만큼 헌신하고 있지 않다고 스스로를 판단한다. 그리고 다른 엄마들이 어떻게 그렇게 모든 것에 시간을 내면서도 아이들의 일에 그 정도로 참여할 수 있는 것인지 이해할 수가 없었다. 다른 사람들이 곡예하듯 너무나 쉽게 하는 일을 엇비슷하게 해낼 수 없다는 사실에 부끄러움을 느끼기도 했다. 다른 사람들이 종종 그녀에게 떠미는 개념이었던 '스스로를 위한 시간을 만든다'는 생각은 그 자체로 바로 죄책감을 느끼게 했다. 젠은 자기 자신의 요구를 우선시하는 것을 생각만 해도 나쁜 엄마가 되는 것 같았다. 그리고 어떻게 됐든 노아가 도움을 받지 못한다는 느낌을 받게 하고 싶지 않았다. 노아가 젠의 이기심에 분함을 느껴 젠과 노아의 관계가 힘들어진다면? 젠은 이런 잠재적인 비관적 시나리오에 대해 걱정하며, 자기 자신을 비롯해 자신의 개인적인 목표와 우선순위 모두를 계속해서 도외시했다.

모나의 양육 두뇌 기본 상태: 본인의 가치관을 중심으로 하는 삶

모나는 균형이 잘 잡힌 우선순위를 갖는 것을 통해 더 힘을 얻고, 자신의 삶에서 중요한 부분에 대해 현재에 충실하다는 느낌을 받는다. 그녀는 양육 영역 밖에 있는, 자신이 사랑하는 활동에 참여함으로써 자아감과 목적 의식을 유지한다. 시간이 거의 없다는 걸 알고 있는 그녀는 한 주에 걸쳐 자신의 개인적인 가치를 매일 조금씩 주입해 보기로 한다. 예를 들어, 하키 연습까지 아들 에단을 데려다주는 20분 동안, 뮤지컬 <해밀턴>에서 자신이 가장 좋아하는 노래들을 쩌렁쩌렁 울리게 부른다. 에단이 곁눈질로 쳐다보며 헤드폰을 쓰더라도 말이다. 에단의 연습 시간이 끝날 때쯤 데리러 갔는데 좀 일찍 도착했다 싶으면, 차에서 나와 벤치에 앉아 신선한 공기를 즐긴다. 물론, 하키 연습장 주차장은 엄밀히 말하면 국립 공원은 아니지만, 바쁜 평일에는 신선한 공기를 맡으며 보내는 시간만으로도 야외 활동을 사랑하는 모나의 마음을 충분히 충족시켜 준다. 이런 순간들에 모나는 자신의 상상 속 가스 탱크를 꽉 채운 듯했다. 스스로에게 새로운 활력을 주고, 삶이 앞으로 그녀에게 가져다줄 것에 임할 준비를 하도록 도와준다.

젠과 모나 모두 아이의 열정과 관련하여 참여하고 지원하기 위해 헌신을 다한다. 노아, 그리고 노아가 그 어느 때보다 넓혀 가는 하키에 대한 요구에 젠은 점점 더 많은 것을 투자했고, 여전히 그것으로도 충분하지 않다고 느낀다. 자신이 더 나은 엄마가 되어야 한다는 느낌을 떨쳐 낼 수가 없는 것처럼 보였다. 하지만 노아를 위해 더 열중하려 하면 할수록, 그녀는 더욱더 지쳤고 엄마로서도 더 못하고 있는 것처럼 보였다.

하지만 이와는 반대로, 모나는 자신의 한계를 받아들였다. 그렇다, 모나는 아들의 하키 인생에도 헌신했지만, 엄마로서 계속해서 신나고 현실에 충실하려면 스스로를 위한 여유가 있어야 한다는 점을 알고 있었다. 그녀는 균형감과 삶의 만족도를 유지하기 위해 자신에게 맞는 페이스와 에너지 보유량을 유지해야 했다.

아이의 삶과 당신 자신의 삶을 관리하고 둘 다 관여하려고 할 때 이와 비슷한 문제에 마주했을 것이다. 젠과 모나의 이야기를 읽으면서, 아마도 당신의 양육 두뇌는 왜 당신 자신의 욕구나 필요를 위한 여유를 가지지 못하는지에 대한 설명이나 변명을 제공하려 했을 것이다.

이번 장을 통해 당신은 다음을 배울 수 있을 것이다.

- 활력감을 향상시키는 것을 알아보고 다시 친밀해지기
- 현재 스스로의 요구를 위한 공간을 만드는 데 방해가 되는 패턴을 인식하기
- 나와 아이에게 중요한 것을 통합한 현실적이고 균형 잡힌 라이프스타일 구축하기
- 나의 개인적인 가치관에 부합하는 행동과 활동에 의도적으로 열심히 참여하기

아이를 중심으로 하는 삶의 웃음과 눈물

아이를 중심으로 하는 삶을 살면서 얻을 수 있는 기쁨은 정말 강렬한 경이로움이 될 수 있다. 아이가 새로운 스킬을 배우거나, 스스로 가

장 좋아하는 음식을 주문할 때 느끼는 즐거움을 목격할 수 있다. 아이가 잘 자랄 때, 당신은 그 즐거움과 기쁨에 압도당한다. 하지만 그 이면도 사실이다. 아이가 흘리는 눈물은 당신의 (가슴을 너무나도 아프게 하는) 눈물이 되기도 한다. 아이의 고통은 당신의 고통이 된다. 아이를 중심으로 하는 삶은 당신이 아는 최선의 삶일 때, 당신은 진정 그 모든 것을 느끼게 된다. 부모가 아이의 경험과 너무나 얽혀 있어서 아이가 개별화, 즉 개별적인 존재로서의 느낌이 부족하다는 것을 느끼기 시작하는 것이 흔치 않은 일은 아니다.

개별화란 당신이 다른 이의 정체성과 구별되는 스스로의 자아감을 개발시키는 과정을 가리킨다. 좋은 부모가 되려면 부모 스스로의 욕구보다 아이의 욕구에 완전히 부응하는 것이 필요하다고 느껴질 수도 있다. 하지만 당신이 스스로의 요구를 도외시하고 모든 에너지와 정서적 자원을 아이의 경험에 투자하면, 부모인 당신뿐만 아니라 아이에게도 대가가 따른다. 과하게 관여하는 양육은 부모가 아이의 감정과 요구를 너무 많이 찾게 될 때 발생한다. 한 연구에서는 이러한 양육이 아이의 우울증 및 불안 증가로 이어질 수 있다는 사실을 발견했다(Yap et al., 2014). 당신의 즐거움과 삶의 만족도에 대한 책임을 본인이 지고 있다고 느끼는 것이 아이에게는 너무나 부담스럽게 느껴질 것이다. 아이는 당신 스스로도 괜찮다는 것을 알아야 한다. 그래서 아이가 유능함과 성숙함을 얻게 되는 하루하루 당신으로부터 점점 더 멀어질 때조차도, 탐색하고 성장하는 것이 안전하다는 것을 알아야 한다. 아이에게는 실수하고 잘

못할 수 있는 자유, 그리고 자신이 경험하는 어려움이 모두 당신에게 과한 해를 끼칠 것이라고 느끼지 않을 자유가 필요하다.

우리는 당신이 항상 아이의 요구보다 당신 본인의 요구를 우선순위에 두어야 한다고 제안하는 것이 아니다. 그저 귀중한 삶을 살아내는 데 있어서 다양한 접근법으로 즐겨 보기를 권하는 것이다. 부모뿐 아니라, 한 특수한 개인으로서도 당신에게 성취감을 주고 진실하게 느껴지는 접근법이다. 우리는 당신이 이를 유념하고, 불안에 떨고 있는 당신의 양육 두뇌가 그렇게 하는 건 '이기적'이거나 '잘못된 것'이라고 말할 때조차도 당신의 요구를 향해 움직이길 바란다.

가치관을 중심으로 하는 양육

가치관은 삶에 대한 당신의 행동과 관점을 이끄는 근본적인 믿음을 말한다. 당신에게 가장 중요한 것들, 당신의 삶에 의미를 주는 것들을 말한다. 가치관을 통해 당신은 당신을 기다리고 있는 다음 도전 과제들을 처리할 수 있을 만큼 활기를 되찾고 에너지를 얻었다고 느끼며 자유롭게 삶을 항해할 수 있게 해 준다. 가치관 중심 양육의 목표는 당신의 요구와 아이(들)의 요구 간 균형을 맞추는 것이다. 당신이 어려운 순간에 성공적으로 전원을 공급할 수 있도록, 잠시 멈춰서 당신의 가스 탱크를 다시 채울 때가 언제인지를 아는 것이다. 가치가 존재하는 삶은 당신과 아이가 장기적으로 성취감을 느끼도록 도와줄 수 있는 지속 가능한 라이프스타일이다.

그렇다면 '성취감을 느낀다'는 것은 어떤 의미일까? 여기서 '성취감'은 목적과 만족감이 가득한 깊은 의미가 있는 삶을 사는 것이라고 생각할 수도 있다. 성취감이 나에게 어떤 의미인지는 본인이 결정할 수 있다. 이 정의가 '행복'을 가리키지 않는다는 점에 주목하라. 목표는 행복해지는 것이 아니다. 모든 인간의 감정은 오르락내리락하기 때문에, 행복은 절대적으로 비현실적이고 달성할 수도 없는 것이다. 사회는 우리 두뇌가 계속해서 행복을 추구하도록 만들어 놓았다. 이건 대부분의 사람을 실패로 이끄는 흔한 오해이다. 그러나 최선의 삶을 살아내는 데에서 오는 이점을 완전하게 얻어 낼 수 있을 때, 비로소 그 귀중한 행복의 순간에 전적으로 열중할 수 있다.

아이와 부모 모두에게 영향을 미치는 가치관 중심의 양육

개별화를 향상시킬 수 있는 한 가지 중요한 방법은 당신 자신의 정체성을 더 정의해 보는 것이다. 당신에게 가장 중요한 것을 탐색하고, 당신을 '당신만의 모습'으로 만들어 주는 것을 받아들이라. 스스로와 스스로의 가치관을 살피는 데 쓰는 시간은 본인의 가치관에 부합하는 삶을 사는 것으로부터 느낄 수 있는 긍정적인 효과를 훨씬 넘어서는 혜택을 줄 것이다. 당신이 가치관을 중심으로 하는 삶을 사는 방식으로부터 아이는 직접적인 혜택을 받을 수 있을 것이다. 당신이 스스로의 욕구와 요구에 부응함으로써, 실제로 아이에게 중요한 삶의 스킬과 건강한 습관을 본보기로 보여 주고 있는 것이다.

당신이 스스로가 누구인지 받아들이고, 당신에게 가장 중요한 것을 우선순위에 두는 삶의 방식을 관찰하는 아이는 진정 자기 자신의 모습을 하고 있는 누군가를, 그리고 그런 자신에 대해 자신에 차 있는 누군가를 보고 있는 것이다. 자연이나 쿠킹쇼, 브로드웨이 뮤지컬에 대한 당신의 열정을 아이가 직접적으로 공감하지 못한다고 할지라도, 당신이 본인의 관심사를 우선으로 하고 유일무이한 자신을 받아들이는 방식을 볼 수 있다. 그럼 진정한 자기 자신이 되는 것, 그리고 자신의 가치관과 관심사를 존중하는 것의 중요성을 알게 될 것이다. 당신에게 에너지를 주고 즐거움을 가져다주는 것을 탐닉할 수 있도록 스스로를 허용하라. 그러면 아이에게도 똑같이 할 수 있도록 해 주는 것과 같다.

양육 두뇌 재배선 활동: 당신의 모든 것에 대하여

다음은 당신의 자아 성찰을 유도하기 위한 질문이다. 잠시 시간을 가지고 〈훈련 일지〉에 당신의 생각을 써 보자. 어떤 질문에 대해서도 너무 오랫동안 생각하지는 말고, 처음에 딱 떠오르는 걸 쓰면 된다. 여기서 추가 조건! 1분 안에 빨리 답하는 게 좋다.

1. 나는 누구인가?

2. 나는 무엇을 가치 있게 여기는가?

3. 나에게는 무엇이 삶을 살 만한 가치가 있게 만들어 주는가?

4. 내가 마지막으로 성취감을 느낀 적은 언제인가?

- 그때 나는 무엇을 하고 있었는가?

- 그때 어떤 느낌이었는가?

당신의 답 중 스스로도 놀란 것이 있었는가? 마지막으로 이런 것들에 대해서 생각해 본 적이 언제였는가? 마음이 완전히 텅 비어 아무것도 떠오르지 않았는가? 아니면, 아이의 요구가 계속해서 떠올랐는가? 당신의 경험이 무엇이었든 간에, 이건 시작일 뿐이다.

당신의 양육 두뇌는 삶이 정신없어질 때마다 이 사항을 되새김으로써 이득을 얻을 수 있을 것이다. 스스로에게 당신의 가치(관)를 되새길 키워드나 어구를 포스트잇에 적은 다음, 그게 가장 중요해질 때 볼 수 있도록 어딘가에 붙여 놓으라.

상실감이 느껴진다면?

우리는 종종 아주 멋진 부모 내담자들로부터 부모로 전환될 때 상실감이 느껴진다는 이야기를 듣고는 한다. 그들에게 중요하다고 느껴지던 것들이 더 이상 우선순위가 아니니 부모의 요구는 뒤로 밀려난다. 말이 안 될 수가 없다. 신생아와 유아기를 겪는 성장 초기 아이들이 이걸 필요로 하기 때문이다. 그래서 당신의 삶이 진정 아이를 중심으로 돌아가게 된다고 느껴질 것이다. 하지만 우선순위는 다시 바뀔 수 있다. 다만 그 과정에서 길을 잃으면 안 된다. 그래서 우리는 우리 부모 내담자들에게(그리고 우리 부모 독자 분들께) "당신도 우선순위예요."라고 조심스럽게 되새겨 준다.

이번 장을 읽으면서, 불안에 떨고 있는 당신의 양육 두뇌는 다음과 비슷한 생각들을 떠올릴지도 모른다.

- 왜 아무도 내게 이걸 진작 알려 주지 않았을까?
- 내 스스로의 가치관이 있기는 했나?
- 나에게 중요했던 게 뭔지 기억조차 나지 않네.
- 이 불편한 죄책감은 뭐람. 나 자신을 우선순위에 두는 건 잘못된 거야.

당신의 두뇌가 아이의 경험에만 집중하길 원해서 자꾸 밀어낼 수도 있지만, 특히 그럴 때 당신의 가치관에 접근하는 게 어려울 수 있다. 한 동안 당신에게 가장 중요한 것이 무엇인지 충분히 생각해 본 적이 없었을 수도 있다. 젠의 경우가 그렇다. 젠은 노아의 관심사와 흥미에 완전히 사로잡혀 있다. 노아는 젠의 관심사와 흥미와는 전혀 친밀하다고 느끼지 못하는데 말이다. 당신의 삶에서 중요한 활동에 더 친밀해져 보려고 할 때, 당신은 진정한 정체성을 가지게 되기 시작한다. 부모가 되는 것도 정체성에 포함되지만, 유일무이한 당신의 존재 속 다른 모든 측면을 강조하는 그런 정체성을 말이다.

물론 사람들 거의 대부분은 살면서 특히 목적의식이 있다거나 성취감을 느끼지 못하는 순간을 지나간다. 이건 예상되는 일이다. 다만, 당신이 자신의 가치관을 계속 가까이에 두고, 당신이 살고자 하는 삶을 그릴 수 있는 것이 가장 중요하다. 당신을 당신 자신으로 만드는 것을 하는 데 전념하라.

이번 장의 활동들을 통해 당신은 가치관을 기반으로 하는 삶의 최고봉에 더욱 가까이 다가갈 수 있을 것이다. 당신에게 중요한 것이 무엇인지를 아는 게 그 첫 단계이다. 당신은 스스로에게 중요한 것, 그리고 아이에게 중요한 것 사이의 균형을 맞출 수 있는 힘을 가지고 있다. 이러한 균형을 통해 당신은 스스로는 물론, 아이와의 관계에서도 다시 에너지와 활력을 줄 수 있게 된다.

나의 가치관을 우선으로 하는 삶과 양육 두뇌

아이를 중심으로 하는 삶에서 당신의 감정과 성취감, 목적은 당신의 '아이'에게 달려 있다. 당신의 거울 뉴런이 반응을 늘려서 결국 편도체가 활성화되면, 모든 게 훨씬 더 강렬하게 느껴진다. 이건 당신의 두뇌가 '내가 아이를 항상 행복할 수 있도록 해 주고 있는 건가?'라는 문제에 대해 초경계 상태일 때 특히 그렇다. 당신의 목표가 완전히 당신의 통제에 있지 않은 상태에서 정서적 경험을 형성하는 것일 때 그 불안감은 하늘을 뚫고 올라갈 가능성이 높다.

모든 것은 당신이 원하는 대로 양육하는 것을 훨씬 더 힘들게 만든다. 편도체의 유일한 목적은 당신의 아이를(그리고 당신 자신을) 이 끔찍하고 겉으로 보기에 위험한 경험으로부터 구하는 것이다. 하지만 아이는 실제로 다른 것을 필요로 할지도 모른다. 아이의 감정이 당신의 편도체를 장악해 버렸을 때, 아이에게 도움이 되는 문제 해결 능력으로 무장시키는 것은 어렵다. 당신의 양육 두뇌가 아이의 가치관(아이에게 가장 중요한 것)에 너무 집중하게 된다면, 아이가 도전 과제를 헤쳐 나가는 힘을 주는 데 도움이 될 관점을 제공하는 것이 어려울 수 있다. 아이를 도와주는 방법을 생각하고 실행하는 전전두피질(PFC)에 접근하는 대신, 정서적 불편함에서 벗어나지 못하는 듯한 느낌을 받을 수도 있다. 그리고 그런 느낌은 당신이 오랫동안 바라 온 양육 순간에 느낄 수 있는 성취감을 느끼지 못하게 만들어 버릴 것이다.

진정 가치 있는 삶을 살면 자신의 삶을 통제하는 느낌이 더 커지기 때문에, 이럴 때 편도체의 활성화는 적어진다. 한 연구에서는 자신의 가치관에 따라 살고, 결국 마주하게 될지도 모르는 고통을 피하지 않음으로써 실제로 불안을 줄일 수 있음을 보여 주고 있다(Michelson et al., 2011). 당신을 의미 있는 행위로 안내하는 가치관이 있다면, 편도체는 당신의 초점이 아이 또는 스스로의 불편함을 피하는 것에 있을 때 드리우는 암담한 결과를 준비하려고 활성화되지 않는다.

그래서, 정말 당신에게 중요한 건 무엇인가?

가치가 존재하는 삶의 혜택을 알게 되었으니, 이제 더 뛰어들기 쉬워졌을까? 아마 아직은 아닐 것이다. 당신에게 가장 중요한 것에 대한 명료한 그림을 그릴 수 있도록 당신의 핵심 가치관에 대해 곰곰이 생각해보는 것이 가장 먼저 해야 할 일이다.

가치관에 부합하는 삶을 살기 위해 전념하는 것은 인생 전반에 걸쳐 그 중요성이 오르락내리락할 것이다. 젠은 등산 가기 좋아했던 때를 떠올렸다. 예전에는 일찍 퇴근해서 새로운 등산길을 탐험하고는 했다. 그녀가 가치 있게 여기는 모험과 자연이 이러한 경험들을 우선순위에 둘 수 있도록 도와준 것이다. 당신의 가치관은 목적의식을 제공할 수 있다. 당신이 누구인지, 그리고 당신이 삶에서 무엇을 원하는지에 대한 자체적인 내러티브를 만들 수 있도록 도와준다. 하지만 안심하라! 당신은 단순히 아이가 소중하게 여기는 활동만을 그때그때 조정해 주는 사람이 아니다. 당신의 가치관도 통합할 수 있다.

양육 두뇌 재배선 활동: 나만의 귀중한 모험 선택하기

이제 가치가 존재하는 모험을 하게 될 것이다. 당신은 어디로 갈지, 무엇을 할지, 도착하면 그곳에 누가 있을지를 결정하게 된다. 모두 중요한 것들이다. 당신에게 따뜻하고 흐린 기쁨과 만족감, 성취감을 주었던 최고의 하루를 그려 보라. 그리고 그 하루를 생생하게 만들어 보라. 어떤 걸 듣고, 느끼고, 보고, 맡고, 맛볼 수 있는가? 눈을 감을 수도, 안도의 한숨을 한 차례 내쉴 수도 있다. 그저 어떤 감정이 느껴지든, 그 감정을 받아들여 보라.

- 1번 선택지: 최고의 삶을 그린 그 그림에 머무를 수 있는가?
  그곳에 머무르라. 즐기라. 당신은 그럴 만하니까.

- 2번 선택지: 최고의 삶을 그린 그 그림에 머무르는 것이 어렵게 느껴지는가? 그리고/또는 빠르게 그 생각을 멈추게 되는가?
  거기서 멈추라. 지금은 머무르기 어려울 것이다. 다시 돌아올 수 있다. 하지만 2장과 3장에서 했던 가장 좋아하는 도구를 사용하는 연습을 먼저 하는 게 좋다.

양육 두뇌 재배선 활동:
어떤 가치든 하나의 가치 선택하기(음, 그래도 중요한 가치로!)

인터넷 창을 열고, '가치관 목록'이라는 키워드를 검색해 보자. 간단하지 않은가? 그리고 하나의 웹사이트나 이미지를 정한다. 그리고 거기서 당신의 가치관을 골라 본다.

1. 목록을 쭉 읽어 본다.
2. 〈훈련 일지〉에 당신에게 가장 중요한 가치들을 최소한 15개에서 20개 정도 적어 본다(당신의 친구나 가족, 다른 누군가가 아닌 '당신'에게 진정한 것들에 전념하려 해 본다.).
3. 그리고 상위 10개 가치, 즉 당신에게 진정 가장 중요한 가치들에 ○ 표시를 해 본다(목록에 있는 모든 가치가 중요하다고 할지라도 말이다.).
4. (○ 표시가 되어 있는 목록 중) 상위 다섯 개 가치를 형광펜으로 표시해 본다.
5. 개별 페이지에 보여 주기 위한 목적으로 당신의 상위 다섯 개 가치를 쓰거나 그리거나, 어떤 방법으로든 표현해 본다.
6. 당신이 종종 마주하게 될 공간에 상위 다섯 개 가치가 담긴 '걸작'을 보이도록 둔다.

그리고 이 활동 중에서 당신에게 더 쉽게 다가왔던 부분, 만약 있다면 더 어렵게 다가왔던 부분에 대해 곰곰이 생각하는 시간을 잠시 가져 본다. 당신의 가치관을 명확히 하면, 두뇌는 당신이 살 수 있는 최고의 삶에 숨겨진 기쁨과 마주할 수 있는 고통의 지점들을 직관적이고 분석적으로 탐색하게 될 것이다. 이미 눈치챘겠지만, 좋은 것 모두를 받아들이려면 불편함도 받아들이는 법을 배워야 한다.

※주의※ '의무감'에서 오는 숨겨진 가치관에 주의할 것

잠시 멈춰서 지난주에 대해 곰곰이 생각해 보라. 부침이나 기복이 있었는가? 아니면 즐거운 분위기와 스트레스 없는 양육의 도움을 지속적으로 받으며 당신의 모든 계획을 매끄럽게 진행했는가? 분명한 답은 바로 '전자'일 것이다(삶이 그렇다.). 그렇다면 우리는 왜 자꾸 후자를 기대하게 되는 걸까? 많은 부모는 종종 누구에게나 다 맞는 비현실적인 기대, 즉 '그래야만 하는' 기대를 가지고 있다.

젠은 아들이 저녁 스터디 그룹 활동에 참여하기 전에 잠시 집에 들렀을 때, '아들의 하루가 어땠는지 얘기하거나 다음 주를 계획하는 것처럼 생산적인 걸 해야만 해.' 같은 생각을 종종 하곤 했다. 그리고 저항이 시작될 때마다 불안감이 자리 잡는 것을 느낄 수 있었다. 정말 젠은 그 순간에 생산적이어야만 하는 걸까? 바쁜 한 주로부터 감정적 폭이 제한되어 있다는 것을 알면서도, 노아의 '이를 뽑는 것(아마 그 치아가 빠져도 괜찮을 것이다.)'에 대해 생각함으로써 그녀는 훨씬 더 지쳐 버렸다. 젠의 마음속 갈등은 그녀를 정지시켜 버린다. 그리고 그녀가 이 사실을 알아채기도 전에 노아는 예정된 활동을 하러 떠나야 했다. 젠은 자신의 제한된 시간을 아들과 즐길 수 없게 되었고, 불안감과 후회에 빠지게 되었다.

이는 우리의 가족, 다른 가족, 사회적 메시지 등 도처에서 우리에게 부과한 가치들임이 틀림없다. 우리의 마음은 끊임없는 '의무감'으로 가득 차 있다. 예를 들어, '나는 이번 주 내 시간을 더 조직적으로 잘 썼어야 해. 아니면, 걔네는 내 말을 들었어야 해. 그럼 이렇게 난장판에 있지도 않았을 텐데!' 이런 생각들은 당신에게 죄책감이나 절망감 한 스푼 듬뿍 주는 것 말고 과연 얼마나 생산적인가? 당신이 진정한 방식으로 가치관에 더 가까워지는 데 도움이 되는가, 아니면 더 멀어지게 하는가?

양육 두뇌 재배선 활동: 빈칸 채우기

A 파트

특성을 나열한 다음 목록을 쭉 훑어본 다음, 상위 다섯 개를 선택하라는 지시 사항에 답하거나 또 다른 속성을 직접 추가해 보자.

수용적	열심히 함
주의를 기울임	사랑스러움
진정성	친절함
용감함	보살핌
연민 어린 태도	고집이 셈
쿨함	보호적
공정함	믿을 수 있음
재미있음	분별력 있음
관대함	스마트함
주는 성격	엄격함
성실함	강함
정직함	힘을 줌
영감을 줌	사려 깊음

1. 당신이 되고 싶은 부모의 유형은 어떤가?
   - "나는 _____한 부모가 되고 싶다." (각기 다른 네 가지의 속성을 고르라.)

- 어떤 느낌인지 주목해 보라. 당신이 원하는 것에 부합하는 것을 해야겠다는 약간의 흥미가 느껴지고 동기 부여가 되는가?

2. 당신이 되어야 하는 부모의 유형은 어떤가?
   - "나는 _____한 부모가 되어야 한다." (각기 다른 네 가지의 속성을 고르라.)
   - 어떤 느낌인지 주목해 보라. 즉시 양육 방식을 바꿔야겠다는 실망감, 아마도 죄책감, 아니면 극심한 공포가 느껴지는가?

B 파트

당신이 되어야 한다고 선택한 부모의 유형과 되고 싶다고 선택한 부모의 유형에 일치하는 부분이 있었는가?

- 만약 있었다면, 아주 좋다! 그 특징들을 가장 앞에 두고, 그것들을 당신의 양육에 통합할 수 있는지 확인하라.

- 만약 없었다면, 그래도 좋다! 의무감에서 오는 가치관을 인정하고, 그 출처가 어디인지 확인하라. (당신 안에 있는 비판의 목소리인가? 아니면 부모님? 친구?) 이제 원하는 가치를 위한 노력에 다시 집중하고, 그것들을 당신의 양육에 통합해 보라.

의무감에서 오는 양육 가치관이 당신의 가치관에 부합하지 않는다면 도움이 되지도, 생산적이지도 않다는 점을 기억하라. 당신 또는 아이에게 중요하지 않은 것이지만, 그 바람직하지 않은 행동을 하게끔 이끄는 의무감이 더해진 죄책감을 느끼는가? 그렇다면 그건 불안한 양육 두뇌에 있는 의무감을 잡아 가야 한다는 신호이다. 지금 그건 도움이 되지 않는다고 평온한 마음으로 스스로에게 말하라. 그 걱정에 대해서는 인정하라.

아이에게 중요한 것

당신의 아이는 당신에게 중요하다. 당신에게는 아이에게 줄 사랑이 너무나 많다. 당신이 이 책을 손에 들고 아이와의 귀한 관계에 대처하는 방법들을 계속해서 배우는 것만 보아도 그 사실을 알 수 있다. 아이의 가치관에 진심으로 관심을 가진다면, 아이의 성장과 정체성 발달에 대한 이득도 얻을 수 있을 것이다. 한 연구에서는 부모가 아이의 학문적 학습에 참여할 경우, 긍정적인 학습 성과와 또래나 믿을 수 있는 어른과의 긍정적인 상호작용 등 많은 혜택을 얻을 수 있음을 보여 주었다(예: Fan & Chen, 2001; El Nokali et al., 2010). 건강한 수준에서 부모가 관여하는 것은 건강한 애착 관계와 부모와의 가까운 관계를 키울 수 있게 한다. 하지만 너무 과도하게 관여하는 것은 아이에게 일어나는 부정적인 결과와 연관된다. 예를 들어, 너무 과도한 부모의 개입은 아이의 필수적인 자기규제 스킬 습득과 독립성 구축을 막을 수 있다(Obradović et al., 2021). 부모 자신의 정신건강에도 상당한 피해가 된다는 것은 말할 것도 없다.

'나는 그저 내 아이가 행복했으면 좋겠어.'는 부모들이 흔히 느끼는 정서이다. 당연히 당신들도 그럴 것이다. 모나와 젠 둘 다 이걸 증명해 준다. 하지만 우리는 당신에게 아이의 삶이 어떻게 되기를 원하는지 생각해 보라고 말하고 싶다. 영원하지 않은 행복감에서 벗어나, 당신이 삶에서 꼭 자리를 만들어 두었으면 하는 가치들에 집중해 보라. '나는 아이가 온전하고 의미 있는 삶을 살았으면 좋겠어.'라는 생각을 해 보기를 제안한다. 그리고 당신이 가치가 존재하는 자신의 삶을 온전하게 살 때, 아이에게 이러한 삶을 사는 것의 중요성을 알려 줄 수 있는 것은 물론, 자신의 삶에 대한 욕구도 충족할 수 있을 것이다.

양육 두뇌 재배선 활동: 당신의 아이에게 중요한 것

〈훈련 일지〉에 아이에게 중요하다고 생각하는 다섯 가지 목록을 작성해 보라. 아이에게 물어보아도 좋다. 아이의 대답으로는 다음과 같은 것들이 있을 수 있다.

　귀중한 활동(스포츠, 가족과의 놀이, 등교)

　귀중한 특성(유머감, 친절함, 정직함)

다음으로, 귀중한 활동과 특성 각각이 당신에게는 얼마나 중요한지 0점에서 10점 구간을 기준으로, 점수를 매겨 보라. 여기서는 해당 활동에 대한 아이의 관심을 당신이 얼마나 귀하게 여기느냐가 아니라, 해당 활동에 대한 당신의 가치관에 관해 묻고 있는 것이라는 점을 기억하라.

이제 각각의 가치를 아이가 경험할 수 있도록 당신의 에너지나 시간, 노력을 얼마나 투자할 수 있는지 0%에서 100% 구간을 기준으로 평가해 보라.

- 당신의 중요성 점수와 퍼센티지 점수 사이에 유사점이나 차이점이 있는지에 주목하라.
- 당신의 가치와 부합하는 아이의 가치에는 무엇이 있는가?

- 아이의 가치 중 당신에게 그렇게 중요하지 않은 가치에는 무엇이 있는가?

아이의 생애 경험에 관해 그토록 신경 쓰고, 완전히 투자한다는 것은 진정한 강점이다. 하지만 세상이 (당신의 삶은 저 옆으로 던져 버리고) 아이의 삶만을 중심으로 돌아가기 시작한다면 주의해야 한다. 아이를 사랑하는 것이 꼭 아이의 삶을 '이끌어 줘야 한다'는 것을 의미한다거나, 당신의 요구가 중요하지 않다는 것을 의미하는 것은 아니니까. 어쨌든 당신은 양육 로봇이 아니다. 당신은 다양한 방식으로 기쁨과 의미 있는 친밀감, 그리고 스스로를 위한 목적의식을 느낄 필요가 있다.

스스로에게 중요한 일을 하는 데 전념할 것

우리는 당신이 스스로에게 중요한 것이 무엇인지 알기만 하는 걸 원하는 게 아니다. 당신이 그것을 행동으로 옮기고 가치가 존재하는 삶을 온전히 살아내기를 바라는 것이다. 당신에게 중요한 것을 일상에, 주말에, 특별한 순간과 기념일에 스며들게 하라. 너무 겁먹지 말라. 꼭 모든 시간을 채워야 할 필요는 없으니까. 단 몇 분이 걸리는 활동도 좋고, 몇 시간이 걸리는 활동도 좋으니 찾아보라. 조금만 창의력을 가지고 생각해 보면, 당신의 일정과 잘 어우러지고, 당신을 비롯한 당신의 가족에게도 딱 맞는 균형 잡힌 활동을 다양하게 발견할 수 있을 것이다.

단, '목적'을 가지고 중요한 일을 하라. 모나가 회사에서 집으로 가는 길에 영화 〈위대한 쇼맨〉의 사운드트랙을 크게 듣기로 결정했을 때에도 그녀에게는 목적이 있었다. 스스로에게 '다음날 해야 할 일이 뭔지 계획해야 해.'라고 말하고픈 불안감이 밀려드는 것을 느꼈지만 말이다. 가치가 존재하는 삶을 살기 위해서는 당신에게 효과가 있는 행동 계획에 의도적으로 전념해야 한다. 자신의 가치관을 우선시하는 것, 자유롭게 해도 된다. 가치가 존재하는 삶의 경로에 있을 때, 목적을 키우는 것이 자연스럽게 따라올 테니까. 하지만 반갑지 않은 '의무감'에 따라 오는 가치관을 인식하게 된다면, 자신에 대해 잘못된 가치가 존재하는 경로에 있는 것일 수 있다.

삶이 당신에게 중요한 것들로 꽉 차 있어야, 당신의 양육 두뇌는 어떠한 불안이나 불편함도 잘 참아 낼 수 있을 것이다. 당신 자신과 당신의 시간에 대해 유연한 태도를 가지라. 자신의 계획을 현명하게 따라가지 않는다면, 그건 평범한 것이고, 또 절대적으로 괜찮은 것이다. 자기연민을 활용해 노력을 잠시 줄여야 할 때를 인정해 보라. 여기에는 스스로에게 휴식을 주는 것도 포함될 수 있다. 그리고 그것이 당신의 가치관 중 다른 어느 하나와 부합한다면 더 좋은 것이다. 어떤 경우든, 어서 출발하라. 당신의 가치가 존재하는 삶을 사는 방향으로.

양육 두뇌 재배선 활동: 나의 개인적 가치관에 관한 행동 계획

〈훈련 일지〉의 이전 활동에서 골랐던 상위 다섯 개 가치를 떠올려 본다. 각 가치에 대해서, 그 가치를 당신의 삶에 통합시키기 위해 할 수 있는 것을 생각해 본다.

- 30분 이내에 완료할 수 있는 활동 두 가지를 골라 본다.
- 온전히 경험하려면 30분 이상이 필요한 활동 두 가지를 골라 본다.
- 아이와 함께 즐길 수 있는 활동을 한 가지 골라 본다.
- 계획대로 이행한 후에 스스로에게 줄 수 있는 보상을 몇 가지 나열해 본다.

다음은 모나의 '개인적 가치관 행동 계획'에서 가져온 예시이다.

가치: 유머
짧은 시간이 필요한 행동:
1. 코미디 팟캐스트 듣기
2. 문자로 친구와 재미있는 이야기 공유하기

긴 시간이 필요한 행동:
1. 코미디 쇼 보러 가서 저녁 즐기기
2. 재미있는 영화 보기

아들과 할 수 있는 행동: 아이에게 농담이나 수수께끼를 말해 달라고
요청하기
나에게 줄 수 있는 보상: 커피 한 잔 마시기, 긴 시간 동안 산책하기,
온라인 쇼핑

매일 하루에 최소한 한 가지 이상의 가치가 존재하는 활동을 차주에 시도해 보라. 스스로가 전념하는 데 도움이 되도록 함께할 친구를 모아도 좋고 특정 시간을 정해 달력에 표시해 놓아도 좋다. 의도적으로 가치가 존재하는 삶을 향해 나아간 스스로에게 칭찬을 해 주라. 불안한 양육 두뇌가 그 여정에 꽤 오래 함께하더라도 말이다.

중요한 게 너무 많으면 부족해지는 시간, 균형 잡기는 필수!

당신은 스스로의 가치관과 아이의 가치관이 공존하는 삶을 살게 될 것이다. 두 욕망 모두 아이와 당신 각각에게 진실하고 유효하다. 부모로서 행복한 중간을 찾으려면 유연성과 균형이 필요하다. 물론 그게 쉽지 않다는 것을 알고 있다. 아이의 성장 단계에 따라서도 달라진다. 아이가 아직은 당신에게 주로 의존하고 있는 단계라면, 당신의 가치관에 부합하는 삶을 적극적으로 살아 나가기는 더 어려울 것이다.

그래도 시도하려는 한, 당신의 가치관과 아이의 가치관 모두를 존중하는 삶을 살 수 있다. 여기서는 '유연성'이 핵심이다. 물론, 삶이 있으면 항상 오르락내리락하는 순간도 있을 것이다. 가끔은 아이의 요구와 약속이 당신의 일정보다 앞서게 될 것이다. 여기서 중요한 것은 당신의 우선순위를 그 조합 속에서 완전히 잃으면 안 된다는 것이다. 당신 자신의 요구와 가치관의 균형 유지를 도와달라고 사랑하는 사람들에게 요청해 보라. 항상 당신 자신의 가치가 존재하는 삶의 경로로 돌아올 수 있는 방법을 찾을 수 있도록 하면서도, 아이의 삶에서 나타나는 웃음과 눈물에 유연하게 의식하라.

양육 두뇌 재배선 활동: 공유가치에 관한 행동 계획

〈훈련 일지〉에 당신과 당신의 아이 모두에게 중요한 가치, 즉 '공유가치' 다섯 가지 이상을 담은 목록을 만들어 보라. 이전 장에서 했던 것처럼, 아이와 함께 앉아서 가치 목록을 쭉 훑어본다. 이제 각 공유가치에 부합하는 행동이나 활동을 한두 가지 골라 본다. 그리고 다음 주에 이 중 최소한 한 가지를 함께해 볼 시간을 정한다.

다음은 젠이 아들과 함께 만든 '공유가치 행동 계획'에서 가져온 예시이다.

가치: 창의력

짧은 시간이 필요한 행동:

> 1. 냉장고에 붙여 놓는 포스트잇에 빠르게 휘갈긴 메모 남겨 놓기. 단, 서로 번갈아 가면서!
> 2. 밖에 함께 앉아 돌아가면서 서로에게 질문하기

긴 시간이 필요한 행동:

> 1. 함께 저녁 식사 메뉴를 만들고 새로운 레시피 시도해 보기
> 2. 함께 미술 프로젝트 해 보기

향후 일정: 내일 저녁에 함께 저녁 메뉴 만들기

일주일 후, 아이와 가치가 있는 삶의 균형을 잡는 게 어떤 느낌이었는지 곰곰이 생각해 보라. 놀라웠는가, 아니면 도전 같았는가? 아니면 예상치 못하게 쉬웠는가? 불안한 양육 두뇌에서 소음이 들리지는 않았는가? 어떤 장애물이든 방해되는 것을 발견하면, 도움을 받아 스스로 책임지라. 그렇게 장애물을 떨쳐 내면 된다. 그리고 이 활동을 반복해 보라!

불안한 양육 두뇌가 나타나면 환영해 줄 것

이제 당신은 삶에서 다소 의미 있는 변화를 할 준비가 된 것이다. 당신의 불안한 양육 두뇌가 방해하려고 할 때에도 놀라지 말라. 결국 당신을 보호하려고 그러는 것이다. 불편한 감정을 인정하고, 편도체가 울리려고 하는 잘못된 알람을 인식하라. 기꺼이 하려는 마음을 유지하고 당신이 되고 싶은 사람, 당신이 살고 싶은 삶에 집중하면, 당신의 가치관이 그 불편함을 잘 헤쳐 나갈 수 있도록 도와줄 것이다. 새롭게 재배선된 당신의 양육 두뇌 신경 회로는 당신의 노력을 더 쉽게 만들어 줄 것이다.

기억하라. 당신의 불안은 아이에 대한 어마어마한 사랑으로 인해 부모로서의 핵심 가치관에 항상 따라오는 것이다. 그러니 당연히도, 그 불안은 당신이 아이를 중심으로 하는 삶에서 벗어났을 때에도 나타날 것이다. 젠의 불안한 양육 두뇌는 보통 그녀를 극적인(그리고 쓸모없는) 경계의 메시지로 압도해 버렸다. '만약 네가 가장 사랑하는 네 아들이 네게 화가 난다면 너 혼자 어떻게 살려고? 아니면, 네가 이리저리 돌아다니며 네 가치관을 실현하고 있을 때, 뭔가 나쁜 일이 아이에게 일어나면 어쩌려 고?!'와 같은 메시지 말이다. 듣기만 해도 너무너무 불편하다. 하지만 아 이를 중심으로 한 이런 삶은 젠에게 맞지 않았다. 아마 당신에게도 맞지 않을 것이다. 대신, 당신이 사랑하는 것을 하며 성취감을 느끼면서도, 이 런 불안한 생각을 참을 수 있는 당신의 도구를 사용해 보라.

가치관을 명확히 하는 활동의 작동 원리

스트레스와 불안을 덜 경험하기 위해 양육 두뇌를 재배선하는 것은 어려운 일이다. 아이를 중심으로 한 삶은 편도체에 초경계 상태로 통제 를 벗어난 느낌이 들도록 훈련을 시킨다. 반면, 가치가 존재하는 삶은 더 큰 통제 감각, 편도체 활동 감소, 전반적인 불안 감소를 가져온다. 두뇌 가 당신의 가치관에도 불구하고 아이의 가치관에 부응하는 것이 중요하 다고 자꾸 되새겨 줄 때가 있을지 모른다. 그런 상황이 오면, 다음을 꼭 기억하기 바란다.

- '균형'이 핵심이다. 당신과 아이의 가치관 모두를 위한 공간은 충분하다.

- 성취감 있고 의미 있는 삶을 사는 것은 모두에게 이득이다.

- 자신의 가치관에 부합하게 사는 것에는 의도적인 전념이 필요하다.

- 자신의 가치관을 위한 공간을 만드는 것은 지치고 감정적으로 고갈되는 느낌 대신, 에너지 넘치고 만족스러운 느낌을 향한 문을 열어 줄 것이다.

Chapter 9.

완벽하게
불완전한 양육

우리 부모들은 완벽함을 요구하는 너무나 많은 사회적 압박과 형상화에 취약하다. 다음 이야기는 탈리아와 이마니가 이 문제에 어떻게 대처하는지 보여 준다.

탈리아와 이마니는 같은 초등학교에서 선생님으로 일하고 있는 엄마들이다. 지난 몇 달간 둘은 가까운 친구가 되었고, 종종 양육과 교직에 대한 이야기를 나누기도 했다. 무심결에 수업 계획을 빠뜨린다거나, 차를 타고 집에서 출발해 학교에 아이를 내려 주러 갔는데 거의 도착해서야 차 안에 아이가 없다는 것을 깨달았다거나 하는 주별 '실패'에 대한 이야기를 나누기도 했다. 교사이자 엄마로서 워라밸을 위해 노력하면서 얻는 웃음과 눈물을 공유함으로써 유대감을 쌓았다.

두 사람은 직장 밖에서는 SNS 계정을 통해 양육 팁이나 관련된 밈을 서로 주고받기도 했다. 특히 이마니는 결점 없고 완벽한 삶을 자랑하는 'SNS 속 엄마들'을 조롱하기도 했다. 탈리아는 웃는 반응을 보이기는 했지만, 속으로는 모든 일을 잘 해내고 있는 엄마들이라는 생각에 압도되어 패배감이 느껴졌다. 그래도 탈리아와 이마니는 하루 종일 일하면서도 두 어린아이를 양육하는 혼돈의 상황을 공유함으로써 친밀감을 느꼈다.

어느 금요일 점심시간이었다. 탈리아가 갑자기 울음을 터뜨리기 시작했다. 그녀는 마치 그 주 모든 것에 실패한 느낌이라며 울기 시작했다. 키를 잃어버리고 직장에도 지각했고, 아이의 점심 도시락을 싸 주는 것도 잊었고, 아들의 수영 레슨 등록 마감 기간도 놓쳤고, 거의 매일 저녁 식사를 테이크아웃 음식으로 해결

했다. 탈리아는 어쩔 줄 몰라 했다. 너무나 많은 상충되는 요구를 저글링하려는 노력에서 저글링하던 공을 사방으로 떨어뜨린 느낌이었다. 가족 부양 의무를 지켜야 한다는 압박감을 느꼈고, 자신이 가족을 실망시키고 있다는 생각이 그녀의 마음을 지치게 하고 일에도 집중하기 힘들게 만들었다.

그리고 이마니는 탈리아의 죄책감을 덜어 주기 위해, 아이들에게 '완벽하게 불완전할 수 있는 방법'에 대해 가르쳐 보라고 농담 반, 진담 반으로 탈리아에게 이야기한다. 놓쳐 버린 집밥이나 수영 레슨보다 그 특정한 삶의 기술이 훨씬 더 아이들을 발전시켜 줄 거라고 설명했다. 탈리아는 웃음을 터뜨렸지만, 속에 있는 죄책감은 그대로였다. 그녀는 자신이 사랑하는 배우자와 안정적인 수입이 있는 축복받은 삶을 살고 있다는 것을 알고 있다. 정신을 바짝 차리고 가족의 삶이 매끄럽게 흘러가게 하는 것이 그렇게 어려운 일이 아닐 거라고 확신하고 있었다.

이마니는 그런 친구의 고통을 느꼈다. 삶의 모든 영역을 완벽하게 제자리에 있도록 유지하는 것은 쉽지도 않을뿐더러, 실현하기 어려운 일이다. 그녀는 이것을 직접 체험하여 알게 되었다. 간혹 계획대로 되지 않는 것들은 예외라기보다 마치 어떤 '규칙'처럼 느껴질 정도였다. 이마니는 탈리아에게 자신도 매일매일 실수 연발인 한 주를 보냈다고 이야기했다. 지난달에만 해도, 이마니는 자신이 재료를 사는 것을 잊어서 딸이 수업 시간에 베이킹 활동을 하지 못했을 때 엄마로서 대실패를 한 것처럼 느꼈었다. 같은 날, 아들의 담임 선생님께서는 아들의 잦은 지각 때문에 상담 전화까지 걸어 왔다. 그건 자신이 늦게 일어났기 때문이라고 생각했다. 이마니가 자신의 양육 문제를 공유하자, 탈리아는 혼란스러움을 느꼈다. 전에 이마니에게 이런 이야기를 들었을 때를 떠올려 보았는데, 정말 아무렇지도 않은 듯이 그 이야기를 공유했었다. 그래서 탈리아는 그때 이마니가 가정 생활에서 혼돈과 작은 사고들을 겪으면서도 괜찮아 보인다고 생각했다.

이마니는 그게 전혀 사실이 아니라는 사실을 알고 있다. 자신의 양육에서 발생하는 사고들에 대해 괜찮지 않았다. 그 사고들로 따라오는 실망감과 절망감을 느끼는 것에 마다하지 않은 것이었다. 이마니는 그런 감정들이 양육 경험의 일부라는 것을 알았던 것이다. 하지만 그게 쉽지는 않은 일이다. 이마니는 스스로의 실수를 허용하려고 엄청나게 노력했다. 자신의 경험에 '실패'라는 이름표를 붙이지 않고, 그런 경험들을 그저 변화하고, 학습을 계속할 수 있는 기회로 여겼다. 이마니는 죄책감과 패배감이 올라오기 시작할 때면 속도를 늦추고 자신의 가치관에 집중해야 할 때라는 것을 알았다. 자신의 삶이 어땠으면 좋겠는지 계속해서 되새김으로써, 그런 사소한 것들은 흘러보내는 것이 더 쉽다는 것을 알게 되었다. 그래서 (소중하고 제한된 양육 자원인) 그녀의 에너지는 가족, 그리고 학생들과 보내는 시간에 더 잘 쓰일 수 있었다. 이마니는 완벽하려고 노력하는 대신에 가끔은 덜 해도 충분히 괜찮다는 것을 받아들이기로 결정하는 것이 전반적으로 더 유능해질 수 있다는 결론을 내렸다.

탈리아의 양육 두뇌 기본 상태: 완벽함 좇기

직장과 집에서의 완벽을 열망하는 탈리아는 불완전하다는 느낌을 훨씬 더 많이 받는다. 이마니는 자신의 양육 실수를 인정할 때 충격적일 정도로 속 편해했는데 말이다! 부모로서 실패했다는 생각이 탈리아를 괴롭혔다. 첫 임신 이후, 탈리아는 자신의 책장을 양육 관련 도서로 채웠고, SNS 계정도 엄마들의 블로그에서부터 양육 전문가라고 주장하는 사람들의 의견에 이르기까지 양육 자원으로 꽉 채웠다. 그러나 좋은 의도를 가지고 한 이러한 노력은 곧 수치심의 소용돌이로 변하게 된다. 탈리아는 바쁜 삶 속에서 잠시 휴식을 가질 때마다, SNS를 뒤져서 겉으로 보기에는 완벽한 가정과 양육 정보들을 감당할 수 없을 정도로 찾아보았다. 그런 부모들은 아이들을 위해 모든 것을 해 줄 수 있는데, 탈리아는 왜 그렇게 할 수 없는 걸까? 탈리아는 스크롤을 내릴수록 자신이 아이의 삶에 미칠지도 모르는 끔찍한 영향에 대해 고통스러워한다. 자신의 걱정에 완전히 사로잡혀서 종종 이마니가 엄마로서의 고충을 공유할 때조차도 멍해지곤 했다. 이마니도 양육 실수를 했다는 것을 알고 있음에도, 이마니는 너무나 쉽게 웃어넘기고 다른 주제로 넘어갔기 때문에 그 실수들이 그렇게 후회되는 것들은 아닌 것 같았다. 탈리아는 엉망으로 만드는 것을 그렇게나 열심히 피하려고 하는데, 왜 그렇게 자신이 최악의 엄마인 것만 같은지 이해할 수가 없었다.

이마니의 양육 두뇌 기본 상태: 완벽하게 불완전하기

이마니는 자신의 기대에 유연한 태도를 가짐으로써 삶이 그녀에게 어떤 것을 던져 주든 간에 처리할 수 있는 감정적 폭을 보존한다. 그렇게 하면 실망감이 더 괜찮게 느껴질까? 아니다. 하지만 이마니는 그렇게 오래 그 실망감에 빠져 살지 않아도 되었다. 그녀의 노력을 통해, 양육 두뇌는 그녀의 실수를 받아들이고, 인정하고, 그로부터 배울 수 있는 방법을 학습했고, 결국 양육하면서 예상되는 작은 사고들을 감내하고 헤쳐 나갈 수 있게 되었다. 이마니는 가능한 한 아이에게는 최고의 엄마, 학생들에게는 최고의 선생님이 되고 싶었다. 하지만 최고라는 것이 완벽함보다 더 현실적이고 지속 가능한 의미를 가져야 한다는 것을 알고 있었다. 이마니는 자신의 양육 기대에서 온화하고 유연하기 위해 열심히 노력했다. 아이의 미래에 대해 그녀가 소망하는 모든 것을 현실적인 기대에 맞게 균형 잡기가 쉽지 않았다. 실제로는 너무나 겁이 났다. 그랬음에도 이마니는 불완전한 양육이 자연스럽게 나타나는 것을 계속해서 참아냈다. 처음의 불편함은 그녀가 삶의 모든 영역에서 현실에 충실할 수 있는 가치 있는 시간이었다. 특히 아이와의 관계에서는 더욱더 그랬다. 이마니는 믿음직한 친구와 자신이 한 실수를 웃어넘길 수 있을 때 그 실수를 했다는 불편함을 느끼며 앉아 있는 게 더 쉬워진다는 것을 발견했다.

탈리아와 이마니는 둘 다 아이에게 가능한 한 최고의 부모가 되어 주고 싶었다. 그런데 탈리아는 이러한 열망으로 패배감을 느꼈다. 반면, 이마니는 이 열망을 회복력 근육을 움직일 수 있는 기회로 사용했다. 또 자기 자신에 대한 현실적인 기대를 설정하고, 간혹 발생하는 전혀 이상적이지 않은 양육의 순간을 위한 공간을 만들어 두기 위해 노력한다. 탈리아의(그리고 완벽함을 좇는 데 갇혀 있는 우리 모두의) 아이러니는 노력을 하면 할수록, 더욱더 부족한 것처럼 보였다는 것이다. 패배감이 더욱더 강렬해질수록, 그녀가 경험하는 '실패'도 더욱 많아졌다. 탈리아는 끊임없는 양육 불안과 죄책감의 회전문에서 나오지 못했고, 절망감과 수치심, 꾸물거림이 그녀가 더욱 차분하고 만족스러운 삶으로 나갈 수 있는 출구를 막아 버렸다.

당신은 완벽해지려고 결심했을 때 불완전한 삶을 받아들이는 것 때문에 힘들어하는 탈리아의 모습에 공감하는가? 이게 얼마나 스트레스와 불안이 가득한, 그러나 즐거움과 기쁨은 적은 삶으로 이어질 수 있을지 경험해 보았는가?

이번 장을 통해 당신은 다음을 배울 수 있을 것이다.

- 비현실적인 양육 기대, 그리고 내가 되고 싶은 부모와 계속해서 얼마나 멀어지고 있는지 확인하기
- 연민, 그리고 진행하면서 하게 되는 성장과 학습에 대한 열린 마음으로 불완전한 양육을 받아들이기
- '불완전'하지만 충분히 좋은 삶을 목적으로 삼아, 양육 죄책감을 회복력으로 전환하기
- 회피와 미루기 대신, 의미 있는 행동을 하기

양육 죄책감

부모라면 대부분 자신이 부모의 역할을 잘 수행하지 못하는 것에 대해 죄책감을 느끼고 우려를 할 것이다. 이건 양육의 아주 평범한 일부분이다. 퓨 리서치 센터(Pew Research Center)의 2015년 설문 조사 결과에 따르면, 워킹맘의 80%는 모든 것을 해내야 한다는 스트레스를 받고, 79%는 마치 자신이 뒤처져 있는 것 같다고 느끼며, 50% 이상은 가족과의 일상에서 중요한 순간들을 놓칠까 걱정된다고 답한 것으로 나타났다. 스스로가 부모로서 '잘' 또는 '정말 잘'하고 있다고 평가한 아빠들은 50% 미만이다. 이는 절반 이상의 아빠들이 자신의 양육 능력이 결코 이상적이지 않다고 걱정한다는 것을 의미한다.

스스로에게 설정한 기대를 모두 충족시키지 못하는 것에 대해 다소 죄책감을 느낀다면, 그건 자연스러운 일이다. 하지만 더 잘해야만 한다는 생각이 당신을 지치게 하고 삶에 온전하게 참여할 수 있는 당신의 능력을 손상시키면, 그 모든 자기판단과 후회는 흔하고 자연스러운 것에서 심각하게 문제가 되는 것으로 바뀐다.

완벽주의: 수치심과 절망의 순환 고리

실수를 피하려는 노력, 무언가 잘못했을 때 경험하는 죄책감과 수치심을 느끼는 것에서 벗어나기 위한 노력의 끊임없는 순환. 완벽주의에 따라오는 것이다. 하지만 이런 불편한 감정으로부터 달아나려고 하면 할수록, 당신의 두뇌는 실패와 연관된 모든 사고와 감정이 위험하고, 참거나 견뎌 낼 수 있는 것이 아니라고 믿게 된다. 거기서부터 당신의 두뇌는 당신이 실수하는 것을 피하기 훨씬 더 어렵게 만들 것이다. 모든 완벽주의적 사고와 행동을 통해, 당신과 당신이 사랑하는 사람들의 생존은 당신이 삶의 모든 것을 결점 없이 해내는 것에 달려 있다는 두뇌의 믿음이 강화된다. 그러면 실패를 피하려고 애써 노력하고, 마치 평생을 실패한 것처럼 느끼는 상황이 계속해서 반복된다. 그래서 완벽한 부모가(또는 완벽한 무언가가) 되려고 노력하면 할수록, 더욱더 본인에게 결점이 있다고 느끼게 되는 것이다.

완벽주의적 사고의 덫

스스로에게 걱정스러운 생각을 주입하여 본인이 할 수 있는 잠재적인 실수, 그리고 그와 연관된 위험을 강조하는 것은 양육 두뇌가 하는 일 중 일부이다. 지금 숲에 있다고 생각해 보라. 불을 땔 때 사용하는 나무라고 생각하고 어떤 얇은 갈색 물체를 집어 들었는데, 알고 보니 독사였다. 이건 정말 꽤 후회할 만한 실수이다. 이 순간, 두뇌가 '조심해……. 올바른 선택을 하라고!'라고 조언하는 게 도움이 될 것이다. 두뇌는 이 경고 신호를 계속해서 보내는데도 불구하고, 오늘날 대부분의 양육 순간은 그러면 삶을 위협하는 정도는 아니다. 양육 두뇌를 재배선하는 큰 문제와 사소한 상황 변화를 더 잘 구분하는 법을 학습할 수 있다. 그러면 사고의 덫에 갇혀서 삶을 위협하는 문제와 사소한 문제를 구분하지 못할 때를 알아챌 수 있게 된다.

불안한 양육 두뇌는 다음의 흔한 다섯 가지 사고의 덫에 쉽게 걸려들 수 있다.

a. 극단적인 사고: 항상 혹은 전혀 아님, 좋음 또는 나쁨, 옳고 그름, 전부 또는 전무와 같이 중간이 없는 이분법적인 생각

b. '해야 한다', '해야만 한다'는 의무적 사고: 스스로와 다른 사람들에게 유연하지 않은 기대를 밀어붙이는 생각

c. 사회적인 비교: (스스로 또는 다른 사람들의) 평가를 피하기 위해 비슷한 역할에 있는 다른 사람들만큼 잘해야 한다든가, 더 잘해야 할 필요가 있다는 생각

d. 부풀어 오른 책임감: 내가 발생할 수 있는 모든 손해를 예방해야 할 책임이 있다고 가정하는 생각

e. 불확실성에 대해 받아들이지 못하는 사고: 어떤 상황의 특정한 면을 알지 못하는 것에 대해 강렬한 불편함을 보내거나, 알아야 할 필요가 있다거나 가능한 한 확실해야 한다는 신호를 보내는 생각

이러한 다섯 가지로 분류된 사고의 덫에 유념하여, 탈리아의 양육 두뇌에서 가져온 다음과 같은 생각들이 해당하는 분류는 무엇인지 확인해 보라.

a. 나는 내 아이가 좋은 아이라고 다른 사람들이 생각하게 만들어야 해.
b. 내가 계속해서 시도해도 항상 모든 걸 망쳐.
c. 내 실수가 아이의 미래 성공 여부에 영향을 주면 어떡하지?
d. 나는 모든 걸 올바른 방식으로 해야 해.
e. 이 부모들 모두 아이들과 즐겁게 지내고 있네. 나는 왜 그들처럼 못할까?

이 완벽주의의 순환 고리에서 당신의 발목을 잡은 다른 생각들로는 무엇이 있는가? 양육 사고의 덫 각각에 대해 한두 가지 정도 떠올릴 수 있는지 확인해 보라.

(정답: a.=5, b.=1, c.=4, d.=2, e.=3)

의심이 들 때는 피할 것

편도체가 양육 두뇌에 어떤 실수든 모두 비관적인 결과를 가지고 올 것이라는 신호를 보낸다면, 최선의 행동 방침이 운에 맡기지 않고 실수의 가능성을 어떻게 해서든 피하는 것이라는 걸 두뇌가 알아야 이치에 맞을 것이다. 결과적으로, 실수할 가능성이 있는 일에 참여하는 것을 미루거나 피하고 싶은 충동은 완벽주의를 좇는 것에서 따라오는 자연스러운 부산물이다. 만약 스스로에게 한 치의 실수도 용납하지 않고, 어떤 일을 제대로 해내지 못하는 경험이 당신에게 너무나도 피하고픈 일이라면, 당연히 당신은 항상 A+의 성적을 거두기 위해 필요한 소모적인 노력을 미루고 회피하고 싶을 것이다.

이걸 알기 전에 이미 당신은 해야 할 일 목록에 너무 많은 것을 적어놓고, 아무 생각 없이 컴퓨터 스크롤을 내려 이것저것 찾아보면서 소파에 앉아 있을 것이다. 그러면 당신의 불안과 죄책감은 더 강해진다. 그 순간은 ('오, 최소한 뭐라를 하긴 했군!' 하면서) 이게 당신의 불안을 완화해 줄 수 있다고 생각한다. 하지만 나중에 해야 할 일이 다 처리되지 않은 것을 깨닫게 되면 고통은 오히려 증가한다. 그럼 당신은 불안과 죄책감, 회피, 절망감, 수치심의 회전문에 갇혀 버리게 된다.

완벽하려고 노력하는 양육 두뇌

완벽주의의 부정적인 결과를 뒷받침해 주는 연구 결과는 굉장히 많다. 이는 탈진, 번아웃(burnout)과 연관된다. 이들은 신체 및 정신건강에 영향을 준다(Hill & Curran, 2015; Molnar et al., 2006). 완벽주의 수준이 높으면 양육 경험에 해가 가고, 부담감, 낮은 만족도로 이어질 수 있다(Piotrowski, 2020). 자주 미루거나 회피하는 부모는 낮은 활력과 자신감을 가지고, 우울증의 다른 증상들을 경험할 가능성이 더 높다(Ferrari & Tice, 2000).

중요한 일에 대한 회피와 지연은 완벽하게 해내야 한다는 압박감을 느끼는 부모에게서 흔히 볼 수 있는 반응이다. 그러한 압박을 받으면, 불편함을 피하고자 일의 완료를 미루거나, 일을 완전히 피하는 것도 당연하다. 불행하게도, 당신이 완벽하게 해낼 수 없는 것을 회피하는 것은 당신의 두뇌에 좋지 않다. 한 연구에서는 스스로 일을 잘 미루는 사람이라고 인식하는 사람들의 편도체는 참여를 덜 회피하는 사람들의 편도체보다 더 큰 경향이 있다고 밝혀졌다. 편도체가 더 크면, 어떤 행동에 대한 부정적인 결과의 위협이 더 크게 드리우고, 그 사람의 동기를 약화시킨다. 신체가 산만한 감정을 배제하고 행동을 취할 수 있도록 도와주는 전전두피질(PFC)에 있는 영역인 '배측전대상피질(Dorsal Anterior Cingulate Cortex, DACC)' 등, 자주 미루는 사람들에게는 이렇게 다른 필수 영역들에 대해 두뇌 신경 연결이 더 약하게 나타난다(Schlüter et al., 2018). 죄책감과 수치심 또한 회피 모드에 있는 두뇌와 연관성이 있다. 살면서 피할 수 없는 불완전함이 당신에게 결점이 있다거나 자격이 없다고 느끼게 할 때, 편도체는 이것을 당신의 삶에 나타난 도전 과제가 위험하고 피해야 하는 것이라는 신호로 해석한다. 편도체가 거기에 '활성 위협'이라는 딱지를 붙였기 때문에 눈앞에 놓여 있는 문제를 처리하는 것이 이로써 훨씬 더 어려워진다. 그리고 우리가 그 일에 '충분히 좋은' 해결책으로 대처하는 대신 불안하게 미룰 때 완벽주의-회피의 순환 고리는 빙글빙글 계속된다.

　다른 많은 부모처럼, 탈리아는 완벽주의-회피 순환 고리를 잘 알고 있다. 아들의 6세 생일 파티를 해야 할 때가 다가왔을 때에도 불안감이 그녀를 꽉 붙잡고 있었다는 것을 아직도 기억하고 있다. 탈리아는 아들과 다른 유치원 생일 파티에 참석했을 때부터 4개월 동안 아들의 생일 파티에 대해 생각하고 있었다. 그리고 다른 부모들과 어울리려고 할 때마다 스트레스가 쌓이는 것을 느꼈다. 매번 열리는 파티는 조화로운 장식, 풍성한 음식, 행복한 원아들과 부모들, 모두가 완벽하게 즐기는 모습 등과 함께 그전에 열렸던 파티보다 훨씬 더 완벽한 것처럼 보였다. 그녀는 속으로 '나는 절대 이렇게 제대로 해낼 수 없을 거야.' 라고 생각했다. 탈리아는 그 생각에 너무나 압도되어 완벽한 파티를 계획할 수 없게 되면서, 아들의 생일 1주일 전까지 계획을 미루고 그에 대한 생각도 회피하였다. 막바지 계획으로 정신없이 당황스러워하고 있던 그때, 탈리아는 직계 가족만 함께하는 작은 생일 파티를 하기로 결정한다. 6세 아들은 어떤 생일 파티든 행복해할 것을 알았지만, 탈리아는 자신이 실패할까 두려워 아들에게 특별한 생일 파티를 열어 주지 않은 것에 죄책감과 수치심을 느낄 수밖에 없었다.

불완전한 삶이 아이와 부모에게 미치는 영향

완벽한 부모가 되어야 한다는 압박감은 실재한다. 그리고 당신도 알다시피, 완벽함이라는 환상을 버리고 이 달성할 수 없는 것을 더 이상 좇지 않기란 어렵다. 하지만 완벽함을 포기하는 것은 당신의 스트레스와 불안을 완화하는 것 그 이상으로 훨씬 더 많은 것을 한다는 것을 기억하라. 결국 당신의 가족 전체에게 상당한 이득이 될 것이다.

한 연구에서는 비현실적으로 높은 기대를 받는 환경에서 사는 아이들이 실제로는 자신이 충분히 괜찮지 않다고 믿게 되어 불안과 우울증을 겪는 비율이 더 높다는 것을 보여 준다(Hong et al., 2017; Soenens et al., 2008). 아이에게 선의로 지원하고 높은 기대를 하려는 많은 부모의 노력은 결국 아이의 기분, 자신감, 그리고 전반적인 자아감에 부정적인 영향을 준다. 어른이 완벽을 좇을 때 스트레스와 불안을 느끼는 것처럼, 아이들도 그렇다. 완벽주의적 양육은 실패를 참지 못하는 태도로 나타나고, 운에 맡기고 아이의 안전지대 밖에서의 활동에 참여하는 것을 피하는 성향이 강해진다. 부모가 운에 맡겨 어떤 결과가 나오든 즐기는 것을 피할 때, 아이는 위험과 미지의 세계를 피함으로써 새로운 것을 시도하고 그 삶이 주는 모든 것을 즐길 기회를 잃게 된다.

당신이 완벽주의를 버리고 불완전한 삶을 껴안는다면, 스스로를 비롯해 아이에게도 가능성의 세계를 열어 주는 것이다. 불완전함이 회피의 대상이 아닌 예상과 수용의 대상이 될 때, 당신의 가족은 결과가 어떻든 자유롭게 새로운 것을 시도하고, 도전 과제와 새로운 삶의 경험을 받아들이며, 함께 추억을 만들 수 있을 것이다.

이제 불완전한 삶을 연습해야 할 때

여기까지 우리는 완벽한 양육은 (기껏해야) 환상일 뿐이며, 최악의 형태로는 당신이 즐거움 가득한 삶을 경험할 수 없게 막는 덫이 된다는 주장을 펼쳤다. 이제 당신의 양육 두뇌를 재배선하여 완벽하게 불완전한 삶을 감내하고, 그 안에서 기쁨을 찾을 수 있도록 중요하고 힘든 작업을 시작해 보자. 이 작업은 다음 세 단계로 이루어진다.

1. 더 적절하게 대응하고 친밀한 아이와의 관계에서 오는 장기적인 혜택을 알아보기 위해, 불완전한 양육의 순간에서 오는 단기적인 정서적 불편함을 참는 선택을 해 보라.
2. 완벽한 양육의 덫이 당신을 인질로 잡고 있는 삶의 영역이 있는지 찾아보고, 불완전한 양육 두뇌 회로 작동을 시작하기 위해 특정 행동의 목표를 정의하라.
3. '충분히 좋지만' 열중하는 양육에 참여하는 연습이 가능한 행동을 매일 해 보라.

잠시 멈춰서 이 세 가지 단계에 대해 곰곰이 생각해 보라. 스스로에 대해 생각해 보고, 이 3단계를 읽고 나자마자 나타났을지도 모르는 불편함에 주목하라. 스스로가 완벽 추구를 포기하도록 하는 것에 저항감이 느껴지는가? 그렇다면 그건 아주 정상으로, 충분히 예상되는 반응이다. 당신에게 나타난 감정이 어떻든 그대로 받아들이고 계속해서 읽어 보라.

양육 두뇌 재배선 활동: 불완전한 양육을 위한 주문

불완전한 부모가 된다는 생각을 즐기는 것조차 섬뜩하게 느껴질 수 있다. 아주 좋다! 그건 당신에게 중요하고 앞으로 열심히 할 가치가 있는 무언가를 위해 당신이 지금 열심히 하고 있음을 알고 있다는 것이니까. 당신이 이 불편함을 극복할 수 있도록 다음 문장의 사용을 연습해 보라.

- 나는 불완전한 삶에서 오는 자유로움을 받아들인다.
- 불편함이 뭐 어때서! 난 그게 더 유능하고 의미 있는 삶에 가까워지고 있다는 의미라는 것을 안다.
- 이전보다 더 무기력하게 느껴질지라도, 나는 스스로와 다른 사람들에 대한 현실적인 기대감을 가져도 된다.
- 내 아이는 내가 완벽과는 거리가 멀다고 생각해도 된다.
- 내 안에는 도움이 되지는 않지만 잠시 나타나는 '나는 어떤 것에도 대처할 수 없어.'와 관련된 스토리가 있다.
- 나는/다른 사람들은 실수를 해도 된다.

- 나는 불완전하게 사는 것에서 오는 모든 감정을 느끼고 싶다.
- 나는 A+짜리 삶보다는 B+짜리 삶을 살기 위해 노력하고 있다.

이번 주 연습을 위해, 포스트잇에 불완전한 양육을 위한 주문 두세 가지를 써 보라. 아니면 다른 사람들이 어떤 의미인지 알지 못하도록 당신의 기억을 되살릴 수 있는 키워드를 적거나 이미지를 그려도 된다. 그리고 이 주문을 당신이 한 주 내내 볼 수 있는 곳에 붙여 놓으라.

탈리아는 짧은 주문들을 지갑, 욕실 거울, 일일 플래너, 게시판에 붙여 놓았다. 그 주문들을 볼 때마다 속으로 따라 했고, 처음 느껴지는 불편함에 스스로를 노출시켰다. 그리고 자신이 그렇게나 벗어나려고 했던 감정과 생각들을 환영했다. 탈리아는 이 연습을 통해 양육 문제를 겪는 동안 느껴지는 불편함을 극복하기가 더 쉬워졌다. 보통 그녀를 꼼짝 못하게 만들었던 두려움을 기반으로 한 생각의 소용돌이로 빠지지 않고 말이다.

실패 껴안기

불완전한 삶을 위한 양육 두뇌 재배선을 위한 첫 단계에는 당신의 의향이 필요하다.

- 당신은 가치가 존재하는(그리고 정신적으로 덜 지치는) 삶을 살기 위해 실패를 경험할 의향이 있는가?
- 당신은 모든 걸 해내지 못했다는 불편함이나 죄책감을 받아들일 의향이 있는가?

당신은 아마 이런 것들을 이미 경험해 보았을 것이다. 단, 지금은 목적을 가지고 이런 경험에 마음을 열어 둔다는 것이 차이이다. 이미 존재하는 것에 저항하는 대신, 불편한 감정들을 껴안음으로써 당신은 불안한 양육 두뇌를 앞지를 수 있다. 저항하면 할수록 더 지속될 것이라는 사실을 기억하라.

당신이 기꺼이 불편함을 경험하려고 한다면, 양육 두뇌에 위험 경고를 울릴 필요가 없다고 알려야 한다. 두뇌가 진짜 공격 계획을 위해 몸을 준비시킬 필요가 없다면, 두뇌에는 당신이 완벽한 양육을 지나 더욱 효과적이고 진정한 삶으로 향하게끔 도와줄 중요한 재배선 활동을 위해 쓸 만한 자원이 더 많아진다.

의향은 어떤 특정한 결과를 보장하지 않는다. 우리와 함께했던 많은 부모는 실패를 껴안으면 스스로 훨씬 더 많은 양육 실패와 죄책감을 받아들이는 것(이에 대해서는 고맙지만 됐다고 할 것이다.)은 아닌지 두려워했다. 만약 그게 사실이라면 우리는 아마 스스로에게 그렇게 말할 것이다. 하지만 당신이 불완전함에 열려 있다고 해서 양육 재난을 경험하게 될 것을 의미하지는 않는다. 당신이 경험하게 되는 것은 정신적 분투가 훨씬 적어지는 것이다. 더 이상 원치 않는 생각 및 감정과 싸우기 위해 에너지를 다 써 버리지 말라. 아니면 그것을 피하기 위해 가능한 모든 걸 함으로써 스스로가 지쳐 버릴 것이다. 이제 당신은 귀중한 에너지를 진정 중요한 것, 즉 당신과 당신이 사랑하는 사람들에게 쓸 수 있다.

양육 두뇌 재배선 활동: 불완전함 좇기

차주에는 의도적으로 양육 '실패'를 경험함으로써 불완전함에 친숙해지라. 양육 실수를 할 때 죄책감이 나타날지 모르지만, 그게 분명 당신의 모든 의식을 지배하지는 않을 것이다. 불안한 양육 두뇌가 고통 감내를 실천할 수 있도록 의도적으로 실수를 허용하는 것이다. 가벼운 놀이라는 느낌으로, 호기심을 가지고 접근하라. 혹시 누가 아는가? 스스로 불완전하게 내버려 둘 때, 재미까지 느끼게 될지?
우리의 내담자들은 다음과 같은 의도적 양육 실패 노출 사례를 공유했다.

- '나는 나쁜 부모다.'를 50번 반복하기
- 아이의 점심 도시락을 쌀 때 필요한 식기를 빠트리기
- (각기 다른 때에) 5번 정도 아이를 다른 형제의 이름으로 부르기
- 베이비시터나 아이 돌보미에게 상세한 지시를 제공하지 않기
- 아이가 평소 자는 시간보다 1시간 늦게까지 깨어 있게 하기
- 중요한 재료를 빠뜨림으로써 가족의 식사를 망치기
- 아이에게 어울리지 않는 옷을 입혀서 학교에 보내기
- 가게에서 아이가 가장 좋아하는 간식 사 오는 것을 까먹기
- 사용한 그릇을 개수대 안에 설거지하지 않고 그대로 두기
- 긴 해야 할 일 목록에서 두 개만 완료하기
- 가족들과 '실수' 경쟁을 해서 하룻밤에 누가 가장 멍청한 실수를 하는지 확인하기

여기서 당신이 연습하고 싶은 노출 활동 세 가지를 골라 본다. 당신의 목표는 죄책감과 패배감과 싸우지 않고 이러한 '실수'들을 받아들이는 것에 있음을 기억하라. 만약 불안한 양육 두뇌에서 저항이 느껴진다면, 도움을 얻기 위해 불완전한 양육에 관한 주문을 활용해 보자.

그리고 〈훈련 일지〉에 각 노출 활동의 진척 상황을 추적할 수 있는 표를 하나 그려 본다. 그 경험에 대해 '실패 전', '10분 후', '다음 날 아침', '이틀 뒤'와 같이 각기 다른 시간별로 추적할 수 있도록 4열로 그려 본다. 시간별 추적 결과에 따라 다음의 두 가지 점수를 매겨 본다.

1. 0점(나는 약간 불편해.)부터 10점(내가 느꼈던 중 최악의 감정이 야! 어쩔 줄 모르겠어!)을 기준으로 매긴 불편함의 정도

2. 0점(나는 괜찮지 않아. 내가 대체 뭘 하고 있는 거지?)부터 10점 (그래, 가 보자고. 나는 양육에서 느껴지는 패배감과 같은 감정에 열려 있거든.)을 기준으로 매긴 의향의 정도

그리고 그 주의 끝에 당신의 고통 수준에는 어떤 일이 일어났는가? 그 주의 시작에 중요했던 것만큼 그 주의 끝에도 중요했는가? 당신의 불편함과 의향 평가 점수에서 발견된 패턴이 있는가? 발견한 점이 무엇이든 써 내려가 보자.

당신만의 양육 실패 노출을 만든다면 더욱 좋다! 여기서 핵심은 의도적으로 불편함을 야기한다는 점이다. 의무감, 또는 다른 사람들의 평가에 대한 걱정이 포함된 생각에 주목하라. 보통 시작하기 딱 좋은 지점이다! 그리고 당신의 불안한 양육 두뇌가 당신에게 요구하는 것과 정반대로 해 본다.

'불완전한 양육' 다시 정의하기

당신의 아이가 실수를 했을 때, '나쁜 아이'라고 생각하는가? 양육 혼

돈 속에서 이런 생각이 당신의 머릿속에 잠시 스쳐 가는 것이라 할지라도, 이게 몇 분 이상 지속되는가? 아니면 몇 초?

당신은 실수를 했을 때 스스로에게 '나쁜 부모'라는 딱지를 얼마나 자주 붙이는가? 이렇게 하면 할수록 당신의 양육 두뇌에는 불완전함이 나쁜 것과 연관되어야 한다는 목소리가 더욱 크게 들린다. '전부 아니면 전무'라는 사고방식에서 벗어나, 당신의 학습 기회에 다시 집중할 수 있다. 양육과 관련하여, 좋음/나쁨 딱지는 성급하고, 부정확하며, 절대 도움이 되지 않는 사고방식이다. 당신이 쏟아부은 노력이 아닌 결과에만 집중하는 것이기도 하다. 결과에 영향을 줄 만한 외부에 있는 통제 밖 요인이 또 있을까? 없다! 당신은 얼마나 많은 노력을 할지 스스로 통제할 수 있다.

더 도움이 되는 관점에서는 '실수'란 다음을 의미한다.

1. 나는 사람이다.
2. 나는 다시 시도해 봐야 할지도 모른다.
3. 나는 다시, 이번에는 다르게 시도해 봐야 할지도 모른다.

양육과 관련된 이러한 관점을 전혀 이해하지 못하겠어서 좌절감에 한숨이 나오는가? 아니면 실수가 성장할 수 있는 기회로 보이는가? 성장 마인드셋을 채택하는 것이 중요하다. '성장 마인드셋(growth mindset)'이라는 용어는 스탠퍼드 대학교의 캐롤 드웩(Carol Dweck) 교수가 만든 용어로서, 노력과 학습의 중요성을 강조하는 개념이다. '성장 마인드셋'은 능력과 다양한 기술을 발달시킬 수 있다고 믿는 것인 반면, '고정 마인드셋'은 그런 능력과 기술들이 내재적이고 바꿀 수 없는 것임을 시사한다(Dweck, 2006). 운이 좋게도, 양육과 관련해서 당신에게는 성장 마인드셋 근육을 움직일 기회가 무한대로 존재한다! 이전 장에서 제시했던 사고의 덫에 대해 사고의 전환이 이루어질 때는 당신의 기대 또한 전환할 수 있는 딱 좋은 기회이다. 그렇게 하면 스스로가 더 현실적으로 생각하고, 아이에게 '실수는 학습 과정에서 예상되고 도움이 되는 부분'이라는 것을 보여 줄 수 있다.

양육 두뇌 재배선 활동: 실수 불러오기

〈훈련 일지〉에 당신이 지난주에 한 모든 양육 실수 목록을 작성해 보라. 각 실수에 대해서 곰곰이 생각해 보고 각 실수 옆에 다음을 기록해 보라.

1. 나는 내 실수에 어떻게 대응했는가?
2. 다른 것을 시도하거나, 내가 실수를 할 수 있는 바쁜 사람임을 받아들임으로써 계속해서 배울 수 있을 것인가?
3. 내가 부모로서 계속해서 성장하는 것은 왜 중요한가?

이 활동은 당신의 양육 가치관에 대해 훨씬 더 잘 알아볼 수 있는 기회이다. 당신이 새롭게 발견한 실수를 인정하는 양육 접근법을 향한 도약판으로서의 역할을 할 것이다.

기대 바꾸기

스스로에 대해(아니면 다른 사람들에 대해) 가지고 있는 비현실적이고 엄격한 기대는 학습하고 성장할 수 있는 능력을 억제한다. 그럼 당신은 햄스터 쳇바퀴와 같은 완벽함의 쳇바퀴에 갇혀, 실패를 넘어서서 또 실패를 할 것이다. 현실적인 기대를 가지고 있으면, 중단 가능성을 받아들여 그 쳇바퀴에서 나올 수 있는 방법을 더욱 명료하게 확인할 수 있다. 마치 사고 과정을 내레이션으로 읊는 것처럼 당신의 생각을 소리 내어 크게 말함으로써, 아이에게 성장 마인드셋을 몸소 계속해서 보여 줄 수도 있다. 이를 통해 당신의 아이는 스스로의 생각을 정리하고 더욱 유연하게 생각할 수 있게 될 것이다.

양육 두뇌 재배선 활동: 나만의 불완전 양육 스타일 찾기

1. 〈훈련 일지〉에 양육 기대 사항을 최소한 10가지 나열해 본다. 머릿속에 떠오르는 어떤 것이든 좋다. 다음 문장을 완료하는 것으로 목록 작성을 시작해도 된다.

   • 부모는 …해야 한다.
   • 부모로서 나는 …해야 한다.
   • 나는 …를 확실히 해야 한다.

2. 앞에서 작성한 각 기대 사항 옆에, 그 기대에 필요한 노력의 정도를 측정해서 적어 본다. (낮음, 중간, 높음 기준)
3. 각 기대 사항에 '현실적'인지, '비현실적'인지 현실성을 표시한다. 현실적인 기대는(녹초가 되게 만드는 것 말고) 낮은 수준에서 중간 수준의 노력이 필요한 기대 사항 중 구체적이고 달성 가능한 것이다.

비현실적인 양육 기대에 대해서는 다음의 활동을 해 본다.

- 비합리적인 요구를 하는 비판적인 상사나, 당신이 어떤 물건을 사게끔 유인하기 위해 거짓말을 하는 짜증나는 판매자를 상상하면서 그 기대를 크게 소리내어 말해 본다.

- 그 기대에 유연성을 주입하는 연습을 한다. 그 기대를 더욱 현실적인 목표로 만들려면 어떻게 할 수 있을까? '해야 한다'를 '하고 싶다'로 바꿔 보는 것이 힌트이다.

다음은 탈리아가 진행한 활동에서 발췌한 예시이다.

하루 종일 일을 한 뒤에도 항상 숙제를 도와야 한다.

- 필요한 노력의 정도: 높음
- 기대의 현실성: 비현실적
- 현실적인 기대 사항: 나는 내가 할 수 있을 때 아이가 숙제하는 걸 도와주고 싶다. 그래서 직장에서 긴 하루를 보내고 나면, 아이에게 질문이 있는지 물어보는 시간을 몇 분 가질 수 있고, 아니면 아이의 숙제를 도와달라고 배우자에게 요청할 수도 있다.

덜 하기 위해 행동하라

덜 하라니?! 이 지침에 당황할지도 모르겠다. 그 문제가 '미루는 것'은 아니었는가? 다음과 같이 두 가지 상황이 있을 수 있다.

1. 나는 실제로 중요한 (하지만 긴장을 유도하는) 일을 피하기 위해 중요하지 않은 것들을 너무나 많이 하고 있다. 다음은 그 예시이다.

   - 쉽고 스트레스 없는 일 모두 먼저 완료하는 것
   - 일정, 해야 할 일 목록, 아니면 낮은 우선순위에 있는 다른 일들을 지나치게 많이 하는 것

2. 나는 스스로 또는 다른 사람들의 기대에 압도되어 있고, 그게 너무 힘들어서 시도조차 할 수 없어 충분히 해내지 못하고 있다. 다음은 그 예시이다.

   - 쉽고 스트레스 없는 일 모두 먼저 완료하는 것
   - 일정을 과하게 짜거나, 해야 할 일 목록을 과하게 만들거나, 낮은 우선순위에 있는 다른 일들을 지나치게 많이 하는 것

우리는 당신이 중요한 일일 때 행동으로 옮기길 바란다. '80 대 20 법칙', 다른 말로 '파레토 법칙'에 대해서 들어 본 적이 있는가? 이 법칙에 따르면 당신이 하는 노력의 20% 덕분에 결과의 80%가 나타나는 것

다. 당신의 목표가 덜 함으로써 달성할 수 있는 것인데도, 왜 그렇게 많은 기대를 가지고 스스로를 과부하시키는가? 정신적으로 해야 할 일이 더 적으면, 중요한 일을 처리하는 것도 훨씬 더 쉬워질 것이다.

양육 두뇌 재배선 활동: '그냥 해' 근육 움직이기

당신이 미뤄 온 일을 하나 골라 본다. 사소한 집안일일 수도 있고, 1년 동안 진행 중인 프로젝트일 수도 있다. 그리고 이 일을 시작한다고 생각할 때, 얼마나 불편한지 0~10점을 기준으로 점수를 매겨 보자.

1. 10%부터 시작한다. 첫 번째 단계로 무엇을 해야 할지, 즉 필요한 전체 노력 중 약 10%만 필요한 단계가 무엇인지 판단해 보라. '문서를 열어 보는 것'이 될 수도, '요가 매트를 까는 것'일 수도 있다. '저녁 식사 준비를 위해 채소 썰어 놓기'가 될 수도 있다. '10문장 쓰기'가 될 수도 있다. 당신에게 10%가 어느 정도인지를 선택하면 된다.

2. '그냥 해' 근육을 활성화시킨다. 이제 행동으로 옮겨야 할 시간이다. 저항을 받는 생각에 주목하여, 5부터 카운트다운하는 데 집중해 본다. 그다음 시작하게 될 첫 단계에 다시 집중해 본다. 행동을 할 때마다 그 행동을 말로 읊는 게 도움이 될 수도 있다. "자, 발을 딛고 일어나. 책상 앞에 앉아. 작업할 문서를 열어. 키보드 위에 손가락을 올려. 첫 번째 문장을 타이핑해."와 같이 말이다.

3. 스스로를 살펴본다. 할 만한 일이었는가? 아니면 생각했던 것만큼 기분이 별로였는가? 10% 단계를 완료한 후, 불편함 점수를 새

로 매겨 본다.

4. 전략 실행 시간이다. 그 탄력을 계속해서 유지하고 싶은가? 만약 그렇다면, 앞서 했던 것과 똑같이 다음 10% 단계에 대한 과정을 진행해 본다. 만약 그렇지 않다면, 자기 판단을 멈추고 휴식을 취한다. 불완전함을 향해 가기 위해 이전 장에서 배웠던 전략을 일부 사용해 본다. 그리고 15~20분 후에 동일한 일에 대해 다음 10% 단계의 과정을 시작할 수 있을지 확인해 본다.

완벽하게 불완전한 양육 활동의 작동 원리

실수를 피하기 위해 온 힘을 다해 모든 것을 한다면, 당신은 아주 자그마한 확신의 세계에 당신 스스로를 가두는 것과 같다. 그게 무슨 재미가 있을까? 삶에서 가장 즐겁고 만족스러운 순간은 당신이 참신함을 탐색하고 그것과 맞물릴 때 발생한다. 당신의 두뇌에 '잘못할' 기회를 더 적게 준다고 해 보자. 그렇다고 해서 '두뇌 재배선을 통한 향상'을 얻을 수 있는 것은 아니다. 이는 당신이 처리할 수 있는 학습에서 오고, 실제로 삶에서 예상치 못한, 계획하지 않은 순간들로부터 시작된다. 두뇌에 당신의 불완전함을 감내하라고 가르침으로써, 당신 스스로를 기쁨과 행복, 그리고 당신에게 가장 중요한 삶의 부분에 대한 깊은 친밀감과 연결해 줄 수 있다. 위험을 감수하고, 실수하고, 앞으로 나아갈 때, 당신은 '내가 간혹 발생하는 실패의 순간을 처리할 수 있다. 그러니 내가 안전지대 밖으로 나가더라도 다음번에는 당황할 필요 없다.'고 편도체에게 알려 줄 수 있다. 당신의 삶, 그리고 아이의 삶은 항상 모든 게 똑바로 돌아가야만 잘되는 것은 아니다. 아무리 압도되는 듯한 느낌이 들고 잘 해내지 못할까 두렵더라도, 두뇌에 있는 '그냥 해' 근육을 활성화시키라. 그럼 양육 두뇌는 당신이 '실패'할 때조차도 당신이 그것에 대처할 수 있고 가치가 있는 삶을 살아 나갈 수 있다고 알게 되며, '완벽하게 불완전한 상태'로 운영하는 것에 한 발자국 더 가까워질 수 있다.

Chapter 10.

▼

▼

여기까지 얻은 것을
앞으로 유지하려면

▼

당신은 해냈다! 이 책을 쭉 읽으면서 우리가 제안한 모든 활동에 참여하는 것이 쉽지 않았을 텐데, 그럼에도 당신은 멈추지 않았다. 양육 두뇌 재배선이라는 중요한 작업을 통해 스트레스와 불안을 줄이겠다는 다짐으로 말이다. 처음 이 여정은 당신의 두뇌가 '양육에 관해' 어떻게 운영되고 있는지를 평가하는 것으로 시작되었다. 마지막 장에서는 당신이 열심히 한 모든 작업을 통합하여, 계속해서 그 작업을 할 수 있는 행동 계획을 규정하도록 도와줄 것이다. 다시 한번 말하지만, 건강한 양육 두뇌 기능을 유지하는 것은 그 자체로 끝이 아니다. 신체 건강을 최고로 유지하는 것이 어느 날 단순한 목적지에 도달하는 것으로 그치는 게 아닌 것처럼 말이다. 정신과 몸의 건강을 둘 다 유지하기 위해서는 매일 새롭게 시작하는 노력을 지속적으로 해야 한다. 이번 장은 당신이 행동 기반의 지속 가능한 양육 두뇌 건강 계획을 세울 수 있도록 도와줄 것이다.

한눈에 보는 '양육 두뇌 재배선 이후' 양육 균형 성과표

이제 양육 균형 성과표를 가지고, 맨 처음 했던 것처럼 현재 당신의 양육 두뇌의 강점과 문제 구역에 대해 훈련 이후 평가를 진행해 보자.

지난 한 주를 어떻게 보냈는지 잠시 생각해 보라. 그리고 다음 각 항목에 대해 어느 정도 동의하는지 0~10점 단위(0점은 '전혀 아니다', 10점은 '매우 그렇다')로 점수를 매겨 보자.

자기연민

1. 나는 자기비판적이기보다는 자기연민을 가지려고 노력한다.
2. 나는 내가 자기판단에 빠져 상황을 개선하기 위한 해결책을 찾으려고 노력하지 않는다고 느낄 때가 있다.
3. 나는 내 판단이 진실을 나타낸다고 믿지 않고 자기비판적인 생각을 하는 스스로를 발견할 때가 있다.
4. 나는 자책하다가도 더 효과적인 문제 해결 태도로 전환할 수 있다.
5. 나는 가엾게도 나 자신을 스트레스 가득한 상황으로 몰아가기도 한다.

'자기연민' 항목 총점 : _____

현실적 사고

1. 나는 내 마음이 부정적인 사고방식에 갇혀 있음을 느낄 때가 있다.
2. 나는 부정적인 사고의 늪에 빠졌을 때, 그러한 생각에서 벗어나 현재의 순간에 다시 집중할 수 있다.
3. 나는 내 아이의 행복을 걱정하는 나를 발견했을 때, 그 상황을 감정적이기보다는 논리적으로 평가할 수 있다.
4. 나는 가족들과의 순간을 즐기기 위해 걱정 가득한 쓸모없는 생각들에 도전할 수 있는 능력이 있다고 생각한다.
5. 나는 해결될 수 있는 진짜 문제, 그리고 삶 전반에서 나타나는 참고 견뎌야 할 불확실성을 구분할 수 있다.

'현실적 사고' 항목 총점 : _____

마음챙김

1. 나는 내 아이와 시간을 보낼 때, 그 순간에 완전히 몰입할 수 있다.
2. 나는 아이와 이야기할 때 아이가 말하려는 게 무엇인지 실제로 주의를 기울여 듣는다.
3. 나는 아이와 함께 여러 가지 활동을 하면서 아이와 친밀하다는 느낌을 받는다.
4. 나는 온종일 나를 산만하게 만드는 정신적 소음을 알아챘을 때, 현재의 순간에 손쉽게 다시 집중할 수 있다.
5. 나는 불안과 스트레스가 제일 심할 때에도 가족과 있는 현재에 집중할 수 있다.

'마음챙김' 항목 총점 : _____

과거로부터의 자유로움

1. 나는 내 어린 시절의 고통스러운 순간들을 떠올릴 때 그에 압도되지 않고, 그것을 회피하지 않을 수 있다.
2. 과거의 어려웠던 순간들은 내가 현재의 삶을 충실하게 사는 데에 방해가 되지 않는다.
3. 나는 내가 어린 시절 겪었던 어려웠던 순간들, 그리고 내 아이에 대한 두려움과 걱정을 구분 지어 생각할 수 있다.
4. 내 아이가 감정적인 고통이나 괴로움을 느끼고 있을 때 구해 주어야 한다는 욕구에 자극을 받거나 압도되지 않고 아이 스스로 회복할 수 있다고 믿는다.
5. 나는 내가 진짜 위험에 빠진 순간과 내 뇌가 잘못된 경보를 경험하고 있는 순간을 구분할 수 있다.

'과거로부터의 자유로움' 항목 총점 : _____

감정 조절

1. 나는 스트레스를 받거나 절망스러울 때, 혹은 불안할 때, 스스로 흥분을 가라앉히고 나의 감정 온도를 식힐 수 있다.
2. 나는 양육하면서 스트레스를 받을 때 감정적으로 반응하는 대신, 잠시 시간을 내어 먼저 나 자신을 가라앉히고 어떻게 해야 할지를 선택할 수 있다.
3. 나는 어떤 양육 상황에서 내가 가장 스트레스를 받는지, 내가 통제할 수 없다고 느끼는지를 알고 있으며, 그것을 예측할 수 있다.
4. 나는 양육 시 흔히 겪게 되는 스트레스 가득한 상황에서 나 자신을 가라앉히기 위해 할 수 있는 노력을 사전에 계획한다.
5. 나는 살면서 스트레스 가득한 순간에 있을 때조차도 내가 아이에게 자기 조절의 본보기가 될 수 있다는 것이 자랑스럽다.

'감정 조절' 항목 총점 : _____

통제의 한계 인식

1. 나는 아이와의 갈등에서 우리 가족의 가치관과 내가 삶에서 양보할 수 없는 측면을 기반으로 신중하게 행동하려고 노력한다.
2. 나는 통제할 수 없는 것들을 통제하려다 오히려 역효과를 낳아 아이와의 관계에서 충돌이 일어날 때가 언제인지 안다.
3. 나는 내가 아이를 보살피고 해나 고통으로부터 아이를 보호하고자 하는 만큼, 앞으로 아이의 삶에서 벌어질 일 중 내가 통제할 수 있는 부분이 제한되어 있다는 사실을 이해하고 수용한다.
4. 나는 아이를 통제하려고 하기보다는, 나의 양육 에너지를 아껴 아이와의 의미 있는 상호작용을 최대한 할 수 있도록 노력한다.
5. 나는 아이에게 펼쳐진 길이 내가 아이를 위해 선택했을 길과 정확히 같지 않다고 하더라도, 아이의 회복력과 삶 속 장애물 처리 능력을 믿는다.

'통제의 한계 인식' 항목 총점 : _____

가치관에 부합하는 삶

1. 나 자신, 그리고 나 자신의 욕구를 위한 시간을 내는 것이 내 삶의 우선순위이다.
2. 나는 내 활동이나 관심사에 시간과 관심을 주면서도, 내 아이의 활동이나 관심사에도 시간과 관심을 줄 수 있다.
3. 나는 내 가치관 및 우선순위에 부합하게 행동하고, 그러한 활동에 참여하려 노력한다.
4. 나는 매일 시간을 내어 (사소한 것이든, 대단한 것이든 상관없이) 휴식을 취하거나 즐길 수 있는 순간, 아니면 내가 진정으로 신경 쓰는 일과 가까워지는 순간을 보내며 에너지를 충전한다.
5. 내 아이(아니면 다른 가족 구성원)는 나의 개인적인 가치관과 관심사가 무엇인지 말할 수 있을 것이다.

'가치관에 부합하는 삶' 항목 총점 : ＿＿＿＿＿＿＿

완벽하게 불완전한 양육

1. 나는 완벽하지 않은 부모이다. 그리고 나는 이 사실이 괜찮다.
2. 나는 해결할 수 없을 것으로 보이는 양육 문제에 직면했을 때 망하거나 평가받을까 봐 두려워 피하는 대신, 그 상황에 대처할 수 있는 사소한 행동들을 단계별로 취한다.
3. 나는 실수를 해도 되는 사람이다.
4. 나는 완벽한 삶보다 '충분히 좋은' 삶을 받아들이며, 그래서 더 많은 시간을 가족과 보내고 그 순간을 즐기려고 노력한다.
5. (어떤 날이든, 내가 무엇에 최선을 다하든 간에) 나는 내가 최선을 다하는 것이 나 자신, 나의 배우자, 그리고 나의 아이에게 충분히 좋다는 것을 안다.

'완벽하게 불완전한 양육' 항목 총점 : ＿＿＿＿＿＿＿

나의 '양육 두뇌 재배선 이후' 양육 균형 성과표

양육 균형 스킬	총점(0~50점)
자기연민	
현실적 사고	
마음챙김	
과거로부터의 자유로움	
감정 조절	
통제의 한계 인식	
가치관에 부합하는 삶	
완벽하게 불완전한 양육	

균형 성과표 결과 이해하기

'자기연민' 항목 총점이

0~20점이라면, 이 중요한 능력을 훨씬 더 많이 키워 주어야 한다.

21~40점이라면, 자기연민을 잘하고 있는 것이다. 다만, 자기연민을 훨씬 더 많이 해도 된다.

41~50점이라면, 양육 상황에서 발생하는 작은 사고나 실수에 대해 창피해하거나 자책하지 않고 자기연민 능력을 잘 발휘하고 있는 것이다.

'현실적 사고' 항목 총점이

0~20점이라면, 이 중요한 능력을 훨씬 더 많이 키워 주어야 한다.

21~40점이라면, 부정적인 사고 대신 현실적인 사고를 잘하고 있는 것이다. 다만, 훨씬 더 많은 삶의 순간을 이 관점으로 마주해도 된다.

41~50점이라면, 스트레스 가득한 양육 상황을, 재앙을 가져올 수 있는 마음가짐보다는 현실적인 마음가짐으로 잘 헤쳐 나가고 있는 것이다.

'마음챙김' 항목 총점이

0~20점이라면, 이 중요한 능력을 훨씬 더 많이 키워 주어야 한다.

21~40점이라면, 현재에 잘 살고 있는 것이다. 다만, 훨씬 더 많은 삶의 순간을 이 관점으로 마주해도 된다.

41~50점이라면, 현재에 온전히 존재하면서 온 마음을 다해 잘 살아내고 있는 것이다.

'과거로부터의 자유로움' 항목 총점이

0~20점이라면, 이 중요한 능력을 훨씬 더 많이 키워 주어야 한다.

21~40점이라면, 과거의 고통과 괴로움이 현재의 삶을 온전하게 사는 것을 방해하지 않도록 잘하고 있는 것이다. 다만, 훨씬 더 많은 삶의 순간을 이 관점으로 마주해도 된다.

41~50점이라면, 이전에 겪었던 고통과 괴로움을 잘 헤쳐 나가, 온전하게 현재의 삶을 살고 있는 것이다.

'감정 조절' 항목 총점이

0~20점이라면, 이 중요한 능력을 훨씬 더 많이 키워 주어야 한다.

21~40점이라면, 스트레스나 불안을 느낄 때 스스로를 잘 달래고 있는 것이다. 다만, 감정 온도 조절 능력을 훨씬 더 향상시켜야 한다.

41~50점이라면, 감정 온도를 잘 조절하여 아이를 통제할 수 없는 느낌에서 빠져나와 감정에 흔들리지 않고 차분하게 반응할 수 있는 것이다.

'통제의 한계 인식' 항목 총점이

0~20점이라면, 이 중요한 능력을 훨씬 더 많이 키워 주어야 한다.

21~40점이라면, 아이에 대한 통제를 멈추고, 아이 스스로 통제를 시작하도록 해야 하는 때가 언제인지를 잘 이해하고 있는 것이다. 다만, 아이와 정서적 에너지의 친밀감을 강화하고 즐거운 순간을 공유하는 쪽으로 더 많은 능력을 가질 필요가 있다.

41~50점이라면, 아이를 언제 통제해야 하는지, 아이의 회복력과 아이 스스로 삶의 여러 가지 측면에 대처할 수 있는 능력을 언제 믿어야 하는지를 알고 있으며, 아이와 싸울지 말지를 잘 선택하고 있는 것이다.

'가치관에 부합하는 삶' 항목 총점이

0~20점이라면, 이 중요한 능력을 훨씬 더 많이 키워 주어야 한다.

21~40점이라면, '부모로서의 나'와, '부모가 아닐 때의 나'를 잘 구별하고 있는 것이다. 다만, 당신에게 가장 많은 에너지를 주고 사기를 북돋아 주는 것들에 훨씬 더 많이 참여해야 한다.

41~50점이라면, 스스로의 가치관을 지키고 나의 삶에 최대한 영감을 주고, 에너지를 부여하고, 꽉 채워 주는 측면을 가꾸면서도, 부모로서의 역할을 충실하게 잘 수행하고 있는 것이다.

'완벽하게 불완전한 양육' 항목 총점이

0~20점이라면, 이 중요한 능력을 훨씬 더 많이 키워 주어야 한다.

21~40점이라면, 인간이 된다는 것은 인간이 때때로 실수하는 존재임을 잘 인정하고 있는 것이다. 다만, 완벽하게 불완전한 삶의 순간을 훨씬 더 많이 마주해도 괜찮다.

41~50점이라면, 가끔은 운에 맡기고 행동함으로써 배우고, 아이에게 완벽하게 불완전한 삶을 사는 것의 본보기가 되어 주고 있는 것이다.

양육 두뇌 재배선 활동: 양육 두뇌 발전 상태 그려 보기

1. 〈한눈에 보는 '양육 두뇌 재배선 이전' 양육 균형 성과표〉에 사용했던 평가지에 그대로 〈한눈에 보는 '양육 두뇌 재배선 이후' 양육 균형 성과표〉 그래프를 그려 보자. (균형 성과표 서식은 이 책의 맨 뒤에서 확인할 수 있다.)

2. 평가 후 결과에 맞는 양육 스킬 점수를 표시하고, 각 점을 이어 보라.

3. 당신이 향상시킬 수 있었던 양육 두뇌 스킬을 비교 및 대조해 보라. 향상된 능력이 있는가? 그리고 이 결과가 당신의 가장 큰 문제 영역이었던 두뇌 회로뿐 아니라, 당신의 발전 과정에서 나타나는 결과와 일치하는가?

〈한눈에 보는 양육 균형 성과표〉는 다음과 같다.

양육 균형 성과 그래프: 완료 사례

327

일단 양육 두뇌 재배선 이전과 이후의 그래프를 완성했다면, 당신이 해 온 것들을 인정하라. 이 〈양육 균형 성과표〉를 볼 때, 너무 점수에 연연하거나, 점수에 대해서 판단하려고 하지 말기 바란다. 어쨌든 당신은 스트레스를 덜 받고 더 유능한 부모가 되기 위해 아주 견고하고 가치 있는 단계를 거쳐 왔다. 그리고 스트레스와 불안을 적게 경험하기 위해서는 앞으로도 두뇌 재배선 작업을 위해 지속적으로 노력하고 매일 연습해야 한다. 지금 이 여정은 끝난 것이 아니라, 잠시 쉬고 있을 뿐인 거니까!

훈련 전후 평가 결과를 비교할 때, 실망감이나 자기 판단, 의무감이 나타나는지에 주목하라. 아마 그런 생각들이 좀 나타나기는 할 것이다. 그렇지 않을지도 모른다. 제대로 완료한 작업은 항상 있을 테니까. 균형 잡힌 일부 양육 스킬은 더 쉬워지고, 그렇지 않은 스킬은 강화를 위해 더 노력해야 할 것이다. 신체 건강을 생각해 보라. 아마 당신의 다리는 본래 튼튼하고 탄탄하겠지만, 코어 근육을 활성화하고 강화하려면 추가적인 노력과 헌신이 필요하다. 양육 두뇌의 스킬과 역량에도 유사한 차이점이 존재한다. 스트레스와 불안을 줄이고 즐거움을 더 얻기 위한 양육 두뇌 재배선은 아직 진행 중이다. 힘들고 의미 있는 순간을 항해할 때 동요는 계속될 것이다. 중요한 것은 당신이 더 큰 즐거움과 성취감으로 양육하기 위해 의도적인 노력을 해야 한다는 것이다.

 〈훈련 일지〉에 다음 질문에 대한 대답을 기록해 놓으라.

- 점수를 보고 깜짝 놀란 항목이 있었는가?
- 진척 상황을 보고 처음으로 얻게 된 주요 학습 내용은 무엇이었는가?
- 어떤 양육 스킬이 당신의 양육 강점 같은가?
- 어떤 양육 스킬이 당신에게 도전 과제로 보이는가?
- 특정 스킬에 더 집중하고 싶은가?

꾸불꾸불한 발전의 길

발전은 평탄한 언덕을 오르는 것이 아니다. 주변 세상에 적응하면서 겪는 예상치 못한 장애물, 크고 작은 스트레스 요인들, 기쁨을 주는 삶의 변화, 지속적인 성장과 학습으로 가득 찬 아주 긴 여정이다. 좋은 소식은 당신이 학습한 이 스킬들이 늘 변화하는 삶의 영역을 탐색할 수 있게 도와줄 것이라는 점이다. 양육 두뇌 재배선을 계속하여 스트레스와 불안을 줄이고 더 큰 기쁨을 얻는다면, 아주 풍성한 혜택을 얻게 될 것이다.

여기서 배운 스킬을 적용함으로써, 스트레스 가득하고 불안을 자아내는 순간에 갇히는 대신, 그 순간을 점점 더 헤쳐 나갈 수 있다. 무심한 회피 대신 활발한 대처와 관련된 두뇌 회로를 계속해서 강화할 수 있다. 그럼 가치관에 부합하는 가족과의 삶에 더 많은 정신적 에너지를 투자할 수 있다는 것을 알게 될 것이다. 귀중한 생명력을 이렇게 투자한 보상으로 더 풍성하고 의미 있는 친밀감도 얻게 될 것이다. 그렇게 통제할 수 없는 감정 대신 당신의 가치관이 이끌고 가는 순간들이 보다 많아지면서, 더 큰 기쁨과 평화를 경험하고, 전반적인 삶의 만족도를 얻을 것이다.

인간이 된다는 것, 때때로 양육 스트레스와 불안을 경험한다는 것

이 소제목을 보고 처음 당신이 보인 반응은 무엇이었는가? 잠깐, 뭐라고? 양육 스트레스와 불안을 계속해서 경험할 거라고? 만약 이런 반응이었다면, 당신의 마음속 어딘가에서는 아직도 불편한 생각과 감정을 없애지 않고는 더 큰 기쁨을 경험할 수 없다고 주장하고 있는 것일까? 스트레스와 불안으로부터 자유로워진다는 것은 그것을 '없애는 것'을 의미하지 않는다. 결국 스트레스와 불안은 생존에 필수적이다. 이 보호적인 정신 상태가 없다면, 우리는 자신과 사랑하는 이들을 온갖 종류의 위험한 시나리오로 내몰게 될 것이다. 스트레스와 불안으로부터 자유로워진다는 것은 살면서 과거에 더 힘들었던 순간을 넘어서거나 피하려고, 혹은 싸우려고 하지 않고, 정서적 스트레스를 헤쳐 나가 극복하는 방법을 학습한다는 것을 의미한다.

당신이 참여해 온(그리고 계속해서 참여할) 이 모든 힘든 작업의 목표는 당신을 당신 삶의 운전자로 되돌려 놓는 것이다. 스트레스와 불안은 항상 함께할 것이다. 그러나 이제 당신은 인생을 지배하여 앞으로 어떤 경로를 취할지 결정하는 방법을 알고 있다. 당신이 대처하기에는 위험해 보이는 방향으로 운전대를 잡으려고 스트레스와 불안이 몰려오는 것을 느낄 때, 당신은 잠시 멈추고 다음에 무엇을 할지 결정할 수 있다. 차를 세우거나, 속도를 줄이는 것을 선택할 수 있고, 방향 전환을 선택할 수도 있다. 당신이 감정적 반응이 아닌 의식과 목적을 가지고 행동하는 한, 잘못된 양육 방향이라는 것은 없다.

지금까지 얻은 것들을 더 키우기

이 책은 양육 두뇌가 현대의 삶과 제대로 호환되도록 업그레이드할 기회를 당신에게 주었다. 하루에 짧은 순간 단 몇 번이라도, 균형 잡힌 양육 두뇌 근육을 움직이는 것에 계속해서 전념한다면, 당신의 두뇌는 비관적 사고와 가짜 경고를 실제 위협으로 착각하는 데 에너지를 덜 쓰는 법을 계속해서 배울 것이다. 그러면 아이와 함께하는 경험을 즐기는 데 온 마음을 다해 더 집중할 수 있다. 당신의 동기 부여를 유지하기 위해, 당신이 정신적 건강을 증진 및 유지하는 것으로부터 무엇을 얻어야만 하는지 두뇌에 자주 알려 주라.

새로운 학습은(그래서 새로운 두뇌 재배선은) 모두 '첨가제'와 같다. 과거의 생각이나 믿음, 행동을 완전히 제거하거나 삭제할 수 없다. 하지만 새로운 생각과 믿음, 행동을 얻게 된다. 균형 잡힌 양육 두뇌 회로 강화를 지속하기 위해, 스스로에게 '사용하라, 아니면 잃는다.'라고 되새기라. 시간이 지나면서 사용되지 않는 두뇌 연결 회로는 더 약해지고 접근도 어려워진다. 더 쉽고 빠른 실행을 위해 더 자주 의존하는 회로를 위한 공간을 만들려고 말이다.

당신은 수천 번도 넘게 기존에 하던 생각을 하고, 기존에 하던 행동을 했을 것이다. 반면, 새로운 생각을 하고, 새로운 행동을 한 횟수는 그보다 훨씬 적을 것이다. 기존의 방식으로 돌아가는 것은 정말 순식간이다. 당신이 가장 좋아하는, 오래됐지만 편안하고 낡은(하지만 유행이 지난) 신발을 생각해 보라. 그 신발은 마치 신데렐라의 유리구두처럼 당신의 발에 딱 맞을 것이다. 예쁘고 잘 만들어진, 게다가 스타일리시한 새 신발도 그와 똑같이 잘 맞을 수 있을까? 아마 아닐 것이다. 새 신은 좀 더 길을 들여야 한다. 그렇다면 당신이 살면서 인생의 부침에 스트레스받고, 저 문밖으로 달아나고 싶은 느낌을 받으며 극심한 고통을 겪고 있다면, 당신은 어떤 신발에 더 의지할 가능성이 높을까? 이와 똑같이, 양육에 관한 당신의 두뇌는 당신이 과거에 가장 많이 했던 행동과 생각으로 손쉽게 돌아갈 것이다. 당신이 균형 잡힌 양육 스킬을 위해 새로운 두뇌 회로를 매일 활성화시켜 주지 않으면 말이다.

우리 인간의 두뇌도 새롭고 친숙하지 않은 생각과 행동에 적응할 수 있는 기능이 본래 내장되어 있으니 참 다행이다. 매번 새로 익힌 균형 잡힌 양육 스킬 중 하나를 사용하기로 결정할 때마다, 당신은 그와 연관된 회로 연결을 강력하게 만드는 것이다. 그리고 그 균형 잡힌 양육 두뇌 근육을 계속해서 움직여 주면, 이후 발생하는 스트레스 가득한 양육 상황에서 건강한 생각과 행동에 임하는 것이 더욱 자동화될 것이다.

기억하라. 두뇌는 경험을 통해 배운다. 스트레스와 불안감이 별로 없는 날을 더 자주 경험하게 되더라도, 계속해서 연습하라. 아이에 대해 걱정이 없는 순간에도 양육 도구를 사용해도 된다. 다른 스트레스 요인이 나타나면, 당신은 그 순간에 더욱 효과적으로 대처하는 듯한 느낌을 받을 준비가 되어 있을 것이다.

최고의 방어는 좋은 공격

지금까지의 상황을 유지하고 계속해서 발전하기 위해 중요한 것은 반응적인 자세가 아니라 공격적인 자세를 가지고, 항상 당신의 균형 잡힌 양육 두뇌 근육을 움직일 수 있는 방법을 찾는 것이다. 다음의 마지막 활동들을 통해, 당신만의 적극적인 두뇌 재배선 유지 계획을 만들 수 있을 것이다.

양육 두뇌 재배선 활동: 양육 걱정 공격하기

오래되고 친숙한 (스트레스를 유발하는) 양육 패턴으로 되돌아가기에 더 취약한 주요 순간을 인식함으로써, 불안감을 제때 처리할 수 있다. 〈훈련 일지〉에 다음의 질문들에 대한 답을 기록해 보라.

- 살면서 보통 스스로가 스트레스를 받고 있다고 느끼는 상황은 다음 중 언제인가?
  - 누군가 아플 때
  - 가족 휴가 전
  - 여름이 끝나 가고 새로운 학기가 시작되기 전
  - 아이가 친구들이나 공부에 관련된 문제를 겪을 때
  - 가족이 재정적 문제를 겪을 때
  - 업무량이 늘어나서 가족과 보낼 수 있는 시간이 더 적어졌을 때
  - 살고 있는 도시 밖에 사는 가족이나 친구를 방문할 때

- 배우자나 친구, 가족 구성원과 다툴 때
- 마음속에 떠오르는 또 다른 것들
- 이 중 미리 계획할 수 있는 상황이 있는가?
- 예상치 못하게 스트레스를 받고 있을 때 어떻게 알 수 있을까? 몸을 통해 그것을 느끼게 될까? 걱정스러운 생각이나 비효율적인 행동 중 친숙한 것들이 있을 텐데, 그중 어떤 것이 나타나기 시작할까?

주요 스트레스 유발 요인을 인식하면, 양육 두뇌가 비관적인 걱정들을 마구 제공하는 스트레스 가득한 순간에 대해 미리 계획하는 데에 도움이 될 것이다.

양육 두뇌 재배선 활동: 내가 도움을 청할 수 있는 도구 찾기

다음 단계를 차례대로 따라가면서, 책에서 나왔던 각 장의 활동들로부터 불안한 순간에 당신의 관점을 조절하거나 전환하는 데 도움이 되는 도구를 찾아보기 위해 〈훈련 일지〉에 기록해 보자.

1. **당신이 가장 도움이 되는 것으로 파악한 활동 및 도구 목록을 작성하라.** 쉽게 찾을 수 있도록 각 활동이 시작되는 페이지 숫자를 써 놓을 것을 권장한다.

2. **각 활동이나 도구 항목 다음에, 그것을 완료하는 데 걸리는 시간을 써 보라.** 당신의 두뇌가 완료에 시간이 더 오래 걸린다거나, 실

제보다 더 많은 노력이 필요하다고 속일 수 있으니 유의한다.

3. **당신이 빠르게 할 수 있는 활동에 ○ 표시를 해 보라.** 양육 경험의 일부에 바쁨과 혼돈이 있다는 것을 안다. 그러니 앉아서 집중할 시간이 없을 때 사용할 수 있는 도구를 찾아본다.

이 맞춤화된 조직적 도구상자만 있으면, 당신은 힘든 양육 상황에서 손쉽게 도움을 얻을 수 있다. 새로운 도구가 필요할 때마다, 기존의 활동을 다시 해 보거나, 비슷한 도구로 전환하여 자신감과 준비 상태를 유지해 본다.

양육 두뇌 재배선 활동: 계획적인 연습

다음의 명령을 따라 〈훈련 일지〉에 당신의 일상 재배선 활동을 계획해
보라. 이 활동의 목표는 부담감을 느끼는 것이 아니라, 개인적인 발전을 유지할 수 있도록 스스로에게 달성 가능한 계획과 구조를 제공하는 것이다.

- **스트레스가 덜한 순간에 연습할 시간을 따로 마련하라.** 한 주에 10~15분 정도 〈훈련 일지〉를 가지고 자리에 앉아 더 도전적인 양육 도구를 통해 연습해 본다. 당신의 〈양육 균형 성과표〉를 보고 집중이 필요한 영역이 무엇인지 확인해 본다.
- **아이에게 불안 타파 도구를 사용하는 방법을 알려 주고, 함께 연**

습하라. 당신이 연습하게 되는 것, 아이가 배우고 연습하게 되는 것, 귀중한 시간을 함께 보내게 되는 것(심지어는 우리의 친구 '불안'과 부침을 함께하며 유대감을 쌓는 것까지도), 이 세 가지가 양육에서 경험할 수 있는 승리의 예시이다.

- **연습을 상기시키는 신호를 만들어 놓으라.** 당신에게 딱 좋은 것이라면 무엇이든지 좋다! 우리 부모 내담자들이 사용한 활용한 아이디어는 다음과 같다.

  - 포스트잇에 키워드를 써서 차나 욕실 거울, 작업용 책상, 안정이 필요할지 모르는 어떤 공간에든 붙여 놓기
  - 마치 이 닦기, 신호등 초록 불이 켜질 때까지 기다리기, 스쿨버스 내려 주는 곳에 줄 서 있기와 같이 일상적인 행동에 연습을 추가하기
  - 달력 앱이나 일정을 알려 주는 앱을 통해 자연스러운 일정 알림 설정해 두기

- **자신과의 이후 약속을 미리 잡아 놓으라.** 지금부터 세 달 후를 기억해 두었다가, 그때가 되면 다시 한번 점검하고 〈훈련 일지〉를 검토한다. 다른 약속을 잡을 수도 있으니 달력이나 휴대전화에 일정을 적어 둔다. 그럴 필요가 없다는 생각이 들더라도, 가만히 앉아서 〈양육 균형 성과표〉가 그때는 어떻게 보이는지 확인해 본다. 그리고 집중해서 사용해야 할 도구가 무엇인지 찾아본다. 최소한, 계속해서 발전하고 있는 스스로에게 박수를 쳐 줄 수도 있다.

삶에서 의미 있는 변화의 시간을 보내는 것은 당신이 스스로에게, 아이에게, 그리고 가족들에게 헌신한다는 것이다. 계속해서 두뇌를 재배선하고 당신이 원하는 삶을 향해 노력하기 위해 이런 시간을 충분히 가질 수 있다. 하지만 기대하는 것에서는 더 유연해지라. 모든 것을 할 수는 없으니. (그래야 할 필요도 없고 말이다.)

양육 두뇌 재배선 활동: 나에게 보내는 메시지

〈훈련 일지〉에 스스로를 격려하는 '나에게 보내는 메시지'를 작성해 보라. 자기연민과 현실적인 사고를 통해 당신이 열심히 한 이 작업에 대해 곰곰이 생각해 보라. 그리고 새로운 스킬을 배우고, 도움이 되는 변화 시간을 가진 스스로에게 감사의 말을 전하라. 그리고 '너는 네가 너무나도 잘 알고 있는 불안과 스트레스를 계속해서 극복할 수 있어.'라고 스스로에게 되새겨 보라. 이제 그런 소음들을 안 들리게 할 수 있는 도구를 가지고 있다. 그러니 스스로에게 앞으로 진격할 의미 있는 목표물을 제공하라. 이 모든 활동을 가치 있게 만드는 가치는 무엇인가? 다음은 한 부모 내담자가 쓴 '나에게 보내는 메시지'이다.

지난 한 달간 펼쳐졌던 소동과 생활 사건들에도 불구하고, 내가 이 책을 계속해서 옆에 두었다는 것이 믿기지 않는다. 솔직히 '상관없어.'라고 느끼는 순간들도 있었지만, 그래도 나는 계속해서 연습했다. 그 전에는 삶이 너무나 부담스럽게 느껴졌다. 이제 간혹 모든 게 강렬하게 느껴질 때도 있지만, 대처하기가 훨씬 더 쉬워졌다. 이렇게 안심될 수가. 이 작업을 하기 위해 시간과 노력을 바친 내 자신이 자랑스럽다. 나는 규칙적으로 나에게 도움이 될 만한 도구들을 사용하고 있었고, 내가 뭔가 꽉 막혔다는 느낌이 들면 이 책으로 돌아올 수 있다는 것을 안다. 나에게 보내는 메시지: 나는 힘든 일을 할 수 있다. 나는 상황이 힘들어질 때에도, 부모가 될 준비, 양육 문제를 해결할 준비가 잘되어 있다. 가족과 함께하는 시간은 너무나 소중하고, 우리가 함께하는 시간이 정말 중요했으면 좋겠다. 내 아이들의 얼굴에 웃음이 번지는 것을 볼 때면 이 모든 게 너무나 값진 것이 된다.

당신이 쓴 '나에게 보내는 메시지'는 더 길어도, 더 짧아도 된다. 삶이 힘들어질 때 당신의 불안한 두뇌가 현실을 빠르게 점검할 수 있는 역할을 하는 것이라면 길이는 상관없다.

더 도움을 받을 만한 때?

우리 모두 살면서 어느 지점에서는 도움을 요청해야 한다. 아이는 어려운 과목에 대해 튜터링에서 추가적인 도움을 얻을 수 있다. 당신은 큰 프로젝트를 완수해야 하는 책임을 동료와 함께할 수도 있다. 도움이 당신의 성공에 꼭 필요할 경우, 나서서 도움을 요청하는 것은 부끄러운 일이 아니다.

스트레스와 불안을 덜 느끼기 위해 도움을 요청하는 것도 흔한 일이다. 특히 지금은 말이다. 많은 사람이 심리치료를 통해 혜택을 얻고 있다. 그 이유가 무엇이 됐건, 우리는 연민 어리고 노련한 치료사를 만나는 데서 오는 가치가 당신의 가이드 역할을 한다는 것을 알고 있다. 우리는 내담자들이 그런 추가적인 도움이 필요한 때를 인식하는 것에서 특히 강점을 보인다고 믿는다.

우리는 이런 양육 도구들이 당신을 올바른 경로로 안내할 것이라고 확신하나, 당신의 옆에 훈련된 전문가가 있다면 당신은 더욱 빠르게 발전할 수 있을 것이다. 이 스킬을 끊임없이 연습하는 데 도움이 될 수도 있다. 두 〈양육 균형 성과표〉 사이에서 상당한 차이를 보지 못했다면, 심리치료의 도움을 찾을 수도 있다. 여전히 당신의 불안과 스트레스가 매일 당신의 삶에 영향을 주고, 당신의 가족 관계도 자주 방해한다고 느낄 테니까. 만약 상당한 수준의 불안과 스트레스를 겪고 있다면, 두뇌 재배선 활동에 온전히 참여하는 것이 더 어렵다는 것을 발견할 수 있을 것이다. 그럼 바로 훈련 이후의 차이를 확인할 수가 없다.

만약 술이나 약을 사용해 긴장이나 스트레스를 피함으로써 자가 치료를 하는 자신을 발견한다면, 훈련된 전문가에게서 도움을 구하는 것이 중요하다. 심각한 고통과 무기력의 시간을 지나고 있다면, 혹은 스스로나 다른 사람에게 해가 되는 것에 대한 생각을 하고 있다면, 당신이 받아야 마땅한 전문가의 도움을 구할 것을 권장한다.

도움을 구하는 것이 부담스럽게 느껴질 수 있다는 것을 안다. 그렇다면 미국 비영리 단체 '미국 불안 및 우울증 협회(www.adaa.org)'와 같은 기구를 통해 도움이 되는 자원을 찾을 수 있을 것이다. 거기에서 불안 및 관련 문제에 대한 치료를 제공하는 훈련된 전문가 목록 확인이 가능하다. 당신과 비슷한 문제를 겪고 있어, 의미 있는 도움이나 다른 자원을 제공해 줄 수 있는 다른 부모와 친해지는 것도 도움이 될지 모른다. 비영리 단체 '부모들을 돕는 부모들(www.parentshelpingparents.org)'을 통해 양육 자원과 온라인 또는 대면 양육 지원 단체를 찾아볼 수도 있다. 여기에서는 도움이 필요한 부모들을 위해 24시간 365일 익명 및 비밀로 이용 가능한 '부모 스트레스' 전용선 서비스도 제공하고 있다.

결론

드디어 이 책의 결론에 왔다. 하지만 더 차분하고 분별력 있는 부모가 되기 위한 당신의 여정은 이제 시작이다. 하루하루가 두뇌 재배선을 계속하여 걱정을 줄이고 양육을 더 즐길 수 있는 기회를 줄 것이다. 간혹 양육 두뇌가 수치심-원망 모드로 되돌아갈 때도 있을 것이다. 자기비판이 슬금슬금 시작되려 할 때, 자책은 스스로를 오도 가도 못하게 한다는 것, 그리고 스트레스와 불안으로부터의 진정한 자유는 수용과 자기연민에 있다는 것을 떠올려 보라. 그러면 당신의 소중한 정신적 공간을 수치심과 원망이 모두 차지하지 않아, 스트레스 가득한 양육 순간을 더욱 효과적으로 항해할 수 있다.

매일매일이 비관적 사고에서 벗어나는 연습을 하고, 현재의 순간에 온 마음을 다해 집중하기에 좋은 날이다. 삶은 여기저기서 일어나고, 당신은 그 일부분이 될 자격이 있다. 지속적인 노력과 견디기를 통해, 마음속에 그려 둔 앞으로의 계획에 갇혀 있거나 과거를 탐색하는 대신에, '지금'이라는 마법을 경험할 수 있다. 바로 지금 여기에 머무름으로써, 스스로가 양육의 기쁨을 온전히 즐길 수 있게 하라. 가슴 따뜻하게 만드는 아이의 웃음소리를 제대로 듣는 것, 긴 하루 끝에 아이와의 포옹을 느끼는 것, 아이가 자랑스러워 활짝 웃을 때 그 빛나는 웃음을 감상하는 것들을 말이다. 마음챙김 두뇌 근육을 더 많이 움직일수록, 아이와 함께 경험하는 즐거움과 기쁨은 더욱 많아질 것이다.

지금까지 스스로를 과거로부터 자유롭게 하기 위해 노력했다. 두뇌가 과거의 고통과 아이 앞에 있는 현재 및 미래의 장애물을 더 잘 구별하도록 훈련하면서 말이다. 하지만 당신의 두뇌가 과거의 위협적인 순간을 현재 벌어지는 것으로 착각하는 상황과 자극 요인은 새롭게 또 나타날 것이다. 당신은 이제 이런 도전적인 순간에 스스로를 어떻게 안내할지 잘 알고 있다. 이 불편함에 대처할 수 있을 만큼 당신은 충분히 강한 사람이다. 여기서 도망칠 필요가 없다. 불편한 생각이나 감정과 싸우는 대신 열려 있는 모습을 아이에게 본보기로 보여 줄 수 있다. 고통 감내 두뇌 근육을 강화해, 두뇌에게 '무언가 다르다고 해서 위험하다는 뜻은 아니다.'라는 것을 알려 주는 것을 계속할 수도 있다. 그 과정에서 당신은 당신의 두뇌와 아이의 두뇌가 향상된 회복력으로 작동할 수 있도록 두뇌 재배선을 계속할 수 있다.

균형 잡힌 양육 도구상자에는 감정 온도를 낮추는 새로운 능력도 있다. 매일 당신에게는 스트레스 가득한 양육 순간에 마주했을 때 스스로를 안정시키는 새로운 연습 기회가 주어질 것이다. 감정 조절 두뇌 회로를 활성화할 때마다, 그다음에 스스로를 안정시키는 것이 훨씬 쉬워진다. 균형 잡힌 양육 두뇌가 이길 때도 있을 것이다. 물론, 어떤 때는 감정적으로 반응하는 양육 두뇌가 이길 때도 있을 것이다. 하지만 어떤 상황에서든 발전은 가능하다. 당신의 기질이 당신을 이겨서 행동이 먼저 오고 생각이 나중에 올 때, 잠시 시간을 가지고 다음에 무엇을 해야 할지 계획하라. 늘 그렇듯, 당신이 스트레스 가득하고 어려운 순간에 유능하게 대처하는 모습을 아이가 더 많이 볼수록, 아이가 당신을 똑같이 따라 할 가능성이 높다.

밧줄을 놓고 아이의 삶 특정 영역에 대한 통제를 포기하는 연습을 했던 작업들은 모두 어땠는가? 이제 당신은 끊임없는 줄다리기로부터 자유로워졌기 때문에, 아이를 코치하거나 도와줄 수 있는 시간과 정서적 에너지가 더 많아졌다. 여전히 '내가 그렇게 말했으니까'가 완벽하게 적절한 대답으로 나올 때도 있을 것이다. 그런 삶의 영역은 논의의 여지가 없다는 것이다. 하지만 당신은 그 미묘한 차이에 대해 고려할 수 있다. 언제 아이가 주도하고 당신이 차례를 기다리는 것이 발달 상태에 맞는지를 결정할 수 있다. 이때 필요하다면 당신이 옆에 있어 주기는 하지만, 아이가 스스로 결정할 수 있게 내버려 둬야 한다. 아이가 어떤 때는 당신을 더 필요로 할 수도, 덜 필요로 할 수도 있다. 하지만 당신은 양육 두뇌 재배선을 계속하여, 융통성 없는 태도가 아니라 상황에 따라 유연하게 대응할 수 있다.

무엇을 만들고 있는지가 명확하지 않다면, 당신이 마음껏 쓸 수 있는 도구나 스킬이 몇 가지인지는 중요하지 않다. '내 삶이 이랬으면 좋겠다'를 정의하는 작업은 그곳에 가기 위한 현재의 청사진 역할을 할 것이다. 하지만 당신과 아이가 자라고 발전함에 따라, 이 질문을 재차 하는 것이 중요하다. 스트레스와 불안 감소를 위해 양육 두뇌 재배선을 하고 있으니, 더 많은 에너지를 가치에 부합하는 삶에 쓸 수 있다. 그런 힘든 작업을 통해 당신은 의미 있는 삶을 위한 감정의 폭을 확대하고, 효과적인 문제 해결에 관여하며, 불편한 감정을 감내하고, 이 모든 것에 대해 아이의 본보기가 되어 주는 것이다. 아이와 당신 모두 각자가 가장 보람 있다고 생각한 삶의 측면에 에너지와 주의를 집중시키는 선택을 하여 연습을 계속해야 할 자격이 있다.

더욱 유능한 양육 두뇌를 가지고 산다는 것은 너무나 좋게만 들려서 사실 같지가 않을 것이다. 하지만 당신은 감내하면서도 언젠가 불완전한 삶을 흐뭇해할 수 있는 능력에 대해 계속해서 노력 중이다. 전부 제대로 잘 해낼 필요는 없다. 다른 순간보다 더 나은 순간들도 있을 테니까. 어떤 때는 잘 살고, 또 어떤 때는 거의 살아남기 힘들 때도 있을 것이다. 이 모든 것에 대한 가능성이 열려 있다. '충분히 좋은 삶'에 대한 두뇌 근육을 움직이면, 완벽함이라는 환상을 좇는 것으로부터 자유로워질 것이다. 다시 한번 말하지만, 열심히 하는 방법, 실수로부터 배우는 방법, 장애물과 여러 가지 차질에도 불구하고 인내하는 방법에 대해 아이의 본보기가 되면서 말이다.

장기적이고 지속 가능한 정서적 행복을 경험하려면, 지속적인 노력과 헌신이 필요하다. 하지만 당신은 큰 변화를 이루려면 이 책에 있는 글을 읽는 것만으로는 되지 않는다는 것을 처음부터 알고 있었을 것이다. 그리고 지금까지 대상이 되는 연습과 행동을 통해 양육 두뇌가 더 효율적으로 작동하도록 재배선했다. 효과적인 대처 두뇌 회로를 활성화하면 할수록, 그러한 신경 네트워크는 더욱 강력해지고, 향후 스트레스 가득한 상황에서 자동으로 활성화될 가능성이 더욱 높아진다. (항상 그렇겠지만) 스트레스 가득한 양육 순간이 펼쳐질 때, 이제 당신은 이러한 문제들을 헤쳐 나갈 수 있는 준비가 더 잘되어 있고, 능력도 더 잘 갖추게 된 것이다.

　양육 여정을 계속하면서, 우리는 당신이 이 책에서 배운 모든 것을 가져가기를 바란다. 힘든 시기에 당신의 강점과 회복력의 힘을 기억하길, 그리고 부모이자 한 인간으로서 매일 자기 자신과 스스로의 행복에 투자하는 단계를 걸어 나가기를 바란다. 우리 모두가 삶의 굴곡을 함께 지나갈 때 당신과 같은 부모 옆에서 걷는 것은 우리의 큰 특권이다. 당신이 이 책을 골라 당신 자신과 당신의 가족에게 투자하기로 결심한 것이 우리는 매우 기쁘다. 스트레스와 불안이 덜한 양육의 무한한 가능성이 당신을 기다리고 있다. 전진하라. 그리고 가족과 진정한 기쁨과 친밀한 순간을 최대한 많이 만들어 보기 바란다.

참고문헌

▼

Covert, M. V., Tangney, J. P., Maddux, J. E., & Heleno, N. M. (2003). Shame-proneness, guilt-proneness, and interpersonal problem solving: A social cognitive analysis. *Journal of Social and Clinical Psychology*, *22*(1), 1–12. https://doi.org/10.1521/jscp.22.1.1.22765

Dweck, C. S. (2006). *Mindset: The new psychology of success*. Random House.

El Nokali, N. E., Bachman, H. J., & Votruba-Drzal, E. (2010). Parent involvement and children's academic and social development in elementary school. *Child Development*, *81*(3), 988–1005. https://doi.org/10.1111/j.1467-8624.2010.01447.x

Fabricant, L. E., Abramowitz, J. S., Dehlin, J. P., & Twohig, M. P. (2013). A comparison of two brief interventions for obsessional thoughts: Exposure and acceptance. *Journal of Cognitive Psychotherapy*, *27*(3), 195–209. https://doi.org/10.1891/0889-8391.27.3.195

Fan, X., & Chen, M. (2001). Parental involvement and students' academic achievement: A meta-analysis. *Educational Psychology Review*, *13*, 1–22. https://doi.org/10.1023/A:1009048817385

Ferrari, J. R., & Tice, D. M. (2000). Procrastination as a self-handicap for men and women: A task-avoidance strategy in a laboratory setting. *Journal of Research in Personality*, *34*(1), 73–83. https://doi.org/10.1006/jrpe.1999.2261

Flett, A. L., Haghbin, M., & Pychyl, T. A. (2016). Procrastination and depression from a cognitive perspective: An exploration of the associations among procrastinatory automatic thoughts, rumination, and mindfulness. *Journal of Rational-Emotive and Cognitive-Behavior Therapy, 34,* 169 – 186. https://doi. org/10.1007/s10942-016-0235-1

Geller, D. A., & March, J. (2012). Practice parameter for the assessment and treatment of children and adolescents with obsessive-compulsive disorder. *Journal of the American Academy of Child and Adolescent Psychiatry, 51* (1), 98 – 113. https://doi.org/10.1016/j.jaac.2011.09.019

Glass, J., Simon, R. W., & Andersson, M. A. (2016). Parenthood and happiness: Effects of work-family reconciliation policies in 22 OECD countries. *American Journal of Sociology, 122* (3), 886 – 929. https://doi.org/10.1086/688892

Gordon, I., Zagoory-Sharon, O., Leckman, J. F., & Feldman, R. (2010). Oxytocin and the development of parenting in humans. *Biological Psychiatry, 68* (4), 377 – 382. https://doi.org/10.1016/j.biopsych.2010.02.005

Guite, J. W., McCue, R. L., Sherker, J. L., Sherry, D. D., & Rose, J. B. (2011). Relationships among pain, protective parental responses, and disability for adolescents with chronic musculoskeletal pain: The mediating role of pain catastrophizing. *Clinical Journal of Pain, 27* (9), 775 – 781. https://doi. org/10.1097/AJP.0b013e31821d8fb4

Hill, A., & Curran, T. (2015). Multidimensional perfectionism and burnout. *Personality and Social Psychology Review, 1.* doi: 10.1177/1088868315596286

Hong, R. Y., Lee, S., Chng, R. Y., Zhou, Y., Tsai, F. F., & Tan, S. H. (2017). *Journal of Personality, 85* (3), 409 – 422. https://doi.org/10.1111/jopy.12249

Koran, L. M., Hanna, G. L., Hollander, E., Nestadt, G., Simpson, H. B., & American Psychiatric Association. (2007). Practice guideline for the treatment of patients with obsessive-compulsive disorder. *American Journal of Psychiatry,* *164*(7 Suppl), 5 – 53.

Liu, G., Zhang, N., Teoh, J. Y., Egan, C., Zeffiro, T. A., Davidson, R. J., & Quevedo, K. (2020, July 23). Self-compassion and dorsolateral prefrontal cortex activity during sad self-face recognition in depressed adolescents. *Psychological Medicine,* 1 – 10. doi: 10.1017/S0033291720002482. Epub ahead of print. PMID: 32698918; PMCID: PMC8208230

Maguire, E. A., Woollett, K., & Spiers, H. J. (2006). London taxi drivers and bus drivers: A structural MRI and neuropsychological analysis. *Hippocampus,* *16*(12), 1091 – 101. doi: 10.1002/hipo.20233. PMID: 17024677

Michelson, S. E., Lee, J. K., Orsillo, S. M., & Roemer, L. (2011). The role of values-consistent behavior in generalized anxiety disorder. *Depression and Anxiety,* *28*(5), 358 – 366. https://doi.org/10.1002/da.20793

Molnar, D., Reker, D., Culp, N., Sadava, S., & DeCourville, N. (2006). A mediated model of perfectionism, affect, and physical health. *Journal of Research in Personality, 40,* 482 – 500. doi:10.1016/j.jrp.2005.04.002

Obradović, J., Sulik, M. J., & Shaffer, A. (2021, March 11). Learning to let go: Parental over-engagement predicts poorer self-regulation in kindergartners. *Journal of Family Psychology,* advance online publication. http://dx.doi.org/10.1037/fam0000838

Oh, Y., Chesebrough, C., Erickson, B., Zhang, F., & Kounios, J. (2020). An insight-related neural reward signal. *NeuroImage, 214,* 116757. https://doi.org/10.1016/j.neuroimage.2020.116757

Piallini, G., De Palo, F., & Simonelli, A. (2015). Parental brain: Cerebral areas activated by infant cries and faces. A comparison between different populations of parents and not. *Frontiers in Psychology, 6,* 1625. https://doi.org/10.3389/fpsyg.2015.01625

Piotrowski, K. (2020). Child-oriented and partner-oriented perfectionism explain different aspects of family difficulties. *PloS ONE, 15*(8), e0236870. https://doi.org/10.1371/journal.pone.0236870

Rockliff, H., Gilbert, P., McEwan, K., Lightman, S., & Glover, D. (2008). A pilot exploration of heart rate variability and salivary cortisol responses to compassion-focused imagery. *Clinical Neuropsychiatry: Journal of Treatment Evaluation, 5*(3), 132–139.

Rodrigues, A. C., Loureiro, M. A., & Caramelli, P. (2010). Musical training, neuroplasticity and cognition. *Dementia & Neuropsychologia, 4*(4), 277–286. https://doi.org/10.1590/S1980-57642010DN40400005

Schlüter, C., Fraenz, C., Pinnow, M., Friedrich, P., Güntürkün, O., & Genç, E. (2018). The structural and functional signature of action control. *Psychological Science, 29*(10), 1620–1630. https://doi.org/10.1177/0956797618779380

Siegel, D. J. (2020). *The developing mind: How relationships and the brain interact to shape who we are* (3rd ed.). Guilford Publications.

Soenens, B., Luyckx, K., Vansteenkiste, M., Luyten, P., Duriez, B., & Goossens, L. (2008). Maladaptive perfectionism as an intervening variable between psychological control and adolescent depressive symptoms: A three-wave longitudinal study. *Journal of Family Psychology, 22*(3), 465–474. https://doi.org/10.1037/0893-3200.22.3.465

Squire, S., and Stein, A. (2003). Functional MRI and parental responsiveness: A new avenue into parental psychopathology and early parent-child interactions? *British Journal of Psychiatry, 183,* 481–483. doi: 10.1192/bjp.183.6.481

Tang, Y. Y., Hölzel, B., & Posner, M. (2015). The neuroscience of mindfulness meditation. *Nature Reviews Neuroscience, 16,* 213–225. https://doi. org/10.1038/nrn3916

Taren, A. A., Creswell, J. D., & Gianaros, P. J. (2013). Dispositional mindfulness co-varies with smaller amygdala and caudate volumes in community adults. *PLoS ONE, 8*(5), e64574. https://doi.org/10.1371/journal.pone.0064574

Wang, Y., Fan, L., Zhu, Y., et al. (2019). Neurogenetic mechanisms of self-compassionate mindfulness: The role of oxytocin-receptor genes. *Mindfulness, 10,* 1792–1802. https://doi.org/10.1007/s12671-019-01141-7

Wheeler, M. S., Arnkoff, D. B., & Glass, C. R. (2017). The neuroscience of mindfulness: How mindfulness alters the brain and facilitates emotion regulation. *Mindfulness, 8,* 1471–1487. https://doi.org/10.1007/s12671-017-0742-x

Yap, M. B., Pilkington, P. D., Ryan, S. M., & Jorm, A. F. (2014). Parental factors associated with depression and anxiety in young people: A systematic review and meta-analysis. *Journal of Affective Disorders, 156,* 8–23. https://doi. org/10.1016/j.jad.2013.11.007

저자 소개

▼

데브라 키센(Debra Kissen) 박사는 임상심리학자이자 '라이트 온 불안 인지행동 치료센터(Light On Anxiety CBT Treatment Center)' CEO이다. 키센 박사는 불안 및 관련 장애에 대한 인지행동치료(CBT)를 전문으로 하며, 책 『공황을 느끼는 10대를 위한 워크북(The Panic Workbook for Teens)』, 『10대를 위한 불안 두뇌 재배선 방법(Rewire Your Anxious Brain for Teens)』, 『침투적 사고에서 자유로워지기(Break Free from Intrusive Thoughts)』의 공동 저자이다. 마음챙김 원리와 불안장애에 마음챙김 원리를 적용하는 것에 대해 특별히 관심을 두고 있으며, 지역 및 전국 콘퍼런스에서 불안과 관련 장애에 대한 인지행동 치료 및 마음챙김 기반 치료에 관한 연구 결과를 발표하기도 했다.

키센 박사는 미국 비영리 단체 '미국 불안 및 우울증 협회 공공 교육 위원회(Anxiety and Depression Association of America Public Education Committee)'의 공동 위원장으로 '2020 기빙 스피릿 어워드 감사패(2020 Gratitude for Giving Spirit Award)'와 '2018 ADAA 올해의 회원상(2018 ADAA Member of Distinction Award)'을 수여하기도 했다. 미디어 심리학자로도 종종 활동 중이며, 정신건강에 관심 있는 사람들의 스트레스 및 불안 극복을 돕기 위해 이해하기 쉽고 실용적인 팁과 해결책을 제공함으로써, 경험적으로 입증된 심리 치료 정보의 전파 확대를 위해 노력하고 있다.

미카 요페(Micah Ioffe) 박사는 전 생애에 걸친 불안장애 치료를 전문으로 하는 임상심리학자로, 선택적 함구증, 강박장애(OCD), 신체 중심 반복 행동(BRFB)에 특히 관심을 두고 이에 관한 전문교육을 받았다. 요페 박사는 미국 불안 및 우울증 협회(ADAA), 국제 OCD 재단(IOCDF), 선택적 함구증 협회(Selective Mutism Association) 회원으로, 책『10대를 위한 불안 두뇌 재배선 방법』,『침투적 사고에서 자유로워지기』의 공동 저자이다.

요페 박사는 인지행동치료(CBT), 노출 및 반응 방지(ERP), 수용-전념치료(ACT) 등 내담자와 진행한 작업에서 경험적으로 입증된 심리치료를 활용한다. 다양한 연구 간행물을 펴냈으며, 지역 및 전국 콘퍼런스에서 부모-청소년 간 커뮤니케이션과 이것이 불안 및 관련 장애에 미치는 영향에 관한 연구 결과를 발표하기도 했다.

한나 로맹(Hannah Romain) 임상사회복지사는 미국 일리노이주 시카고에서 치료사이자 임상 감독으로 활동하고 있으며, 전 생애에 걸친 불안 및 관련 장애 치료를 전문으로 한다. 로맹은 미시간대학교를 졸업하였으며, ADAA, 전국사회복지사협회(National Association of Social Workers, NASW) 회원이다.

그녀는 CBT, ERP와 같이 OCD, 공황, 특정 공포증, BFRB를 포함하여 불안 및 관련 장애에 대한 증거 기반 실천 사용을 전문으로 하며, 내담자의 자율적이고 진정한 삶을 고취시키기 위해 경험적으로 입증된 심리치료와 함께 내담자의 선천적 능력을 이용한다.

추천사를 쓴 카렌 L. 카시데이(Karen L. Cassiday) 박사는 미국 중서부에서 가장 오래 운영 중인 불안장애 노출 기반 치료센터 '그레이터 시카고 불안 치료 센터(Anxiety Treatment Center of Greater Chicago)'의 센터장이자 임상 감독으로, ADAA 회장을 지내기도 했으며, 현재 로절린드 프랭클린 약학대학(Rosalind Franklin University of Medicine and Sciences) 임상심리학과 소속 임상 조교수이다.

OVERCOMING PARENTAL ANXIETY

부모가불안하면
아이는불행하다

초판인쇄 2024년 7월 23일
초판발행 2024년 7월 23일

지은이 데브라 키센 · 미카 요페 · 한나 로맹
옮긴이 성수지
발행인 채종준

출판총괄 박능원
국제업무 채보라
책임편집 조지원
디자인 서혜선
마케팅 전예리 · 조희진 · 안영은
전자책 정담자리

브랜드 타래
주소 경기도 파주시 회동길 230 (문발동)
투고문의 ksibook13@kstudy.com

발행처 한국학술정보(주)
출판신고 2003년 9월 25일 제406-2003-000012호
인쇄 북토리

ISBN 979-11-7217-401-9 03590

타래는 가족 갈등에 관한 도서를 출간하는 한국학술정보(주)의 출판 브랜드입니다.
타래란 '엉킨 타래를 푼다'는 의미로, 얽히고설킨 실타래를 풀어 진정한 가족의 의미를 찾아 나간다는 뜻을 담고 있습니다. '가족 갈등'이라는 매듭에 묶여 길을 잃지 않도록, 더 아름답고 가치 있는 책을 만들고자 합니다.